危险化学品企业安全管理丛书

危险化学品企业应急救援

崔政斌　石方惠　周礼庆　编著

化学工业出版社

·北京·

《危险化学品企业应急救援》是《危险化学品企业安全管理丛书》中的一本。全书主要阐述了危险化学品企业应急救援的主要内容，具有系统性、完整性和全面性的特点。从危险化学品企业突发事件与危机应急“一案三制”，到危险化学品基本知识与安全措施；从危险化学品风险管理与控制，到危险化学品企业事故应急救援预案；从危险化学品企业专项应急预案，到危险化学品企业现场处置方案，以及危险化学品现场抢救手段与方法，均做了详尽的介绍，并对应急救援预案的培训与演练做了系统的阐述。

《危险化学品企业应急救援》可供危险化学品企业的负责人、技术人员、管理干部以及全体员工在工作中学习和参考，也可供大中专院校的师生阅读参考。

图书在版编目(CIP)数据

危险化学品企业应急救援/崔政斌，石方惠，周礼庆编著. 北京：化学工业出版社，2017.11
（危险化学品企业安全管理丛书）
ISBN 978-7-122-30604-3

Ⅰ.①危… Ⅱ.①崔… ②石…③周… Ⅲ.①化学品-危险物品管理-突发事件-应急对策 Ⅳ.①TQ086.5

中国版本图书馆 CIP 数据核字（2017）第 221154 号

责任编辑：杜进祥　　文字编辑：孙凤英
责任校对：边　涛　　装帧设计：韩　飞

出版发行：化学工业出版社（北京市东城区青年湖南街 13 号　邮政编码 100011）
印　　装：北京科印技术咨询服务有限公司数码印刷分部
710mm×1000mm　1/16　印张 19¾　字数 380 千字　2018 年 1 月北京第 1 版第 1 次印刷

购书咨询：010-64518888　　售后服务：010-64518899
网　　址：http://www.cip.com.cn
凡购买本书，如有缺损质量问题，本社销售中心负责调换。

定　　价：79.00 元　

序

我国是危险化学品生产和使用大国。改革开放以来，我国的化学工业快速发展，已形成了包括化肥、无机化学品、纯碱、氯碱等产业规模，可生产45000余种化学产品。我国的主要化工产品产量已位于世界第一。危险化学品的生产特点是：生产流程长，工艺过程复杂，原料、半成品、副产品、产品及废弃物均具有危险特性，原料、辅助材料、中间产品、产品呈三种状态（气、液、固）且互相变换，整个生产过程必须在密闭的设备、管道中进行，不允许有泄漏，对包装物、包装规格以及储存、运输、装卸有严格的要求。

近年来，我国对危险化学品的生产、储存、运输、使用、废弃制定和颁发了一系列的法律、法规、标准、规范、制度，有力地促进了我国危险化学品的安全管理，促使危险化学品安全生产形势出现稳定好转的发展态势。但是，我国有9.6万余家化工企业，其中直接生产危险化学品的企业就有2.2万余家，导致危险化学品重大事故的情况还时有发生，特别是2015年天津港发生的“8·12”危险化学品特别重大火灾爆炸事故，再次给我们敲响了安全的警钟。

在这样一种背景下，我们感觉到很有必要组织编写一套《危险化学品企业安全管理丛书》，以此来引导、规范危险化学品生产企业在安全管理、工艺过程、隐患排查、安全标准化、应急救援、储存运输等过程中，全面推进落实安全主体责任，执行安全操作规程，装备集散控制系统和紧急停车系统，提高自动控制水平，确保企业的安全生产。

本套丛书共有6个分册组成。包括《危险化学品企业安全管理指南》《危险化学品企业工艺安全管理》《危险化学品企业隐患排查治理》《危险化学品企业安全标准化》《危险化学品企业应急救援》《危险化学品运输储存》。这6个分册就当前危险化学品企业的安全管理、工艺安全管理、隐患排查治理、安全标准化建设、应急救援、运输储存作了详尽的阐述。可以预见的是，这套丛书的出版，会给我国危险化学品企业的安全管理注入新的活力。

本套丛书的作者均是在危险化学品企业从事安全生产管理、工艺生产管理、储存运输管理的专业人员，他们是危险化学品企业安全生产的管理者、实践者、维护者、受益者，具有丰富的生产一线安全管理经验。因此，本套丛书是实践性较强的一套专业管理丛书。

本套丛书在编写、出版过程中，得到了化学工业出版社有关领导和编辑的大力支持和悉心指导，在此出版之际表示衷心的感谢。

丛书编委会

2017 年 7 月

前言

危险化学品危害极大，对其进行安全管理，预防各种危险化学品事故的发生，无论从我国全面建设小康社会和安全发展的战略意义上来说，还是从我们进行经济建设，维护人民生命健康和财产安全及社会和谐稳定来说，都具有重大而深远的影响。

化学品极大地改善了人们的生活质量，是现代文明的基础。化学工业和化学品的安全，是保障人民生活质量的基本条件。 化学工业和化学品的安全，是国民经济健康持续发展的重要保障条件之一。 化学工业是基础工业，既以其技术和产品服务于所有其他工业，也制约着其他工业的发展，而我国的化学工业企业大多规模小、经营品种多、部分经营者安全知识缺乏、安全意识不强、经营场所相对分散，极易发生安全事故，故必须进行安全管理。

化工生产本身面临着安全生产和环境保护方面的重要问题。 随着化学工业的飞速发展，这些问题越来越引起人们的关注。 化工生产具有易燃、易爆、易中毒、高温、高压、有腐蚀性等特点，因而较其他工业部门有更大的危险性。 据我国 30 余年的统计资料显示，化工厂火灾爆炸事故的死亡人数占因工死亡总人数的 13.8%，居第一位；中毒窒息事故致死人数为死亡总人数的 12%，占第二位；高空坠落和触电，分别占第三、第四位。 很多化工原料的易燃性、反应性和毒性导致了事故的频繁发生。

国家对危险化学品的安全管理出台了一系列法规和政策，有力地管理和规范了危险化学品的生产、销售、储存、运输、使用、废弃，使危险化学品的安全管理步上了正常的轨道。 但是，由于危险化学品固有的危险性和我国化学工业基础薄弱，再加上装备制造低下、人员素质低劣和管理水平有待提高，导致的危险化学品事故不胜枚举，给人民群众和国家财产带来了巨大的危害和损失。 为此，我们根据《中华人民共和国突发事件应对法》《中华人民共和国安全生产法》《危险化学品安全管理条例》《国家突发公共事件总体应急预案》《生产经营单位安全生产事故应急预案编制导则》《危险化学品事故应急救援指挥导则》等法律法规的要求，组织编写了这本《危险化学品企业事故应急救援》。 为广大从事危险化学品企业生产经营的人员提供了一本发生事故后的应急救援参考资料。

本书力求较为系统完整地把危险化学品企业发生的事故的应急救援工作讲明白。本书共分八章，具体为：第一章，绪论；第二章，危险化学品企业基本安全措施；第三章，危险化学品企业风险管理与控制；第四章，危险化学品企业事故应急救援预案；第五章，危险化学品企业专项应急救援预案；第六章，危险化学品企业现场处置方案；第七章，危险化学品企业事故现场急救手段与方法；第八章，危险化学品企业应急预案的培训与演练。全书强调危险化学品事故应急救援与处置的重要性，阐述了危险化学品事故应急救援必备的条件、危险化学品事故应急救援预案编制与管理、应急救援预案培训与演练、危险化学品事故应急救援关键环节、危险化学品事故现场处置、危险化学品事故现场急救等内容。

本书在编写过程中得到了化学工业出版社有关领导和编辑的指点和帮助，在此表示衷心的感谢。本书在编写过程中参阅了大量国内外有关文献资料，在此出版之际一并对这些作者表示衷心的感谢。

本书在编写过程中得到了张堃、崔敏、戴国冕的资料提供，得到了陈鹏、杜冬梅二人的插图帮助，在此表示感谢。感谢石跃武同志的文字输入和范拴红同志的文字校对，他们的辛勤劳动使本书得以顺利完成。

编著者

2017 年 7 月

目录

第一章
绪 论

第一节 应急救援基本概念和危险化学品基本知识

随着全球化的推进和经济的发展，各类突发事件频繁发生，造成的损失日趋严重。应急处理成为近年来各国、各地区和各企业面临的共同考验，与应急处置相关的各种学术研究和实践也随之逐步展开。在应急处理对象的界定上，不同的部门、不同的学者从不同的角度提出了不同的概念。

一、应急救援基本概念

1. 应急预案

应急预案是指针对突发公共事件事先制订的，用以明确事前、事发、事中、事后的各个进程中，谁来做、怎样做、何时做以及用什么资源来做的应急反应工作方案。

2. 总体应急预案

总体应急预案是指国家或者某个地区、部门、单位为应对所有可能发生的突发公共事件而制订的综合性应急预案。

3. 专项应急预案

专项应急预案是指国务院或者地方人民政府的有关部门、单位根据其职责分工为应对某类具有重大影响的突发公共事件而制订的应急预案。专项应急预案是针对具体的事故类别（如煤矿瓦斯爆炸、危险化学品泄漏等事故）、危险源和应急保障而制订的计划和方案，是综合应急预案的组成部分，应按照综合应急预案的程序和要求组织制订，并作为综合应急预案的附件。专项应急预案应制订明确的救援程序和具体的应急救援措施。主要内容如下：

（1）事故类型和危害程度分析　在危险源评估的基础上，对其可能发生的事故类型和可能发生的季节及事故严重程度进行确定。

（2）应急处置基本原则

① 明确处置安全生产事故应当遵循的基本原则。

② 组织机构及职责。

③ 应急组织体系。

④ 明确应急组织形式、构成单位或人员，并尽可能以结构图的形式表示出来。

⑤ 指挥机构及职责。

⑥ 根据事故类型，明确应急救援指挥机构总指挥、副总指挥以及各成员单位或人员的具体职责。应急救援指挥机构可以设置相应的应急救援工作小组，明确各小组的工作任务及主要负责人职责。

(3) 预防与预警

① 危险源监控　明确本单位对危险源监测监控的方式、方法，以及采取的预防措施。

② 预警行动　明确具体事故预警的条件、方式、方法和信息的发布程序。

③ 信息报告程序　主要包括：

a. 确定报警系统及程序；

b. 确定现场报警方式，如电话、警报器等；

c. 确定 24h 与相关部门的通信、联络方式；

d. 明确相互认可的通告、报警形式和内容；

e. 明确应急反应人员向外求援的方式。

(4) 应急处置

① 响应分级　针对事故危害程度、影响范围和单位控制事态的能力，将事故分为不同的等级，按照分级负责的原则，明确应急响应级别。

② 响应程序　根据事故的大小和发展态势，明确应急指挥、应急行动、资源调配、应急避险、扩大应急等响应程序。

③ 处置措施　针对本单位事故类别和可能发生的事故特点、危险性，制订的应急处置措施（如煤矿瓦斯爆炸、冒顶片帮、火灾、透水等事故应急处置措施，危险化学品火灾、爆炸、中毒等事故应急处置措施）。

(5) 应急物资与装备保障　明确应急处置所需的物质与装备数量、管理和维护、正确使用等。

4. 应急处置

应急处置是指对即将发生或正在发生或已经发生的突发公共事件所采取的一系列的应急响应措施。举例，生产安全事故现场应急处置方案如下：

(1) 编制目的和依据　为进一步增强应对和防范生产安全事故的能力，高效、有序地进行现场应急处置，最大限度地减少和降低事故对人员、环境的危害和对财产造成的损失，根据《生产经营单位安全生产事故应急预案编制导则》(AQ/T 9002—2006)、《某某厂生产安全事故应急救援预案》(CHF/YA-2007-1)，制订处置方案。

(2) 风险分析(可用列表形式)

① 本岗位可能发生的潜在事件、突发事故类型;

② 最容易发生事故的区域、地点、装置部位或工艺过程的名称;

③ 导致事故发生的途径和事故可能造成的危害程度;

④ 事故前可能出现的征兆。

(3) 应急组织与职责

① 基层单位应急自救组织形式及人员构成情况(最好用图表的形式);

② 应急自救组织机构、人员的具体职责应同单位或车间、班组人员工作职责紧密结合,明确相关岗位和人员的应急工作职责。

(4) 应急处置

① 事故应急处置程序。根据可能发生的事故类别及现场情况,明确事故报警、各项应急措施启动、应急救护人员的引导、事故扩大及同企业应急预案的衔接的程序(可用图表加必要的文字说明的形式)。

② 现场应急处置措施。针对可能发生的火灾、爆炸、中毒、危险化学品泄漏、高处坠落、坍塌、洪水、机动车辆伤害等,从操作措施、工艺流程、现场处置、事故控制、人员救护、消防、现场恢复(注:现场恢复应考虑预防次生灾害事件发生的措施,如应制订防止现场洗消造成环境污染事故的措施)等方面制订明确的应急处置措施(重点,尽可能详细、好操作)。

③ 报警电话及报告的基本要求和内容。

(5) 注意事项

① 佩戴个人防护器具方面的注意事项;

② 使用抢险救援器材方面的注意事项;

③ 采用救援对策或措施方面的注意事项;

④ 现场自救和互救的注意事项;

⑤ 现场应急处置能力确认和人员安全防护等事项;

⑥ 应急救援结束后的注意事项;

⑦ 其他需要特别警示的事项。

(6) 附件

① 有关应急部门、机构或人员的联系方式 列出应急工作中需要联系的部门、机构或人员的多种联系方式,并不断进行更新。

② 重要物资装备的名录或清单 列出应急预案涉及的重要物资和装备名称、型号、存放地点和联系电话等。

③ 相关应急预案名录 列出直接与本应急预案相关的或相衔接的应急预案名称(应列出的企业预案包括生产安全事故应急救援预案、消防预案、环境突发事件应急预案、供电预案、特种设备应急预案等)。

5. 耦合事件

耦合事件是指在同一地区、同一时段内发生的两个以上相互关联的突发公共事件。一般认为有如下几个原因：

一是耦合的联动作用。在一个群体中，个体之间是有耦合的，耦合得越紧密，联动的作用就越大。学习的本质也是一种互动，这种互动包括人际互动、社会互动，也包括自我互动，即内部的我与自己对话。这种互动，更重要的是班级耦合的结果，没有这种班级耦合，互动就会发生困难，学习也不可能进步。可见，耦合效应的产生与耦合的联动作用是分不开的。

二是耦合的情感作用。一般来说，人际间只要有耦合就会做出情感上的反应。心理学家李雷从几千份人际关系的研究报告中，归纳出了人际耦合的八种情感反应：由一方发出的管理、指挥、指导、劝告、教育等态度的行为，会导致另一方的尊敬、服从；由一方发出的同意、合作、友好等态度的行为，会导致另一方的协助、温和；由一方发出的帮助、支持、同情等态度与行为，会导致另一方的信任、接受；由一方发出的尊敬、信任、赞扬、求援等态度和行为，会导致另一方的劝导、帮助；由一方发出的害羞、礼貌、服从等态度和行为，会导致另一方的骄傲、控制；由一方发出的反抗、怀疑等态度和行为，会导致另一方的惩罚、拒绝；由一方发出的攻击、惩罚态度和行为，会导致另一方的敌对、反抗；由一方发出的激烈、拒绝、夸大等态度和行为，会导致另一方的不信任、自卑。在人际互动中可能按此八种模式进行反应，但有一点从中可见，人际耦合的反应是情感因素左右的。赋于积极的得到的将是积极的反应。这是不是过去我们讲的“近朱者赤近墨者黑”呢？可见，耦合效应是情感因素作用的结果。

行为趋向效应可能出现两种不同的结果：一种是当群体行为趋向表现为减灾避害时，由于群体的行为趋势是离开灾害或危机现场，可能将突发事件的损失降低到最低限度。另一种是，由于突发事件通常具有时间紧、危害面大的特点，群体行为趋同效应的结果，导致短时间内的行为趋同而扩大突发事件的危害性。例如，在大楼发生火灾时，大家都急于逃命，一下子挤到出口处，导致出口高度拥挤，每个人都急于冲出危险地点，拥挤的结果是大家都卡在出口处，反而降低了群体离开危险现场的效率。

① 应激转化机理　突发应激事件发生后，人群心理健康状态较差，在生理、情绪和行为上产生过度的反应。人类遭受重大精神创伤后，78%的个体会发生心理创伤性应激障碍而导致明显的甚至长期的精神痛。

面对重大突发事件，处于应激状态中的人们主要表现出失眠、食欲减退、精神疲惫、情绪萎靡等症状，伴随着相当的应激性生理反应。这种生理性的反应产生的原因：一方面是认知失调引起的，也就是由心理应激导致的生理应激；另一方面则是机体本能反应，是无意识的，而且这种对机体免疫力降低的本能反过来会直接影响到它的心理承受力。也就是说，突发事件导致的人群心理以及情绪上的应激反应通常会与主体的生理和行为上的应激反应相互转化，如长期失眠以及精神疲倦会导致机体的免疫力下降，引发一些生理上的疾病。

② 应激耦合机理　“耦合”的概念最初来源于物理学中的控制论，定义为两个或多个因素相互作用、相互影响共同作用。公共突发事件引发的心理应激现象大致体现在三方面：情绪反应异常、生理反应异常以及行为异常。这三者之间不仅会在应激发展过程中相互转化，同时也会相互作用，相互影响，进而发生耦合作用。

由耦合的强弱程度不同，带来的后果也不同。情绪心理上的异常反应会引发生理或行为上的异常反应，生理以及行为上的异常反应反过来又会使心理上的应激恶化。

③ 衍生机理　由于突发公共事件所影响的是一定范围内的公众或人群，它不同于一般的心理应激之处在于影响范围较大，由突发公共事件所引起的较大范围内的心理应激现象甚至会衍生出局部或较大范围内的社会紊乱、经济动荡以及敏感的政治问题。

突发事件发生后给主体带来的应激障碍分为积极和消极应激障碍（stress disorder）两种。当主体经历了危机变得更成熟，并获得应对危机的技巧，我们说这是积极应激障碍；而相对地，当人们经历了突发事件后，从此变得消极应对而出现种种心理不健康的行为则属于消极应激障碍。

④ 应对措施　面对突发事件带来的心理应激反应，应有计划、按步骤地对社会公众和有关人员的心理活动、个性特征或心理问题施加影响。当社会发生突发事件时，消除公众的心理恐惧，平息灾难，采取明确有效的措施，使之最终战胜危机，重新适应生活。帮助人们获得生理、心理上的安全感，缓解乃至稳定由危机引发的强烈心理反应，包括震惊、恐慌、焦虑、抑郁等情绪。我们需要采取以下措施：

a. 加强监测及信息管理，完善媒体传播；

b. 健全社会心理预警系统；

c. 加强对公众的健康教育；

d. 心理咨询热线；

e. 专业性心理干预；

f. 建立应急体制。

二、危险化学品基本知识

1. 什么是危险化学品

由各种化学元素组成的化合物或混合物，无论是天然的还是人造的，都称为化学品。而在化学品中具有易燃、易爆、有毒、有腐蚀性，会对人、设备、环境造成伤害或损害的化学品称为危险化学品。

在实践中，危险化学品在不同的场合、不同的领域其叫法是不一样的，如在生产、经营、使用、场所统称为化学产品；而在运输过程中，包括铁路、公路、水上、航空运输的称为危险货物；在储存环节，一般称为危险物品或危险品。

在我国的法律法规中叫法也不一样，如在《中华人民共和国安全生产法》中称“危险物品”，在《危险化学品安全管理条例》中称“危险化学品”。此外，在国家安全监督管理总局颁发的诸多标准规范中，也称为“危险化学品”。

2. 危险化学品的生产特点

（1）生产流程长　一种化学产品的生产需要多道制造工序，多道制造工序决定了生产流程特别长，有时是几十道工序才能完成产品的生产。如化学肥料尿素的生产，以鲁奇碎煤加压气化，低温甲醇洗净化合成氨工艺和荷兰尿素工艺为例。从鲁奇碎煤加工、粗煤气变换、煤气冷却、低温甲醇洗、液氮洗、甲烷转化、压缩、氨合成、氨冷冻和二氧化碳的压缩，到尿素的合成、尿素的造粒、冷却、包装，才能完成整个生产过程得到产品尿素，其工艺流程框图见图 1-1 和图 1-2。

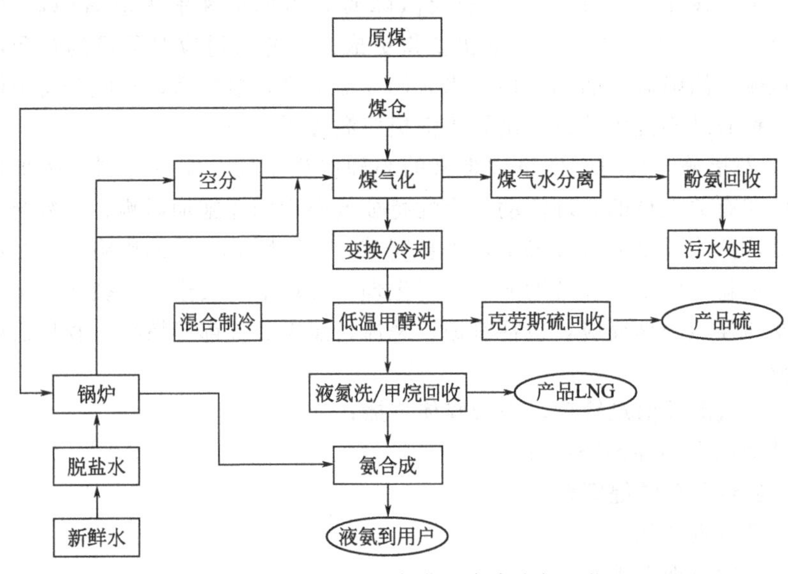

图 1-1　鲁奇炉加压气化生产合成氨工艺

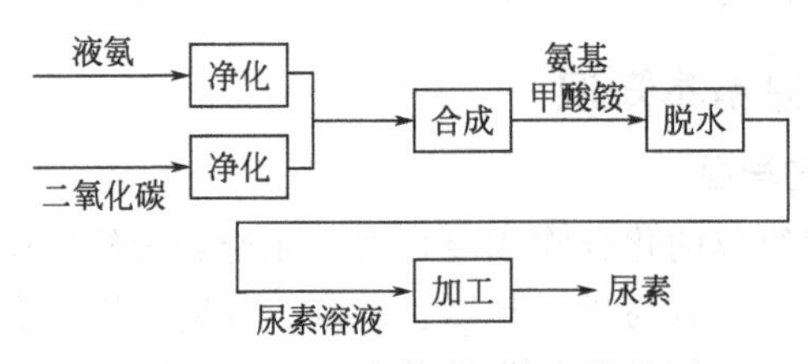

图 1-2　CO_2 汽提法尿素工艺框图

（2）工艺过程复杂　在生产过程中既有高温高压，也有低温低压。如上述尿素生产过程中，合成氨生产中气化炉的炉内温度高达1000℃，氨合成的压力达到15MPa。合成氨生产中所需的氧气和氮气的空气分离装置温度要低到－160℃和－190℃。

（3）原料、中间产品、产品及废弃物均具有危险特性　如有机磷农药的生产，作为原料的黄磷、液氨是危险的化学品，中间产品三氯化磷、五硫化二磷等均是危险化学品，而产品敌敌畏、敌百虫、甲胺磷等也是危险化学品，因此，都具有危险特性。

（4）原料、中间产品、产品呈三种状态　有的是气态，有的是液态，还有的是固态，而且可互相变换。如液氨可变成气氨，气氨也可变成液氨。

（5）不能有泄漏　多数化工产品的整个生产过程必须在密闭的设备、管道内进行，不得有泄漏。如合成氨、硝酸的生产。

（6）包装要求严格　对化工产品特别是危险化学品产品，其包装容器、包装规格以及储存、装卸、运输都有严格的安全管理规定。

3. 危险化学品分类

按照《化学品分类和危险性公示通则》（GB 13690—2009）的规定，我国的危险化学品分为九类。因在本丛书第一册《危险化学品企业安全管理指南》一书中介绍过，在这里只写出八类危险化学品的名称。

第一类，爆炸品；第二类，压缩气体和液化气体；第三类，易燃液体；第四类，易燃固体、自燃物品和遇湿易燃物品；第五类，氧化剂和有机过氧化物；第六类，毒害品；第七类，放射性物品；第八类，腐蚀品。

4. 危险化学品危害

（1）燃烧爆炸危害　火灾与爆炸都会造成生产装置的重大破坏和人员的伤亡，但两者的发生过程是不同的。火灾是在起火后火势逐渐蔓延扩大，随着时间的延长损失数量会逐渐增加，损失大约与时间的平方成正比，如火灾时间延长1倍，损失可能增加3倍。因此，危险化学品企业生产现场着火后，能在开始的1～2min内扑灭，就不会造成火灾，也不会产生很大的危害。可见，消防安全措施的完善，消防设备、器材的到位非常重要。

爆炸过程与火灾不同，它是在瞬间发生的，猝不及防。可能在1s之内爆炸过程即结束，设备损坏、厂房倒塌、人员伤亡等巨大伤亡和损失在瞬间发生了。爆炸发生的一瞬间同时伴随发热、发光、压力上升、真空和电离等现象，具有很强的危害作用。爆炸的危害形式主要有以下几种：

① 直接危害作用　装置、设备、容器等发生爆炸后产生许多碎片，飞出后在相当大的范围内造成危害。碎片飞散的距离与爆炸威力有关，一般可飞出100～500m。飞出的碎片能炸伤人，击穿设备、容器等。

② 冲击波　物质爆炸时，产生的高温高压气体以极快速度膨胀，像活塞一样挤压周围空气，把爆炸反应释放出的部分能量传递给压缩的空气层，空气受冲击而发生扰动，使其压力、密度等产生突发，这种扰动在空气中的传播称为冲击波。冲击波以极快速度向四周传播，在传播过程中，可以对周围的设备、设施和建筑物造成严重的破坏作用，对人员产生杀伤作用，引起听觉器官损失、内脏器官出血，甚至死亡。

③ 造成火灾　爆炸发生后，爆炸产生的高温气体的扩散是在瞬息发生的，对一般可燃物来说，不足以起火燃烧，而且冲击波造成的爆炸风还有灭火作用。但在爆炸时产生的高温高压，建筑物内遗留的大量的热能或残余火苗，能把从破坏的设备内部不断流出的可燃气体、易爆或可燃液体的蒸气点燃，也可能把其他易燃物点燃引起火灾。

④ 人员中毒与环境污染　在实际生产过程中，许多物质不仅是可燃的，而且是有毒的，发生爆炸时，会使大量有害物外泄，造成人员中毒和环境污染。

（2）对健康的危害

① 毒物对人体的刺激危害

a. 皮肤刺激。某些危险化学品对人体的皮肤有明显的刺激作用，能引起皮肤干燥、粗糙、破裂、疼痛，甚至引起皮炎。

b. 眼睛刺激。某些危险化学品对眼睛有很强的刺激作用，尤其是一些刺激性气体，如氨气、氯气、二氧化硫等，能引起眼睛怕光、流泪、充血、疼痛，甚至引起角膜混浊、视力模糊等。

c. 呼吸系统。雾状、气态、蒸气刺激性危险化学品对呼吸道有明显的刺激作用，致咽喉辛辣感，咳嗽、流涕，严重时可引起气管炎、支气管炎，甚至发生中毒肺水肿，造成呼吸困难、气短缺氧、泡沫痰等。

② 致变态反应　某些危险化学品进入人体后可以作为抗原刺激体内产生抗体。当它再次进入人体时，引起体液性或细胞性的免疫反应。由此导致机体发生生理机能障碍或组织损伤，这种现象称为变态反应，又称为过敏反应。引起过敏反应的致敏源很多，如环氧树脂、胺类硬化剂、偶氮染料、煤焦油衍生物等。过敏反应根据反应发生的速度不同，可分为速发型和迟发型两种。速发型，接触后立即发病。迟发型一般在接触致敏源 1～2 天后发病。

③ 致窒息　窒息是机体内缺氧或组织不能利用氧而致组织氧化过程不能正常进行的表现。窒息可分为三种：单纯窒息、血液窒息和细胞内窒息。

a. 单纯窒息。这种情况是由于周围大气中氧气被其他气体所代替，如氮气、乙烷、氢气或氦气等，而使氧气含量严重下降，以致不能维持生命。一般情况下，空气中含氧量为 18%～22%，当空气中氧浓度下降到 17%以下时，机体组织供氧不足，就会出现头晕、恶心、调节功能紊乱等症状。缺氧严重时可导致昏迷，甚至死亡。

b. 血液窒息。危险化学品进入机体后，与血液中红细胞内的血红蛋白作用，改变了血红蛋白的性质，致使血红蛋白失去携氧能力。如一氧化碳吸入人体后，它使血红蛋白变成碳氧血红蛋白；苯胺进入人体后，它使血红蛋白变成高铁血红蛋白；这些变性血红蛋白失去携氧能力，致使机体严重缺氧。

c. 细胞内窒息。是由于某些危险化学品进入机体后，能抑制细胞内的某些酶的活性，如氧化物能抑制细胞色素氧化酶的活性，致使细胞不能利用氧。尽管血液中含有充足的氧，但细胞内的氧化过程不能正常进行而发生窒息。

④ 致癌、致畸形、致突变

a. 致癌。某些危险化学品进入人体后，可引起体内特定器官的细胞无节制地生长，而形成恶性肿瘤，称之为癌。目前我国法定的职业性肿瘤有 8 种，如联苯胺所致膀胱癌、苯所致白血病等。

b. 致畸形。接触某些危险化学品物质可对未出生的胎儿造成危害，干扰胎儿的正常发育。尤其在怀孕的前三个月，心、脑、胳膊和腿等重要器官正在发育，有关研究表明，危险化学品物质可能干扰正常的细胞分裂过程而致畸形。如麻醉性气体、汞、有机溶剂等，均可致胎儿畸形。

c. 致突变。某些危险化学品对作业人员的遗传基因产生影响，可导致其后代发生异常。有实验表明，80%～85%的致癌物同时具有致突变性。

⑤ 致麻醉作用 许多有机危险化学品有致麻醉作用，如乙醇、丙醇、丁酮、丙酮、乙炔、乙醚、烃类、异丙醚等都会致中枢神经抑制。若一次大量接触，可导致昏迷甚至死亡。

⑥ 致全身中毒 全身中毒是指危险化学品进入人体后，不仅对某个器官或某个系统产生危害，而且这种危害会扩展到全身，致使人体全身多系统或各系统均出现中毒现象。

⑦ 致尘肺 尘肺（学名为“肺尘埃沉着病”）是工人在作业场所吸入生产性粉尘沉积于肺组织，致使肺组织发生以纤维化为主的病变，导致患者的换气功能下降，出现呼吸困难、呼吸短促、咳嗽、全身缺氧等症状。这种作用是不可逆转的。一旦发病，即便脱离粉尘作业，其病情也会随时间的进展，越来越严重。我国法定的职业性尘肺有 12 种，如硅肺（学名为“硅沉着病”）、煤工尘肺、水泥尘肺。

(3) 对环境的危害

① 危险化学品如何进入环境

a. 事故排放。在生产、储存、运输、使用危险化学品过程中，由于着火、爆炸、泄漏等突发化学事故致使大量有害危险化学品外泄而进入环境。

b. 在危险化学品的生产、加工、储存过程中，产生的废水、废气、废渣未经处理而排放进入环境。

c. 人为地施用化学品或危险化学品而直接进入环境，如施用农药、化肥等。

d. 人们在日常生活中废弃物的排放，在石油、煤炭等燃料燃烧过程中以及家庭装修等日常生活中直接排放或使用后作为废弃物排入环境。

② 危险化学品的污染危害

a. 对大气的危害

● 破坏臭氧层。目前世界公认，氟氯烃类化合物进入大气会对大气平流层下部的臭氧起破坏作用；另外，N_2O、CH_4等对臭氧也有破坏作用。臭氧能减少太阳紫外线对地表的辐射，臭氧的减少导致地面接收紫外线辐射量增加，从而导致皮肤癌和白内障的发病率大量增加。

● 造成温室效应。大气层中的某些微量组分能使太阳的短波辐射透过并加热地面，地面增温后所放出的热辐射都被这些组分吸收，使大气增温，这种现象称为温室效应。这些能使地球大气增温的微量组分，称为温室气体。温室气体主要有 CO_2、CH_4、N_2O、氟氯烷烃等。其中，CO_2 是造成全球变暖的主要因素。温室效应产生的主要影响是使全球变暖和海平面上升。全球海平面在过去的 100 年里平均上升了 14.4cm，我国沿海平面也平均上升了 11.5cm，海平面的升高将严重威胁低地势岛屿和沿海地区人民的生产和生活。

● 降酸雨。大量的硫氧化物（主要为 SO_2）和氮氧化物的排放，在空气中遇水蒸气形成酸雨。降下的酸雨对动物、植物、人类等均会造成严重影响。

● 形成光化学烟雾。光化学烟雾目前有两种典型类型。

一是伦敦型烟雾。它是大气中飘游的煤尘、SO_2 与空气中的水蒸气混合并发生化学反应所形成的烟雾。1952 年 12 月 5～8 日，英国伦敦上空因受冷高压的影响，出现无风状态和低空逆温层，致使燃煤产生的烟雾不断积累，造成严重空气污染事件。其酸性烟雾在一周之内导致 4000 多人死亡。伦敦型烟雾由此而得名。

二是洛杉矶烟雾。它是汽车、工厂等排入大气中的氮氧化物、碳氢化合物，经光化学作用形成臭氧、过氧乙酰硝酸酯等光化学烟雾，对人体产生危害。美国洛杉矶在 20 世纪 40 年代初即有汽车 250 多万辆，每天耗油 1600 多万升，向大气排放大量的氮氧化物、碳氧化合物、一氧化碳等，汽车排出的大量尾气在日光作用下形成化学烟雾，对人体产生危害。在 1955 年的一次污染事件中，仅 65 岁以上的老人就死亡 400 多人。洛杉矶型烟雾也由此而得名。

b. 对土壤的危害。据统计，我国每年向陆地排放有害化学废物约 2242 万吨，由于大量化学废物进入土壤，致使土壤酸化、土壤碱化、土壤板结等。由于严重影响农作物的生长，致使农产品减产。

c. 对水体的危害。大量化学品随污水排入水体，对水体可造成严重污染。随污染物的不同，造成的危害也会不同。如大量植物营养物的污染，含氮、磷及其他有机物的生活污水，工业废水排入水体，使水中养分过多，藻类大量繁殖，使海水变红，称为“赤潮”。近几年在渤海、黄海等都曾有“赤潮”发生，造成水中溶解氧的急剧减少，严重影响鱼类的生活。

重金属、砷化合物、农药、酚类、氧化物等污染水体，可在水中生物体内富集，最终导致生物体死亡，破坏生态环境。石油类化合物污染水体，可导致鱼类、水生生物死亡，甚至发生水上火灾。

第二节 突发事件与危机的类型

一、自然灾害

自然灾害是由自然环境恶化而导致的灾害，特别是带来较大损失的灾难。自然灾害主要包括地震、水灾、旱灾、冰雹、沙尘暴、泥石流、流沙、雷电、海啸、飓风等。随着人类对自然环境介入的程度不断增大，人类赖以生存的自然界发生了很大的变化，人与自然的关系也随之发生了改变。在人类改变自然的同时，自然界也会对人类产生反作用力，近年来自然灾害的损失加剧正是这种反作用力的表现。

根据联合国的统计资料，近年来灾害发生率，受影响的人口数量和物质损失量都一直处于急剧上升的阶段。仅在20世纪90年代，自然灾害造成的直接经济损失就达6290亿美元，因灾造成的死亡人数达到80万。各种自然灾害的发生率呈现地理上的极大差异。亚洲遭受的各种自然灾害最多，占总灾害数的41%，其次是非洲、欧洲和大洋洲。从统计看，经济、社会和技术发展水平与易受灾害性有明显的关系。从1990年到1998年，全球568种主要自然灾害中约有94%和超过97%的因灾死亡发生在发展中国家。

而在发展中国家中，中国的自然灾害尤为严重。中国国际减灾委员会认为，中国是世界上灾害频发、受灾面广、灾害损失严重的国家之一，年均受灾人口在两亿人次以上，随着国民经济的发展、生产规模的扩大和社会财富的增加，灾害造成的损失也在逐年上升。近十几年来，我国每年自然灾害造成的损失在1000亿元以上。

二、事故灾难

事故是人们在从事生产、科研和其他业务活动中，由于人为的因素激发物质危害因素而发生的阻碍或破坏活动的正常进行，并使国家、集体或个人在政治上、经济上以及其他方面遭受损失的事件。有的学者将事故定义为：违背人们主观意愿，能够造成人员伤亡、物质损毁的意外事件。事故是人类社会发展过程中普遍存在的一种社会自然现象。

事故有多种类型，各个部门根据不同的需要和要求，采取了不同的分类方法，生产管理部门为了便于分析导致事故发生的不安全因素，将事故分为火灾爆炸事故、交通事故、电击电伤事故、机械工具伤害事故、物体打击事故、起重事故、辐射事故、顶板事故、中毒事故等。劳动部门根据事故所造成的伤害程度，将事故分为轻伤事故、重伤事故和死亡事故。

我国国务院第493号令《生产安全事故报告和调查处理条例》中，根据事故造成的人员伤亡或者直接经济损失，将事故划分为以下等级：

(1) 特别重大事故　是指一次造成30人以上死亡，或者100人以上重伤(包括急性工业中毒，下同)或者1亿元以上直接经济损失的事故。

(2) 重大事故　是指一次造成10人以上30人以下死亡，或者50人以上100人以下重伤，或者5000万元以上1亿元以下的直接经济损失的事故。

(3) 较大事故　是指一次造成3人以上10人以下死亡，或者10人以上50人以下重伤，或者1000万元以上5000万元以下直接经济损失的事故。

(4) 一般事故　是指一次造成3人以下死亡，或者10人以下重伤，或者1000万以下直接经济损失的事故。

灾难是自然发生或人为产生的，对人类社会具有严重后果的事件。《现代汉语词典》将“灾难”界定为“天灾人祸所造成的严重损害和痛苦”。因此，从广义上讲，凡是危害人类生命财产和生存条件的各类事件都可以称为灾难。

“事故灾难”一词包含了事故本身和事故后果两个层面的含义。事故灾难是具有灾难性后果的事故，是在生产、生活过程中发生的，直接由人的生产、生活活动引发的，违反人们意志的，迫使活动暂时或永久停止，并且造成大量的人员伤亡、经济损失或环境污染的意外事件。《国家突发公共事件总体应急预案》规定，事故灾难包括工矿商贸企业的各类安全事故、交通运输事故、公共设施和设备事故、环境污染和生态破坏事故。

国务院《关于特大安全事故行政责任追究的规定》列举了一些特大安全事故的种类，包括：①特大火灾事故；②特大交通安全事故；③特大建筑质量安全事故；④民用爆炸物品和化学危险品特大安全事故；⑤煤矿和其他矿山特大安全事故；⑥锅炉、压力容器、压力管道和特种设备特大安全事故；⑦其他特大安全事故。

我国颁布的国家标准《企业职工伤亡事故分类》中，将事故类别划分为20类：①物体打击；②车辆伤害；③机械伤害；④起重伤害；⑤触电；⑥淹溺；⑦物资；⑧火灾；⑨高处坠落；⑩坍塌；⑪冒顶片帮；⑫透水；⑬放炮；⑭瓦斯爆炸；⑮火药爆炸；⑯锅炉爆炸；⑰容器爆炸；⑱其他爆炸；⑲中毒和窒息；⑳其他伤害。

从目前我国事故灾难发生的情况看，主要的事故灾难包括以下几种。

1. 火灾事故

火灾是一种极为常见的事故，也是伴随人类社会历史最长的一类事故。远在人类学会用火之前，就已经对火灾的危害有了初步的体会。火灾在古代称为灾火、火殃、火难等。从“灾难”一词中的“灾”字，就可以看出人类对各种灾难的认识正是源自于火灾。据考证，我国最早有文字记载的火灾事故是在《左传》中，其中有“鲁桓士十四年秋八月壬申，御廪灾”的表述。

我国《消防基本术语》将火灾定义为：在时间和空间上失去控制的燃烧所造成的灾害。据统计，目前我国每年发生火灾20万起以上，造成的直接经济损失达十几亿元，人员伤亡数千人。

2. 爆炸事故

爆炸事故，主要是指民用爆炸物品和易燃易爆化学品引起的爆炸事故。我国国民经济在高速稳定发展的同时，各种爆炸事故也居高不下，特别是重大、特大爆炸事故频繁发生。据统计，我国每年平均发生约700起民用爆炸物品爆炸事故，严重的时候每年高达1000多起，死亡1000余人，伤2000余人，直接经济损失高达6000万元之多。

爆炸事故作为危害和损失较严重的一类事故，给人民生命和国家财产造成了巨大损失，给社会带来不安定因素，严重影响了公共安全和社会秩序的稳定。爆炸事故的主要原因涉及民用爆炸物品和易燃易爆化学物品的管理。这类危险物品在其生产、运输、使用、储存、销售等任何一个环节出现问题都可能发生爆炸事故。

3. 环境污染事故

环境污染事故，是指人为因素造成危险化学品、有毒物质、放射性物质泄漏从而导致大面积空气、地面、地下、水体污染，造成重大经济损失和社会影响、破坏公共秩序的事件。例如，超过国家和地方政府制定的排放污染物的标准，超种类、超数量、超浓度排放污染物；未采取防止溢流和渗漏措施而装载运输油类或者有毒货物，致使货物落水造成水污染；非法向大气中排放有毒有害物质，造成大气污染事故等等。

我国是有毒物质生产、使用、消费大国，有毒物质在生产、使用、储存、运输等过程中，多以泄漏的形式导致大规模的中毒和环境污染。中毒事件不仅会带来人员的伤亡，而且严重威胁人类赖以生存的环境。20世纪90年代以来，特大工业中毒事故连续发生。我国每年发生的有毒物质泄漏事故数以千计。2003年12月23日，重庆开县罗家案16号井发生井喷事故，泄漏出的大量硫化氢气体造成243人死亡，6万多人被迫撤离。2005年11月13日，吉林省中石油吉化双苯厂胺苯车间发生爆炸，上百吨苯类污染流入松花江，使松花江流域发生重大的水污染危机，成为我国近年来影响最大、危害范围最广泛的重大环境污染事故。

4. 交通事故

交通事故因其发生的地点与交通工具的不同可分为道路交通事故、铁路事故、内河航运事故、空难、海难等，其中最常见的是道路交通事故。

（1）道路交通事故　道路交通事故，是指车辆在道路上因过错或者意外造成的人身伤亡或者财产损失的事件。自1886年汽车问世以来，道路交通事故就一直困扰着世界各国。道路交通安全状况也越来越受到各国的重视。但是，汽车交通受人、车、路、环境等复杂因素的影响，道路交通事故很难避免。据统计，全世界每年因道路交通事故而死亡的人数达70万人，受伤人数超过500万人，道路交通事故累计死亡人数已超过3000万人。全世界每年因道路交通事故造成的经济损失约为5180亿美元，占全球GDP的1%～3%。

（2）铁路事故　铁路事故是铁路机车车辆在运行过程中发生冲突、脱轨、火灾、爆炸等影响铁路正常行车的事故，包括影响铁路正常行车的相关作业过程中发生的事故，铁路机车车辆在运行过程中与行人、机动车、非机动车、牲畜及其他障碍物相撞的事故。

（3）内河航运事故　我国的内河通航里程超过11万公里。水运市场化后，由于水上运输地方保护主义盛行，市场投入标准低，船舶老旧，管理松散，非运输船舶非法载客，超载现象严重，导致内河航运事故频繁发生，给人民的生命财产安全造成了不可估量的损失。

（4）空难　从发生的概率上看，空难的发生率是相当低的，而且随着相关技术水平的提高，空中运输的事故发生率基本呈下降趋势，已经由最初的每百万飞行架次，27下降到1.5～3之间。但是，空难与其他灾难最大的不同在于，一旦发生灾难，结果大多是机毁人亡，幸存的机会极少，造成的损失无论是人员伤亡还是直接经济损失都令人震惊。

（5）海难　全世界每年有数百万人乘船在海上旅行或从事海上作业。根据统计分析，虽然乘船旅行是最安全的运输方式之一，但每年仍有数千人因此而丧身。著名的“泰坦尼克号”沉船事故导致1489人丧命。海难发生的原因有很多，可能是由于各种自然因素的影响，如台风、海啸、浓雾、冰山、低温等。但是，有3/4的海难是人为因素造成的，如碰撞、触礁、搁浅、火灾与爆炸等。

5. 建筑安全事故

建筑安全事故分为建筑施工事故和建筑工程质量事故。建筑施工事故是在建筑施工过程中发生的各类伤亡事故。建筑工程质量事故是由于建筑工程没有达到建筑施工相关标准，不符合建筑结构设计要求而导致的事故。

建筑安全事故中最为严重的是建筑坍塌。建筑坍塌事故的发生除了因恐怖袭击、火灾等外部原因之外，主要是由于违反基本建设程序，如建筑前提的准备工作不足，承接与自身资质等级不符的建筑活动，违反设计施工程序，未经验收即投入使用等。违反基本建设程序而发生的建筑事故，其原因都十分简单，但后果往往比较严重。1999年1月4日发生在重庆綦江县的虹桥垮塌事故，造成40人死亡，14 人受伤，直接经济损失 631 万元。事故原因是在虹桥建设过程中严重违反国家有关规定和基本建设程序，建设管理混乱，有关人员严重失职、渎职，工程施工存在严重质量问题。至垮塌时，虹桥还未经过载荷试验和正式验收，事故的发生令人震惊，引起全社会的关注。

6. 放射性物质泄漏

随着核裂变和核聚变的发现，以及对它们所产生能量的利用，全球范围内已经有数万个核弹头和数百座核电站，成为对整个人类社会的一种潜在威胁。1986 年 4 月 26 日，苏联切尔诺贝利核电站由于严重违章，在试验关闭反应堆后发电机凭惯性还能保持发电的过程中，断开了所有安全系统，使反应堆内的核反应因失控而骤然增强，产生无法控制的高压蒸汽，把反应堆顶部和重约 1000t 的反应堆楼的顶盖炸飞，泄漏的放射性物质漂流散布到欧洲以致整个北半球，成为影响非常严重、波及面非常广泛的放射性物质泄漏事故。

辐射的远期效应可能在延续的时间和严重程度上远远超过人们的预料和想象。切尔诺贝利核事故中仅有几十人由于辐射和烧伤死亡，事故后数年内都有成千上万的人死于白血病或其他恶性病。加之人们对第二次世界大战中美国在日本投下的两枚原子弹记忆深刻，导致大多数人谈“核”色变。可以说，放射性物质一旦泄漏，不论对周围居民，还是对整个社会都是灾难性的事故。

7. 矿山事故

矿山事故，是指矿山企业在生产过程中，由于不安全因素的影响，突然发生的伤害人身、损坏财物、影响正常生产的意外事故。矿山事故包括：①冒顶片帮、边坡滑落和地面沉陷；②瓦斯爆炸、煤尘爆炸；③冲击地压、瓦斯突出、井喷；④地面和井下的火灾、水灾；⑤爆炸；⑥粉尘、有毒有害气体、放射性物质和其他有害物质引起的危害等。

我国矿山事故在工矿企业事故中占很大比例。据统计，我国百万吨煤的死亡率是美国的 100 倍，南非的 30 倍。矿难多发一方面与矿山企业的劳动条件差、危险源多有关；另一方面是由于矿山的安全管理人员安全意识不强。一些矿主片面追求经济效益，置矿工的生命安全不顾，甚至与一些地方官员勾结，在不具备采矿资质和安全条件情况下非法开采，造成事故频发也是必然的。

三、公共卫生事件

公共卫生事件是指突然发生，造成或者可能造成社会公众健康严重损害的重大传染病疫情、群体性不明原因疾病、重大食物和职业中毒以及其他严重影响公众健康的事件。根据《国家突发公共事件总体应急预案》的规定，公共卫生事件主要包括传染病疫情、群体性不明原因疾病、食品安全和职业危害、动物疫情，以及其他严重影响公众健康和生命安全的事件。

1. 重大传染病

传染性疫病是危害人类健康的大敌，对人类的威胁由来已久。公元前430年左右，一场疾病几乎摧毁了整个雅典，在一年多的时间内，雅典的市民像羊群一样死去。1831年，霍乱爆发，造成英国14万人死亡。1918年，一场致命的流感造成2000万～5000万人死亡，几乎一半的死亡者是健康的年轻人。

根据世界的卫生组织（WHO）的报告，危害人群健康最严重的48种疾病中，传染病和寄生虫病有40种，占病人总数的85%，全世界每年死于传染病的人数达到1700万。而且新的传染病还在源源不断地出现，近30年增加的传染病有30多种，包括艾滋病、军团菌病、莱姆病、埃博拉出血热、拉河热、0139型霍乱、致病性大肠杆菌0157、疯牛病等。

2. 集体食物中毒事件

集体食物中毒事件一般是由于食用了有毒物质出现的短期或长期的中毒反应甚至死亡的事件。集体食物中毒事件起因各异，突发性强，虽然其致死率一般比较低，但波及面往往十分广泛，涉及人员众多。事件一旦发生，不仅需要对毒物进行及时的控制和处理，而且急需大量的运输、急救力量以便将中毒人员及时转运并实施抢救。同时，中毒事件发生后，受害者家属的人数众多，接待和安抚工作十分艰巨，各种新闻媒体以及社会公众对事件的关注度较高，如果处理不当极易引起混乱。

（1）食用假冒伪劣食品　假冒伪劣食品一直严重威胁着人们的生命安全，一些不法分子为了牟取暴利，私自加工、销售不符合国家食品卫生管理规定的各种肉制品、软饮料、营养品，在肉类中注入污水，将工业油掺入大米等，极易引起食品中毒事件。2003年辽宁省海城市八所小学数千名学生由于饮用了由鞍山市宝润乳业公司生产的“高乳营养学生豆奶”，出现腹痛、头晕、恶心等症状，一些学生甚至出现了肺炎、肝炎、脑膜炎和心肌炎等疾病，到海城当地三家主要医院检查治疗的学生达到4400多人次，另有百余名学生在家长的带领下前往北京、沈阳等地检查病情。2008年，“三鹿奶粉事件”导致十万名婴儿患病，近5万人住院治疗。

（2）食品加工方法不科学、不卫生　食品加工过程中的卫生条件、操作流程必须遵守严格的规定，但每年都有大量的因食品加工而造成的中毒事件。特别是在夏季，肉、蛋、菜等食品由于储存不当发霉、腐败、变质，成为细菌性中毒事件的高发期。2002年3月24日，天津市津南区一家企业的40多名职工由于饮用未煮熟的豆浆而中毒。

（3）误食有毒物品　由于对有毒物品的管理不善，加之相关人员缺乏必要的辨别毒物的能力，生活中常常发生由于误食毒物而引发的中毒事故。例如，把亚硝酸盐误当食盐食用，误食有毒菌类等，均会造成人员食物中毒。

（4）投毒条件 投毒，是指犯罪分子出于某种犯罪动机进行投毒活动，进而造成人畜中毒的条件。投毒的动机有时是出于个人利益和小集团利益，形成极端报复情绪，不计后果地对某些特定个人、家庭或群体实施犯罪；有时是出于仇视社会，以投毒的手段对社会进行报复破坏。实施投毒的地点一般选择在集体食堂、食品商店或饮水井等地点。

四、社会安全事件

社会安全事件是由人们的主观意愿产生的，会危及社会安全的突发事件，如能源和材料短缺导致的紧急事件，暴乱、游行引起的社会动荡，恐怖活动等。《国家突发公共事件总体应急预案》列举的社会安全事件的主要类型为恐怖袭击事件、经济安全事件、涉外突发事件。

1. 恐怖袭击事件

恐怖活动在人类社会已经存在了两千余年。恐怖活动使用暴力或其他毁灭性手段，残害无辜，制造恐怖，有的为达到某种政治目的，有的属于报复社会。恐怖主义是一个具有浓厚政治色彩的概念，它往往附着于某个意识形态，常用来描述有计划地使用暴力或威胁使用暴力来对抗普通平民，通常是为了特定的政治或宗教目的。

20 世纪 90 年代以来，恐怖主义在世界范围内不断蔓延，世界各国相继遭受不同规模的恐怖袭击，由此造成的损失和影响也日趋扩大。目前，恐怖活动表现出越来越野蛮、凶残和不择手段的特征。恐怖分子大量使用人体炸弹，以自杀性爆炸的方式实现预定的目标，使得预防恐怖袭击的难度越来越大。恐怖袭击的类型包括以下几点：

（1）爆炸 在恐怖袭击中爆炸是最常见的类型。主要有固定式炸弹爆炸、遥控式炸弹爆炸和自杀性炸弹爆炸等类型。固定式炸弹包括定时炸弹和触发炸弹。定时炸弹将定时器和炸药放在一起，设定某一时间导通雷管电源。触发炸弹是将敏感元件设置在易触摸的位置，当人或物接触时导通电源引爆雷管。遥控式炸弹利用手机、玩具、打火机、邮包、礼品等各类载体实施遥控，具有多样性、体积小、隐蔽性强的特点。自杀性炸弹包括自杀式汽车炸弹和人体炸弹两种，采用同归于尽的极端方式实施恐怖袭击。

（2）核生化袭击 核生化袭击包括生物袭击（类似于流行疾病爆发）、化学武器袭击（类似于化学或有毒物品泄漏）和放射性武器袭击（类似于放射性武器泄漏）。从现代恐怖活动的发展来看，今后恐怖袭击活动将以生化及放射性恐怖袭击的方式取代传统的爆炸方式，生化及放射性袭击已成为世界恐怖主义发展的新趋势。一旦发生生化袭击，建筑不但不能有效控制生化污染物扩散，甚至还会助长污染物的扩散。例如，公共建设的中央空调系统的设计和运行不当，就可能导致生化污染物通过空调系统的回风扩散到整栋建筑，使室内人员面临巨大危险。特别应当指出的是，由于我国的城市人口密集，大多数城市的公共建筑内部人员密集程度要远远高于欧美国家，对于一些商业中心、会展中心、体育场馆和城市地铁等担负着重要城市功能，而人员又高度密集的公共建筑来说，一旦发生生化袭击事件，将会造成重大的人员伤亡和不可估量的损失。

2. 群体性事件

当前，我国正处在社会转型期，各种矛盾日益复杂，群体性事件不断增加，成为影响社会稳定的重要因素。群体性事件，是指在较短时间内突然爆发的，有一定人员参与的群体采取围攻、静坐、游行、阻挠等方式对抗党政机关甚至破坏社会公共财物，危害群众人身安全，扰乱社会秩序的事件。

群体性事件具有人员聚集性、目标一致性、形式违法性、社会危害性的特点。过去群体性事件主要涉及婚姻家庭、邻里、债务等问题，随着改革的不断深入，群体性事件的涉及面不断扩大，主要表现在征地拆迁、退耕还林、用水用电、财务管理、劳资纠纷、企业转制、军转干部、环境污染、交通事故、医患纠纷、矿山开采等问题上，诉求涉及诸多方面，参与的主体也没有固定性。

第三节　危险化学品应急救援的基本特征与原则

一、基本特征

1. 突发性

危机的发生虽然有征兆和预警的可能，但由于实际发生的时间、地点具有一定的不可预见性，可预警的时间很短，总是在意想不到的时间和地点发生，并造成预料之外，令人触目惊心的灾难性后果，因而发生后留给应急处置的时间极其短暂。这也正是人们把这类事件称为“意外”的原因。

从本质上讲，危机的发生是某些危险因素（或隐患）长期存在并相互作用的结果，但从隐患到爆发一般需要有激发的条件。因此，激发条件也决定着危机的外在表现。激发条件可能是各种人为因素，也可能是自然因素。激发条件的类型，出现的时空特性所具有的偶然性，是导致危机具有突发性特征的根本原因。当一个系统存在隐患时，随时会受到激发条件的激发而导致灾难性的后果，这种灾难性的后果的严重程度不仅取决于系统危险性的大小，而且与激发条件出现的方式、激发条件出现时处于危险范围内可能受到伤害的人员、物质财富的数量有很大的关系。

2. 灾难性

灾难性是突发事件与危机最显著的一个特性，主要表现在以下几个方面：

（1）大量的人员伤亡　人的生命是最宝贵的，健康生存是每个人都拥有的权利。但在各种危机中，很多人的健康甚至最宝贵的生命被断送。虽然有关的责任者会受到法律的严惩，更多的人可以由此吸取教训，但直接受害人的生命和健康已经发生了不可逆转的变化，是无法挽回的。

据有关资料统计，全球每年死于各类事故的人数大约是30万人，而我国每年死于各类事故的人数就超过13万人。有专家测算，我国每年死于各类突发事件的人员在60万人以上。近年来国际恐怖主义泛滥，针对无辜平民的恐怖袭击事件此起彼伏，由此造成的无辜人员的伤亡数字也在不断上升。

（2）严重的经济损失　各种危机除了造成大量的人员伤亡，还往往给国家和人民群众的财产造成严重的损失。据不完全统计，我国每年由于突发事件造成的直接经济损失近百亿元。国际劳工组织对伤亡事故所造成的经济损失调查后认为，全世界仅事故灾难造成的经济损失占全球国民经济总产值的4%左右。

相比较而言，间接经济损失不像直接经济损失那样易于统计，但所有的专家都认为，危机所造成的间接经济损失远远超过直接经济损失，最保守的估计也在3倍以上。各种物质财富是人类长期劳动的积累，是社会发展的物质基础。如果不能有效降低由于突发事件造成的经济损失，那么发展经济带来的增长值就会被大量的突发事件所造成的直接或间接经济损失所抵消。

（3）深远的社会负面影响　虽然各类危机从其本质讲，都是人与自然、人与社会或人与人之间的关系发生冲突的一种客观反映，但每一起危机都会带来极其深远的、负面的社会影响。危机的发生对社会物质财富的严重损毁可能会导致企业破产、环境破坏。一些人会失去赖以生存的正常工作和收入，熟悉的生活环境遭受严重破坏，在物质和精神上遭受极大冲击。有的人无所适从，有的人对工作、生活失去信心。如果不能及时妥善地对这些人进行心理安抚和生活安置，现实的问题可能会使其中某些人采取过激的手段对政府和单位施加压力，增加社会不安定因素，给社会秩序的稳定造成影响。特别是一些规模较大、性质特殊的事故（如核泄漏事故），其灾难性后果可能更多地体现在对社会整体心理的影响上。而这种心理上的影响往往比生理上的影响更难以恢复。在任何一个国家，保障社会成员的生命安全与健康，是政府及有关部门的重要职责。危机发生后，对政府的不满情绪可能使民众失去对政府的信任。如果这种情绪被一些别有用心的人利用，可能会造成更加深远的社会影响。

危机造成的大量人员伤亡不仅会使受害者面临家破人亡的悲惨现实，而且会通过各种各样的信息传递途径以及各种社会关系使更多的人受到影响，使事发地甚至周边的社会公众遭受沉重的心理冲击。有关研究表明，受到突发事件影响的人数远远大于直接伤亡人数，保守估计的比值为25∶1。特别是在传播媒介迅速发展的今天，信息传递的方式和速度都有很大的改变，广播、电视、互联网、微信等多种传媒可以使全球任何一个角落都能实时了解某地发生的某一件事。

3. 不确定性

突发事件与危机不仅在发生的时间、地点等方面具有表现的偶然性，而且其发展变化过程也具有明显的不确定性。所谓不确定性，就是危机在爆发后的发展变化会受到很多偶然因素的影响，很难用常规的规则进行判断。危机的不确定性在一方面是由于其发展变化受到诸多偶然因素的影响，另一方面也由于其发生概率较小，后续发展和可能涉及的影响没有经验性的知识进行指导，基本无章可循，只能依靠非程序化的决策。美国“9·11”恐怖袭击事件中，当两架飞机撞入世贸大楼后，即使是恐怖袭击的策划者也没有想到，两座大楼会在撞击和燃烧的作用下整体倒塌。因此，应急处置的重点之一就是对后果的正确估计并在此基础上提出及时有效的处置措施。由于突发事件是瞬息万变的，对处置中的非程序化决策能力要求很高。

再如，1986 年 4 月 26 日，苏联切尔诺贝利核电站爆炸起火，发生了灾难性的核泄漏事故。这是自 1945 年美国以原子弹袭击日本以来世界上最为严重的核灾难。事故发生后，苏联政府采取了各种应急处置措施，疏散了大约 30 万可能受到辐射影响的居民，先后派遣国防部和内务部所属的部队 36 万人参加灭火和消除核污染工作。但由于对这类事故缺乏必要的准备，以及对其不确定的后果估计过高，过分考虑辐射对公众的健康危害，扩大了疏散的范围，使过多的人员撤离、搬迁，不仅造成了巨大的经济损失，而且引发了一系列社会、政治、经济等方面的问题，并导致事故造成的心理影响的范围远大于核辐射影响的范围。

4. 连带性

连带性是指突发事件与危机发生后，可能由于处置不当而引发新的更为严重的危机，影响公共安全和社会稳定。例如，1999 年 11 月 24 日，烟大汽车轮渡股份有限公司所属客货滚装船“大舜号”轮载客 264 人，船员 40 人，由于对开航前气象台发布的寒潮警报未加理会，从烟台离港 2h 后遇大风大浪。船长认为难以抵御，急忙指挥返港避风，掉头返航过程中路线选择不当，船舶大角度横摇，加上仓内所载车辆系固不良，发生倾斜、移位、碰撞，汽车油箱燃油外泄，导致汽车相互撞击起火，进而导致通往舵机间的控制电缆烧坏，舵机失灵。在灭火过程中，除打开所有高压水雾灭火系统外，还长时间使用 4 支消防水枪往船里灌水，因排水不畅，舱内大量积水，形成自由液面，破坏了船舶的稳定性，最终“大舜号”在起火 7 个多小时后倾覆，造成 285 人死亡，5 人失踪。

在这事件的发展过程中，由于一系列的应急措施失误，导致事故由火灾演变发展为整个船体的倾覆，酿成了惨重的损失。为了避免或减少连带现象的发生，在突发事件发生初期的处置工作必须做到及时、有效。初期的任何决策、判断、指挥或操作失误，均会带来不应有的连带损失。

5. 紧迫性

危机或突发事件常常是突然发生的，从发展速度来说，它的过程极快，从预兆、萌芽、发生、发展、高潮到最后结束，周期是非常短暂的，有时甚至是以迅雷不及掩耳之势爆发的。这种时间上的突发性增加了人们的判断、控制与处理危机或突发事件的难度。突发事件虽然是由一系列细小事件逐渐发展而来的，有一个量变的过程，但是，事件一旦爆发，其破坏性的能量就会被迅速释放，并呈快速蔓延之势，解决问题的机会稍纵即逝，如果不能及时采取应对措施，将会造成更大的损失和危害。

6. 复杂性

危机的起因有的是政策因素，有的是经济因素，有的是社会因素，有的是领导者的因素等，甚至是这几类因素相互交织在一起，有时很难加以区分，这就决定了危机事件的复杂性。有的危机事件还会发生“连串反应”“连锁反应”和“裂变反应”，起因往往是一个因素，但很快就会蔓延，导致很多连锁反应，甚至失控，使简单的问题变成复杂的问题。而且危机或突发事件的发展具有不同的情况，在其表现形式上各有特点，非常复杂，难以遵循常规程序进行处理。

7. 舆论关注性

危机或突发事件爆发能够刺激人们的好奇心理，常常成为人们谈论的热门话题和媒体跟踪报道的内容。发生危机或突发事件的企业越是束手无策，危机和突发事件越会增添神秘色彩而引起各方的关注。危机是突然降临的，企业的决策者必须做出快速决策，在时间紧迫、有限的条件下，混乱和惊恐的心理使得获取相关信息的渠道出现瓶颈现象，使决策者很难在众多的信息中发现准确的信息。因此，发生危机或突发事件的企业（事业）单位，要设专人对口新闻媒体，杜绝消息出自不同的渠道。

8. 社会影响性

危机或突发事件会对一个社会系统的基本价值和行为准则的架构产生严重威胁，其影响所涉及的主体具有社会性。例如，2002 年 1 月天津“艾滋病扎针事件”，当时天津市的大街小巷呈现出罕见的冷清，在天津市民的眼中增添了从来没有过的警惕性。这个当时 900 多万人口的大城市，出现这种普遍性的令人不安的气氛，源自于一个传闻：据说一批河南的艾滋病病人来到天津，在商场、超市、路边等公共场所，用装有含艾滋病毒血液的注射器乱扎市民，报复社会。据说这个传闻最早是从 2001 年的平安夜开始的，传言有人那天在滨江道的商场被扎。元旦过后，“扎针”事件越传越开，被扎的人也越传越多，以至于造成了全城的不安。在真假难辨的传闻面前，人们选择了“宁可信其有，不可信其无”的谨慎态度，尽可能地减少外出活动的机会。这就是突发事件或危机对社会的影响性。

二、基本原则

1. 承担责任原则

危机或突发事件发生后，公众会关心两方面的问题：一方面是利益的问题，利益是公众关注的焦点，因此无论谁是谁非，企业应该承担责任。即使受害者在突发事件或事故发生中有一定的责任，企业也不应首先追究其责任，否则，会各执己见、加深矛盾，引起公众的反感，不利于问题的解决。另一方面是感情的问题，公众很在意企业是否在意自己的感受，因此企业应该站在受害者的立场上表示同情和安慰，并通过新闻媒介向公众致歉，以此来解决深层次的心理、情感问题，从而赢得公众的理解和信任。

实际上，公众和媒体往往在心目中已经有了一杆秤，对企业已经有了心理上的预期，以及企业应该怎样处理，我才会感到满意，因此，在突发的危机事件的处理上企业绝对不能选择对抗，这里面态度至关重要。

2. 真诚沟通原则

危机或突发事件发生后，企业处于危机的漩涡中，是公众和媒介的焦点，你的一举一动将接受质疑，因此，企业千万不要有侥幸心理，企图蒙混过关。而应该主动与新闻媒介联系，尽快与公众沟通，说明事实真相，促使双方互相理解，消除疑虑与不安。

真诚沟通是处理危机或突发事件的原则之一。这里所说的真诚指“三诚”，即诚意、诚恳、诚实。如果企业做到了这“三诚”，则一切矛盾和问题都可迎刃而解。

(1) 诚意　在突发事件或危机发生后的第一时间，公司的高层应向公众说明情况，并致以歉意，从而体现企业勇于承担责任，对广大消费者负责的企业文化，赢得消费者的同情和理解。

(2) 诚恳　在突发事件或危机发生后的第一时间，公司以消费者的利益为重，不回避问题和错误及责任，及时与媒体和公众沟通，向消费者说明事件的进展情况，重获消费者的信任和尊重。

(3) 诚实　诚实是危机和突发事件处理中最关键也是最有效的解决办法。通常公众会原谅一个诚实的人的错误，但绝不会原谅一个说谎的人所犯的错误。

3. 速度第一原则

俗话说：好事不出门，坏事行千里。在危机或突发事件出现的最初12～24h，消息会像病毒一样以裂变方式高速传播。而这个时候，可靠的消息往往不多，社会上充斥着各种各样的谣言和猜测。发生突发事件的企业的一举一动将是世界评判公司如何处理这次危机的主要根据。媒体、公众以及政府都密切注视公司发出的第一份声明，对于公司在处理危机方面的做法和立场，舆论赞成与否往往都会立即见于媒体报道。

发生危机或突发事件的公司必须当机立断。快速反应，果决行动，与媒体和公众进行沟通。从而迅速控制事态，否则会扩大突发事件和危机的范围，甚至可能失去对全局的控制。危机发生后，能否首先控制住事态，使其不扩大、不升级、不蔓延，是处理突发事件和危机的关键。

4. 系统运行原则

企业在逃避一种危险时，不要忽视另一种危险。在进行突发事件和危机管理时必须进行系统运作。决不可顾此失彼。只有这样才能透过表面现象看到本质，创造性地解决问题，化害为利。一般来说，突发事件和危机的系统运作需主要做好以下几点：

（1）以冷对热　突发事件和危机会使人处于焦躁或恐惧之中。对此企业高层应以“冷”对“热”，以“静”制“动”，镇定自若，以减轻企业员工的心理压力。

（2）统一观点、稳住阵脚　当突发事件和危机发生后，在企业内部迅速统一观点，对突发事件和危机有清醒的认识，从而稳住阵脚，万众一心，同仇敌忾，夺取胜利。

（3）组建班子、专项负责　一般情况下，突发事件和危机攻关小组的组成由企业的公关部成员和企业涉及危机管理的高层领导直接组成。这样，一方面是高效率的保证，另一方面是对外口径一致的保证，使公众对企业处理突发事件和危机的诚意感到可以信赖。

（4）果断决策、迅速实施　由于突发事件和危机瞬息万变，在对其决策时效性要求和信息匮乏的条件下，任何模糊的决策都会产生严重的后果。所以必须最大限度地集中决策使用资源，迅速作出决策，系统部署，付诸实施。

（5）合纵连横，借助外力　当突发事件和危机来临企业应充分和政府部门、行业学会、同类企业及新闻媒体充分配合，联系对付危机，在众人拾柴火焰高的同时，增强公信力、影响力。

（6）循序渐进、标本兼治　要真正彻底地消除危机，需要在控制事态后，及时准确地找到突发事件或危机的症结，然后对症下药，谋求治“本”。如果仅仅停留在治标阶段，就会前功尽弃，甚至引发新的危机。

5. 权威证实原则

世界上的任何事情，自己称赞自己是没用的，没有权威的认可只会徒留笑柄，在企业突发事件或危机发生后，企业不要自己整天拿着高音喇叭叫冤，而要曲线救国，请重量级的第三者在前台说话，使消费者减除对自己的戒备心理，重获他们的信任。

6. 危机善后原则

危机的善后工作，主要是消除危机处理后遗留问题的影响。突发事件或危机发生后，企业形象受到影响，公众对企业会非常敏感，必须依靠一系列危机善后管理工作来挽回影响。一般来说，危机善后有以下几条原则。

(1) 进行危机总结、评估　企业对危机管理工作进行全面的评价，包括对预警系统的组织和工作程序、危机处理计划、危机决策等各方面的评价，要详尽地列出危机管理工作中存在的各种问题。

(2) 对问题进行整顿　多数危机的爆发与企业管理不善有关，通过总结评估提出改正措施，责成有关部门逐项落实，以此来完善危机管理内容。

(3) 适时寻找商机　危机给企业制造了另外一种环境，企业的管理者要善于利用危机探索经营的新路子，进行重大的改革。这样一来，危机可能会给企业带来商机。

总之，危机并不等于企业失败，危机之中往往孕育着转机。危机管理是一门艺术，是企业发展战略中的一项长期规划。一个企业在危机管理上的成败能够显示出它的整体素质和综合实力。成功的企业不仅能够妥善处理危机，而且能够化危机为商机。

第四节　突发事件与危机应急“一案三制”

突发事件与危机的基本特征决定了应急管理工作的必要性和紧迫性。1990年，世界第一个应急管理国际组织——应急管理学会（The International Emergency Management Society，TIEMS）成立，它的成立大大促进了应急管理研究的发展。我国的应急管理虽然在解放初就开始了，但对现代应急管理研究工作仍处于刚刚起步阶段，以“一案三制”（预案、体制、机制、法制）为核心的应急管理体制，在近十年的时间里才得到不断的发展与完善，见图 1-3。

我国应急管理体制建设，作为一个完整巨大的现代社会系统工程，是从新中国成立以后开始的。自新中国成立以来，我国应急管理体制应对的危机范围逐渐扩大，其覆盖面从以自然灾害为主逐渐扩大到覆盖自然灾害、重大疫情、生产事故和社会危机四个方面。应急管理体制经历了从专门部门应对单一灾害过渡到综合协调的应急管理。

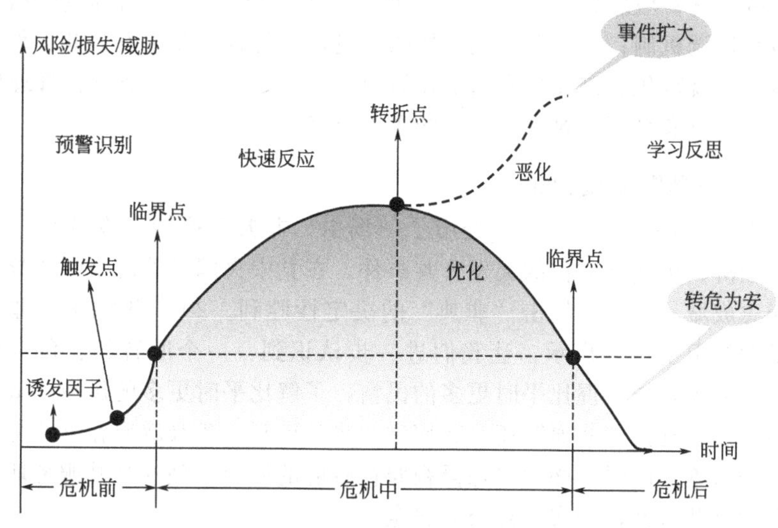

图 1-3 危机管理发展过程

一、单项应急管理的形成与发展

新中国成立以后，我国建立了国家地震局、水利部、林垦部、林业部、中央气象局、国家海洋局等专业性的防灾减灾机构，独立负责各自管辖范围内的灾害预防和抢险救灾。这一时期，政府对洪水、地震等自然灾害的预防与应对最为重视，如《中华人民共和国防洪法》《中华人民共和国防震减灾法》都是这一时期颁布的专门性法律。

二、综合性应急管理的形成与发展

应急管理具有一个根本特点，就是综合性。应急管理的综合性主要体现在三个方面。一是从应急管理的主体看，包括政府、军人、非政府组织、企业和个人等。因为应急管理提供的是一种公共产品。具有效用的不可分割性和受益的排他性，一个有效的应急管理网络应该是全民共同参与，自救、互救与公救并存。二是从应急管理的客体看，包括自然灾害、事故灾难、公共卫生事件和社会安全事件四大类，是一种"全风险"的管理。三是从应急管理的过程来看，包括预防、处置和恢复重建等阶段，是一种"全过程"的管理。

三、应急管理的"一案三制"建设

1. 何谓"一案三制"

"一案三制"是指为应对突发公共事件所制订的应急预案和建立健全应急体制、应急机制、相关法律制度的简称。"一案"是应急预案，"三制"是应急体制、应急机制和应急法制。应急体制主要指建立健全集中统一、坚强有力、政令畅通的指挥机构；应急机制主要指建立健全监测预警机制、应急信息报告机制、应急决策和协调机制；而应急法制主要指通过依法行政，使突发公共事件的应急处置逐步走上规范化、制度化和法治化轨道。“一案三制”这个应急管理体系的“顶层设计”，具有高层建筑总揽全局的重大意义。

2.“一案三制”建设背景

2003 年春，我国从南到北，经历了一场由“非典”疫情引发的从公共卫生到社会、经济、生活全方位的突发公共事件。在党中央国务院的坚强领导下，全国人民众志成城，取得了抗击“非典”的决定性胜利。2003 年抗击“非典”的过程给了我们很多重要启示，让我们进一步认识到：一个明智的、负责任的政府，一定会从灾难中掌握比平时更多的民情，了解比平时更多的民意，赢得比平时更多的民心。抗击“非典”还让我们进一步认识到，各级政府在继续加强经济调节和市场监管的同时，必须更加重视履行政府的社会管理和公共服务职能，有效处置突发公共事件，切实保障公共安全。

2006 年党的十六届六中全会提出了构建社会主义和谐社会的战略任务，正式提出了按照“一案三制”的总体要求建立应急管理体制。

第五节　突发事件与危机应急预案

大多数突发事件或危机的发生是无法准确预测的，因此，必须为应对突发事件或危机做好准备，加强战略规划、物资储备、长期预算。所谓突发事件应急预案，是指为了迅速、有序而有效地开展应急行动，降低损失，针对可能发生的突发事件或危机，在风险分析与评估的基础上，预先制订的有关计划和方案。

预案是应急管理体制建设的龙头，是“一案三制”的起点，预案具有应急规划、纲领和指南的作用，是应急理念的载体，是应急行动的指南，是应急管理部门实施应急教育、预防、引导、操作等多方面工作的有力“抓手”。国外有学者在深入研究的基础上得出一个结论：如果发生某一特别重大的突发公共事件，各级政府都有应急预案并立即启动，采取应对措施，要比没有预案、预案体系不健全、等待总统下达命令再采取应对措施的效率要高出 20 倍。因此，应急预案是应对突发事件的行动方案、行动指南和行动向导。应急预案规定了应急反应行动的具体目标，以及为实现这些目标所做的所有工作安排。应急预案可以减少突发事件管理中出现的不合理行为和缺乏全局观念的行为，使得应急管理更加科学化、合理化。它要求制订者不仅要预见事发现场和各种可能，而且要针对这些可能拿出具体可行的解决措施，达到预期的目的。

一、应急预案体系

2005 年 1 月 26 日，国务院第 79 次常务会议通过了《国家突发公共事件总体应急预案》并于 2006 年对外发布。总体预案的发布标志着我国的突发事件应急管理工作走上了正轨。此后，按照统一领导、分类管理、分级负责的原则，逐步建立了包括国家总体预案、专项预案、部门预案、地方预案、企事业单位预案和单项活动预案 6 个层次的较为完整的应急预案体系。

1. 国家总体应急预案

国家总体应急预案是全国应急预案体系的总纲，是国务院应对特别重大突发公共事件的规范性文件，由国务院制订，国务院办公厅组织实施。《国家突发公共事件总体应急预案》共有六章，分别为：第一章总则；第二章组织体系；第三章运行机制；第四章应急保障；第五章监督管理；第六章附则。总体预案明确了各类突发公共事件分级分类和预案框架体系，规定了国务院应对特别重大突发公共事件的组织体系、工作机制等内容，是指导预防和处置各类突发事件的规范性文件。

在总体预案中，明确提出了应对各类突发公共事件的六项基本原则。

（1）以人为本，减少危害　切实履行政府的社会管理和公共服务职能，把保障公共健康和生命财产安全作为首要任务，最大限度地减少突发公共事件及其造成的人员伤亡和危害。

（2）居安思危、预防为主　高度重视公共安全工作，常抓不懈、防患未然、增强忧患意识，坚持预防与应急相结合，常态与非常态相结合，做好应对突发公共事件的各项准备工作。

（3）统一领导，分级负责　在党中央国务院的统一领导下，建立健全分类管理、分级负责、条块结合、属地管理为主的应急管理体制，在各级党委领导下，实行行政领导责任制，充分发挥专业应急指挥机构的作用。

（4）依法规范、加强管理　依照有关法律和行政法规，加强应急管理，维护公众的合法权益，使应对突发公共事件的工作规范化、制度化、法制化。

（5）快速反应，协同应对　加强以属地管理为主的应急处置队伍建设，建立联动协调制度，充分动员和发挥乡镇、社区、企事业单位、社会团体和志愿者队伍的作用，依靠公共力量，形成统一指挥、反应灵敏、功能齐全、协调有序、运转高效的应急管理机制。

（6）依靠科技，提高素质　加强公共安全科学研究和技术开发，采用先进的监测、预测、预警、预防和应急处置技术及设施，充分发挥专家队伍和专业人员的作用，提高应对突发公共事件的科技水平和指挥能力，避免发生次生、衍生事件；加强宣传和培训教育工作，提高公众自救、互救和应对各类突发公共事件的综合素质。

总体预案将突发公共事件分为自然灾害、事故灾难、公共卫生事件、社会安全事件四类，按照各类突发公共事件的性质、严重程度、可控性和影响范围等因素，总体预案将其分为四级，即Ⅰ级（特别重大）、Ⅱ级（重大）、Ⅲ级（较大）和Ⅳ级（一般）。

总体预案适用于涉及跨省级行政区划的，或超出事发地省级人民政府处置能力的特别重大突发公共事件应对工作。总体预案规定，突发公共事件发生后，事发地的省级人民政府或者国务院有关部门在立即报告特别重大、重大突发公共事件信息的同时，要根据职责和规定的权限启动相关应急预案，及时、有效地进行处置，控制事态。必要时由国务院相关应急指挥机构或国务院工作组统一指挥或指导有关地区、部门开展组织工作。

国家总体应急预案突发公共事件应急管理工作中做出突出贡献的先进集体和个人给予表彰和奖励；对迟报、谎报、瞒报和漏报突发公共事件重要情况及其他失职、渎职行为依法对有关责任人给予行政处分；构成犯罪的，依法追究刑事责任。

国家总体预案对突发事件处置中的应急保障做出详细的规定，要求从人力资源、财力保障、物资保障、基本生活保障、医疗卫生保障、交通运输保障、治安维护、人员防护通信保障、公共设施、科技支撑等方面为突发事件处置提供应急保障。

实施国家总体预案，建立健全社会预警体系和应急机制，是全面履行政府职能、执政为民的重要体现，对于预防和处置突发公共事件及其造成的损失，保障公众的生命财产安全和维护社会稳定，促进经济社会协调可持续发展，具有十分重要的意义。

2. 国家专项应急预案

国家专项应急预案是国务院及其有关部门为应对某一类型或某几种类型突发事件制订的涉及多个部门的预案。国家专项应急预案由国务院有关部门牵头制订。报国务院批准后，由主管部门牵头会同相关部门组织实施。目前，我国已制订的国家专项预案共有28件。

3. 部门应急预案

部门应急预案是国务院有关部门根据总体应急预案、专项应急预案和部门职责为应对突发事件制订的预案。部门应急预案由国务院有关部门制订，报国务院备案，由指定部门负责实施。目前已编制出86个部门预案。

（1）自然灾害类　自然灾害类的部门预案涉及建设、铁路、农业、气象等部门，主要针对破坏性地震、地质灾害、农业自然灾害、草原火灾、气象灾害等。

（2）事故灾难类　事故灾难类部门应急预案涉及国防科技工业局、建设部、交通部、农业部、安全生产监督管理总局等部门，针对各类生产安全事故、交通事故、环境污染事件等。

（3）公共卫生类 公共卫生类部门应急预案包括：国家医药储备应急预案；铁路突发公共卫生事件应急预案；水生动物疫病应急预案；出入境重大动物疫情应急处置预案；突发公共卫生事件民用航空器应急控制预案；药品和医疗器械突发群体不良事件应急预案；人感染高致病性禽流感应急预案。

（4）社会安全类 社会安全类部门应急预案主要有：国家物资储备应急预案；生活必需品市场供应突发事件应急预案；工商行政管理系统市场监管应急预案；大型体育赛事及群众体育活动突发公共事件应急预案；外汇管理突发事件应急预案；突发公共事件新闻报道应急预案。

（5）部门综合类 为应对本部门可能出现的各类突发事件，或者为了保障突发事件处置中的某项应急功能，一些部门制订了部门综合类，如：中国红十字总会自然灾害等突发公共事件应急预案；国家发展和改革委员会综合应急预案；煤电油运综合协调应急预案；教育系统突发公共事件应急预案；司法行政系统突发事件应急预案；公共文化场所和文化活动突发事件应急预案；海关系统突发公共事件应急预案；旅游突发公共事件应急预案。

4. 地方应急预案

地方应急预案是指地方各级政府及其原组织比照国家应急预案体系框架，结合本辖区的实际情况，分别编制的地方总体预案、专项预案和部门预案。具体包括：省级人民政府的突发事件总体应急预案；省政府及其有关部门为应对某一类型或某几种类型突发事件制订的涉及各个部门的专项应急预案；各市（地）、县（市）人民政府及其基层政权组织的突发事件应急预案。

地方预案是地方政府应对突发事件的依据。其中，省级人民政府突发事件总体应急预案报国务院备案。

5. 企事业单位应急预案

企事业单位应急预案是由各企事业单位根据有关法律、法规和本企业本单位的实际情况制订的预案。企事业单位往往是突发事件或危机的第一反应力量，在突发事件或危机的应急处置中具有极其重要的地位。为了加强企事业单位的应急能力建设，国务院办公厅于2007年8月发布了《全面加强基层应急管理工作的意见》（国办发【2007】52号），要求乡镇、社区、企事业单位建立健全基层应急管理的组织体系，完善基层应急预案，加强基层综合应急队伍建设。2009年10月，国务院办公厅在《关于加强基层应急队伍建设的意见》（国办发【2009】59号）中明确提出，乡镇、街道、企业等基层组织和单位要普遍建立应急救援队伍；要加强对基层应急救援队伍的督促检查，充分发挥企事业单位的作用。面对日益增多的各种风险和社会公众对安全需求的不断增长，不仅需要政府具有强大的应对危机的能力，而且必须加强基层的应急能力建设。

6. 单项活动应急预案

举办大型会议、展览和文化体育等重大活动，主办单位应当制订应急预案并报同级人民政府有关部门备案。重大活动具有人员密集性、临时性等特点，极易发生群死群伤的重大突发事件，如果没有对活动中可能存在的风险进行分析和评估，并制订科学的应急预案，不仅会影响活动的正常举行，而且会造成不可挽回的严重后果。

综上所诉，在党中央国务院的直接领导和精心指导下，经过几年的努力，我国应急预案编制工作已基本完成，形成了包括国家级专项预案、国务院部门预案、各级地方政府的应急预案、企事业单位的应急预案和举办大型活动的应急预案的多层次、多种类、多角度、多方位的预案体系，累计达240多万个，与此同时，为保证军队在突发事件处置中对地方的支援，《军队处置突发事件总体应急预案》等预案也相继颁布实施。全国已制订的各级各类应急预案基本涵盖了我国经常发生的突发事件的主要方面，应急预案的网络基本形成。预案体系明确规定各级政府、各企事业单位在应对突发事件中的职责和作用，形成了“突发事件本身就是命令”的反应机制，将大大提高处置突发事件的效率，减少突发事件造成的伤亡和损失，降低处置突发事件的成本。

二、应急预案的制订和管理

在突发事件应急管理中，应急预案的编制格外重要。制订应急预案，实质上是把非常态事件中的隐性的常态因素显性化，也就是对历史经验中带有规律性的做法进行总结、概括和提炼，形成有约束力的制度性条文。突发事件及危机管理一般预先采取以下措施：通过调查与情报分析，确定潜在的突发事件与危机问题，设计解决问题的可能性方法和选择；在制订应急救援战略决策的基础上，进一步研究与确定突发事件和危机发生的行动计划等。这个过程就是应急预案的制订，应急预案的制订过程实际上是一个突发事件和危机信息的获得、整理和使用过程，在这个信息平台上，突发事件和危机可以在很大程度上得到预防和化解。应急预案的制订，关系到整个突发事件和危机处理能否顺利和有效地进行。

预案制订完成后，还需进一步做好预案的管理工作。应急预案的管理工作包括预案的演练、修订、紧急情况下的启动和执行等。演练是检验预案可行性、科学性、合理性的重要途径，也是相关应急人员熟悉应急管理、应急过程、提高应急处置能力的主要方式。应急预案编制单位应根据实际情况变化，及时修订各类预案，加强预案的修订和完善工作，实现对预案的动态管理。

启动和执行应急预案，就是将制度化的内在规定转化为实践中的外化的确定性，预案为应急指挥和救援人员在紧急状态下行使权力、实施行动的方式和重点提供了导向，可以降低因危机的不确定性而失去对关键时机、关键环节的把握，及浪费资源的概率。正如很多从事应急管理的领导所说：应急预案就是将“无备”转变为“有备”，“有备未必无患，无备必定有患”，“预案不是万能的，但是没有预案是万万不能的”。鉴于此，国务院在组织预案编制过程中，从明确要求制订指南，到成立机构、督促指导，工作十分细致缜密。国务院办公厅专门为制订预案出台了《应急预案编制指南》，要求预案编制要做到“纵向到底、横向到边”，纵向贯通行政和各类组织层级，横向覆盖行政和各个社会层面，加快向社区、农村和各级各类企事业单位深入推进应急预案编制工作。

第六节 突发事件与危机应急管理体制

体制是各级应急机构组织制订的总称，是应急管理及协调机制的承载体。体制问题是现代社会管理的重要方面，突发事件与危机应急管理也必须建立一定的机构设置和职能职责基础上。我国的突发事件与危机应急体制建立在长期实践的基础之上。从新中国成立以来，对突发事件与危机的管理基本上是分类别、分部门的管理体制。2003 年抗击“非典”胜利结束以后，我国初步确立了依托政府办公厅（室）的应急办发挥枢纽作用，协调若干议事协调机构和联席会议制度的综合协调型应急管理体制。2006 年发布的《关于全面应急管理工作的意见》提出，要健全分类管理、分级负责、条块结合、属地为主的应急管理体制，落实党委领导下的行政领导责任制，加强应急管理机构和应急队伍建设。2007 年 11 月，《中华人民共和国突发公共事件应对法》颁布实施，规定了“国家建立统一领导、综合协调、分类管理、分级负责、属地管理为主的应急管理体制”。目前，我国的应急管理基本实现了这一格局。见图 1-4。

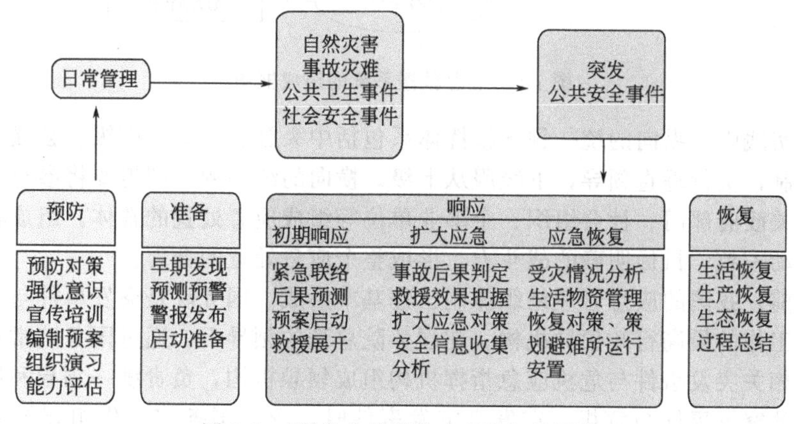

图 1-4 《突发公共事件应对法》的要求

一、统一领导

突发事件与危机的应急管理是一项任务繁重、工作艰巨的系统工程。在应急管理过程中，首先要建立一套完善的指挥机制，由相应的政府部门负责总体指挥，各相关部门在应急指挥机构的指挥下开展有计划、有目标的应急处置行动，见图 1-5。

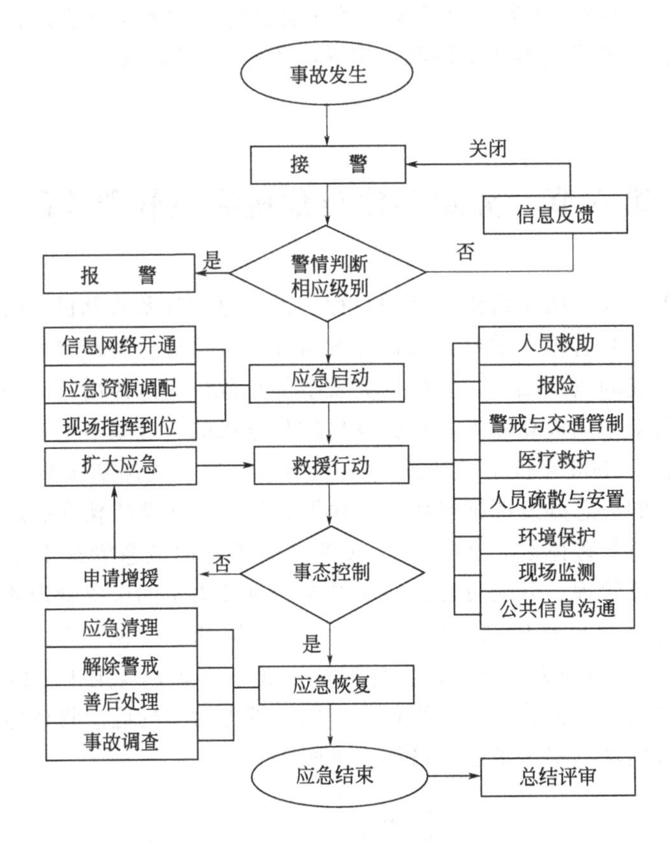

图 1-5　应急救援系统的组成框图

在实践中，纵向的统一领导指挥体系包括中央级、省级、市级、县级的应急管理体制，实行垂直领导，下级服从上级。横向的统一领导则需要将参与应急处置的相关政府部门、社会组织、企事业单位等组成应急处置的整体，组成相互配合、行动一致、目标明确的战斗力，形成整个应急处置的合力。

目前，我国的应急管理组织体制已经基本形成。国务院是突发事件与危机应急管理工作的最高行政领导机构。在国务院总理的领导下，通过国务院常务会议和国家相关突发事件与危机应急指挥机构组成领导机构，负责统一领导和协调相关领域的突发事件与危机。在发生突发事件时，派出国务院工作组指导有关工作。发生重大突发事件与危机时，启动非常设机构或成立临时指挥机构，由国务院分管领导任总指挥，国务院相关部门参加，统一指挥和协调各部门、各地区的应急救援处置工作。国务院办公厅设国务院应急管理办公室，履行值守应急、信息汇总和综合协调职责，发挥运转枢纽作用。

国务院有关部门依据有关法律、行政法规和各自职责，负责相关类别突发事件与危机的应急管理工作，具体负责相关类别的突发事件与危机的专项和部门应急预案的起草和实施，贯彻落实国务院有关决定事项。

地方各级人民政府是本行政区域突发事件与危机应急管理工作的行政领导机构，负责本行政区域内各类突发事件与危机的应对工作。

此外，国务院和各应急管理机构还建立了各类专业人才库，可以根据实际需要聘请有关专家组成专家组，为应急管理、应急处置、应急救援提供决策建议和技术支撑，必要时参加突发事件与危机的应急管理、处置、救援工作。

二、综合协调

突发事件与危机应急救援工作是一项多部门联合反应的工作。一般来说，参与反应处置的主体既有政府及其相关部门，也有各类社会组织、企事业单位、基层组织、公民个人，甚至还有国际救援力量，要实现“反应灵敏、协调有序、运转高效”合一的应急机制，必须加强在统一领导下的综合协调能力建设。

协调有别于协作，协作是指与应急处置，救援的部门、组织、单位与个人互相配合来完成任务，有合作的含义，而协调是指使参与应急处置，救援的各部门、组织、单位与个人产生协作行为的管理工作，协作的效果取决于协调功能的发挥。人与人之间如此，单位与单位之间、部门与部门之间也是如此。

1. 综合协调要明确职责

明确有关政府和部门的职责，明确不同类型突发事件与危机管理的牵头部门和协作部门。在我国，由于应急管理、应急处置、应急救援理论研究的不足，特别是由于长期以来各个部门已经形成了自身的一套相对封闭、独立的运作机制，造成部门之间资源分割、信息封锁、自成体系的格局，在应急管理、处置、救援的实践中出现互相不协调的现象。即使是在对应急处置、管理、救援理论研究与实践比较成熟的国家与地区，也不同程度地存在类似情况，严重时直接影响到了应急管理、应急处置与应急救援工作指挥决策的统一。特别是由于突发事件与危机的规模与性质不同而产生多层管辖权时协调各个部门之间的工作显得尤为重要。

2. 协调各方力量

要综合协调人力、物力、技术、信息、后勤保障力量，形成统一的突发事件与危机信息系统、统一的应急指挥系统、统一的救援队伍系统、统一的物资储备系统等（图 1-6），以整合各类行政应急资源。实际上，在多数情况下，对突发事件与危机的应急救援与处置是在不同级别的应急机构共同参与的情况下进行的。对突发事件与危机应急救援处置的第一反应者（如企业或地方政府），往往是资源最少的单位和部门，第一反应者的资源不足时，可以申请由上一级应急部门提供援助，直至中央政府或国际援助。这就需要建立一种多重层级结构的协调机制。

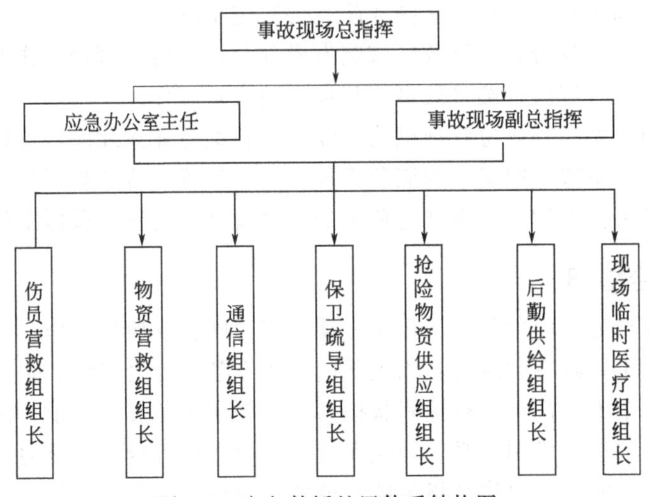

图 1-6　应急救援处置体系结构图

3. 协调应对力量

要综合协调各类突发事件与危机应对力量，形成“各部门协同配合、社会参与”的联动系统。在协调工作遵循的原则上，普遍认为，无论是单个机构，还是多个机构，无论是一种管辖权，还是涉及多种管辖权，协作的责任是使应急系统的运转更加有效、更加畅通，而不是单纯去考虑管辖权的问题。协调工作的运行机制应当能适应比较广泛的突出事件与危机的范围，以及不同规模的突发事件与危机。对于重大的突发事件与危机，需要动用较多的应急资源，包括人力资源、物质资源、信息资源、权力资源和经费资源。其中有些资源是唯一的，需要不同的部门共享，如各地的消防部队、医疗机构和人民警察。有些资源属于不同的部门所有，如物质资源与一些部门的特殊职能。实践中既要避免资源的重复建设，造成浪费，也要避免应急职能的交叉重叠或资源不足。显然，这就涉及应急资源的合理配置问题，需要进行统一的协调。

协调工作的实施需要有相应的协调机构。一些发达国家的经验证明，无论是当地政府还是上一级政府，应急机构的重要工作是协调而不是控制，特别是要进行战略层次或较高层次上的应急管理，目前的发展趋势是建立一个协调型的组织，而不是指挥——控制型的机构，其原因主要是保证地方政府或基层应急机构有较高的工作自主性和积极性。

三、分类管理

我国是突发事件与危机多发的国家之一。突发事件与危机的种类繁多，各种类型的突发事件与危机在产生原因、表现方式、涉及范围、发展规律、应急重点等方面各有不同，同时，由于长期以来形成的传统习惯及应急处置所需要的专业知识、应急力量要求，因此，在应急管理中，实行分类管理是非常必要的，从管理的角度看，每一类突发事件都应由相应的部门实行管理，建立一定形式的统一指挥体制，并在统一指挥、综合协调的体制下开展应急管理工作。

国务院发布的《国家突发公共事件总体应急预案》将造成或可能造成重大人员伤亡、财产损失、生态环境破坏和严重社会危害、危及公共安全的紧急事件分为自然灾害、事故灾害、公共卫生事件与社会安全事件四类。分类管理的应急体制决定了这四类条件的管辖权属于政府的不同管理部门或不同的政府领导人。根据突发事件与危机的分类，自然灾害主要由民政部、水利部、地震局等部门牵头管理；事故灾害和突发公共卫生事件主要由国家安全生产监督管理总局等部门牵头管理；社会安全事件由公安部牵头负责。在日常的管理中，不同类型的突发事件与危机分类主管部门负责突发事件与危机信息的收集、分析、报告等工作，并为政府决策指挥机构提供有价值的决策咨询和建议。随着应急管理、应急处置、应急救援工作的开展，一些专业的应急指挥机构也得到了进一步的完善，如国家防汛抗旱、抗震减灾、森林防火、灾害救助、安全生产、公共卫生、通信保障、公共安全、反恐怖、反劫机等机构。

在我国的应急预案体系中，除了总体应急预案之外，还有 28 个专项案例和 86 个部门预案。也就是说，四大类突发事件与危机中的任何一类，都还会有进一步的区分。在地方政府制订的各种各类应急预案中，基本上也是遵循国务院应急预案的体制来进行的。以上海市为例，仅灾害事故应急处置的预案中就包含了 19 类 25 种单灾种预案。这 19 类 25 种应急预案来至不同的政府管理部门。例如，道路交通事故应急救援预案由市公安局制订；城市轨道交通事故应急救援预案由市交通局制订；铁路交通事故应急救援预案由上海铁路分局制订；水上（内河）交通事故应急救援预案由市交通局制订；航空器事故应急救援预案由上海机场集团制订；火灾事故应急救援预案由市公安局制订；环境污染事故应急救援预案由市环保局制订；化学事故应急处置预案由市民防办制订；密集人群拥挤事故应急救援预案由市公安局制订；地震灾害应急救援预案由市地震局制订等等。

这里必须强调的是，分类管理必须在统一领导、综合协调的大框架下开展，一些突发事件或危机可能涉及多个部门，为了有效地对突发事件或危机做出应急管理、应急救援、应急处置，切实做到统一指挥，部门的管辖权应当淡化。因为一个部门很难承担起应急救援、应急处置的责任，也无权指挥、协调其他部门参与。各部门可以根据专业的特点制订应急预案，这种应急预案只能起专业指导的作用，各种应急预案的启动应有统一的程序。在制订应急预案的过程中管辖权可以设定，但在具体的应急过程中，应根据具体情况对管辖权及时进行调整，通过调整达到强化协调机制与现场指挥机制的目的。即使突发事件与危机的管辖权属于某一部门，也应保持应急参与部门各自独立的指挥活动，不应当用管辖权代替现场应急救援、应急处置的指挥权。当涉及管辖权交叉时，必须要产生统一的兼指挥、协调、控制为一体的领导机构。

四、分级负责

在《国家突发公共事件总体应急预案》中，按照突发事件的性质、严重程度、可控制性和影响范围，将突发事件分为四个等级：Ⅰ级（特别重大）、Ⅱ级（重大）、Ⅲ级（较大）和Ⅳ级（一般）。不同级别的突发事件的应急救援，应急处置需要动用的人力、物力、财力资源也是不相同的。分级负责明确了各级政府在应对突发事件与危机中的责任，不同级别的突发事件与危机由不同级别的政府部门负责进行信息收集、分析工作，并定期向上级部门进行报告，对可能出现的突发事件与危机做出预警和预测。在突发事件与危机发生时，根据突发事件的级别启动相应级别的应急预案，从而能够调动合理的资源，开展有效的应急救援、应急处置。分级负责避免了应急处置、应急救援可能出现的反应不足和反应过度的问题，以保证突发事件与危机能够得到恰当的救援与处置。

分级负责还可以根据政府有关部门在突发事件与危机应急管理中的职责，明确不同部门在突发事件与危机发生后应该承担的责任。如果突发事件与危机处置中有关部门不履行职责，行政不作为，或者不按照法定程序和规定采取相应的措施应对、处置突发事件与危机，要对其进行批评教育，甚至追究其行政责任或法律责任。对于迟报、瞒报、漏报、谎报重要信息的也要追究相关人员的责任。根据责任大小，给予相关责任人行政处分，构成犯罪的，依法追究刑事责任。表 1-1 是突发事件与危机的风险幅度分级。

表 1-1 突发事件与危机的风险幅度分级

幅度	分值 1 分	描 述
特别重大	5	社会运行完全中断
重大	4	社会运行受到严重影响，可能会使社会运行中断
较大	3	社会运行受到较为严重的影响，但不会造成社会运行中断
一般	2	社会运行的效率受到一定的影响，但不会对社会运行体系造成威胁
较小	1	社会运行受到影响可忽略不计，风险可用常规手段加以排除

五、属地为主

突发事件与危机的紧迫性决定了在事件或危机刚刚发生时的救援、处置工作具有关键性的作用。因此，属地管理为主就是要求突发事件与危机发生地的单位、社区、基层政府作为应急救援和应急处置的第一行动力量，必须在第一时间采取措施控制或处理，是预防突发事件与危机，发现突发事件与危机苗头，初期处置、事态控制的第一责任人。如果事态比较严重超出属地的地方政府应对的能力，则可以根据预案的规定及时向上级部门报告，必要时可以越级上报，请求上级政府的支持和直接管理，同时根据预案马上动员或调集资源进行救援或处置。属地管理为主就是要求地方政府能够快速反应、及时处理，这是对突发事件与危机应急管理“反应灵敏”的必然要求。同时，属地管理为主不排除上级政府及相关部门对地方政府的指导，也不能免除突发事件或危机发生地其他部门的协同义务。

第七节　突发事件与危机应急管理机制

机制，是指有机体各部分在构造、功能及特性等方面相互联系，相互作用的过程和方式。它潜藏于各种社会表象之后，本身比较抽象，需要通过一定的制度、体制、规范、政策等才能表现出来。

突发事件与危机应急管理机制，是指国家建立专门的常设行政机构，通过有效利用社会资源 进行预防和控制突发事件与危机而形成的一整套机制的总和。应急管理机制是社会经济系统紧急应对突发事件与危机的机制，是行政管理组织体系在遇到突发事件与危机后有效运转的机制性制度。应急管理机制积极发挥体制作用服务，同时又与应急体制有着相辅相成的关系。建立“统一指挥、反应灵敏、功能齐全、协调有力、运转高效”的应急管理机制，不仅可以促进应急管理体制的健全和有效运转，而且可以弥补体制存在的不足。

一般来说应急机制有潜态和实态两种状态，平时处于潜态，突发事件发生后，迅速转变为实态，事件或危机平息后，又转变为潜态。潜态包括物质储备制度、应急教育制度、预警监测制度、应急预案制度、日常管理制度等。实态包括紧急状态制度、启动应急预案等。笔者认为突发事件与危机应急机制是有关管理部门为了更好地应对各种突发事件与危机而建立起的一套行之有效的处置办法和制度安排，是处理突发事件与危机的应急法律制度。与普通的行政体制相比，应急机制具有鲜明的特色。

在价值目标上，普通行政体制追求民主、公正、理性和效率等多元价值，而应急机制则更强调理性和效率。在权力配置上，普通行政体制以行政权为核心，而应急机制则在扩大和强化行政权的同时，将立法权也吸纳其中；在组织结构上，普通行政体制具有多元色彩，强调相对分权，甚至分治，而应急机制则实行一元化领导，统一指挥，严格层次节制，其结构类似于军事指挥系统。在管理手段上，普通行政体制强调刚柔并济，甚至更倾向于柔性手段管理，而应急机制则主要依赖于刚性手段，通过命令、许可、强制和制裁等手段实现应对突发事件与危机的目的。

应急机制建设主要包括：建立健全监测预警机制、应急信息报告机制、应急决策和指挥机制、分级负责与响应机制、公众沟通与动员机制、应急保障机制、奖惩机制、社会管理机制和国际合作机制，下面分别阐述。

一、应急监测预警机制

所谓预警，就是将收集到的一切警告信息和事先确定的预警阈值、分门别类地进行整理并加以综合分析，通过信息处理系统，及时、准确地上报，并且接受决策部门的反馈信息，以便及早采取有效的应急措施，达到及早控制突发事件与危机或防止其扩散的目的。

突发事件与危机的监测预警，是指通过分析监测到的信息，及时采取预防措施，防患于未然；或者在突发事件与危机刚发生时就及时发现苗头，将其消灭在萌芽状态，监测与预警是控制、降低或减少突发事件与危机危害的关键所在，是实施从源头上治理危机的理论保障。

监测与预警机制，是指在突发事件与危机来临之前尽可能早地预测和发现，在一系列数据收集、信号警示的基础上，通过对突发事件与危机源头、突发事件与危机征兆和突发事件与危机趋势进行密切监测，从而能够有效掌握和描绘出信号与突发事件与危机之间存在的可能性关联，通过信息发布系统向个体、组织和社会发出警报，使得个体、组织和社会能够迅速、及时、有效地开展预防性和应对性行动。

突发事件与危机监测和预警机制使用方法主要为定性分析方法、定量分析方法、定时分析方法、网络分析方法以及定性定量综合分析方法。

(1) 定性分析方法是在以往经验和现存信息的基础上，以理论分析和逻辑推力为标准进行认知分析和判断，主要包括专家咨询法、主观概率法、领先指标法、相互影响法和情境预警法。

(2) 定量分析方法是依据给定的一系列标准和模型进行数据收集和实证分析，旨在将某一具体因素（排除其他可能性因素）与突发事件与危机发展趋势之间建立直接关联，也称为模拟或仿真法，主要有结构模型、加速模型、临界模型、关联模型和反应模型。

(3) 定时分析方法是在定量分析方法的基础上增加了时间难度，通过时间序列变化中不同因果关系之间的变化来预测未来某一时间段的变化趋势。

(4) 网络分析方法是在定性和定量分析基础上增加专家网络和实地调查难度，通过网络化信息共享，以网络化的优势废弃重复性研究分析，实现监测与预警的高效度和高信度。

《中华人民共和国突发事件应对法》对监测与预警的内容做了详细的阐述，其中包括建立全国统一的突发事件与危机信息系统，县级以上地方各级人民政府及时汇总分析突发事件隐患和预警信息，做出评估，对有可能发生重大突发事件与危机的，及时向上级人民政府报告。上级政府根据事态的严重性发布预警信息。通过对群体性突发事件与危机的监测预警，将这些事件消灭在萌芽状态。

突发事件与危机监测和预警机制通过采用全面的监测系统来进行适时跟踪监控，积极收集各静态数据和动态信息，运用数据库模型将实际值与预警值进行对比分析，从而发现异常警情，具有基础预防性。根据异常警情，运用预警指标体系和专家分析系统进行诊断分析，从而对警级进行初步评估和确定，运用网络信息报送系统和信息发布系统将预警信号予以及时发送和公布。在发布预警信号的同时，根据监测的基础数据和特定警情，制订能够将突发事件与危机降低到最低限度的应急方案问题，及时进行干预处理，从而将危机事件控制在萌芽状态，减少不必要的损失。

突发事件与危机监测和预警机制是一个集多学科、技术和方法为一体的系统工程，它由信息采集系统、信息加工系统、预警指标系统、突发事件与危机警报系统和突发事件与危机预案系统五个系统构成，且任何一个环节都不可忽视。监测与预警机制的五个系统应密切结合、紧密联动，将常规与巡查监测预警相结合，定期与随时监测预警相结合，从而建立突发事件与危机信息数据库和分析模型，构建起数字化、智能化、网络化、可视化、立体化、全方位、灵活性的动态监测预警系统。

二、应急信息沟通机制

信息沟通，是指人与人之间转移信息的过程，简称沟通，有时称为交往、交流、人际沟通等。“机制”实质上就是通过规范系统中各个要素之间的相互作用、合理制约，从而使系统整体实现良性循环的健康发展。突发事件与危机应急管理中的信息沟通机制就是政府为了保证信息在各个相关主体之间的畅通流通而制订的原则、规范、措施，并明确各个主体的义务和权利。突发事件与危机应急管理中建立信息沟通机制的目的，是在突发事件与危机这一特殊的环境中，以最少的管理成本、最快的速度、最高的效率去实现有效的沟通，以便政府快速进行应急管理、应急救援、应急处置，将突发事件与危机造成的损失减少到最低限度，保持社会稳定。

一般来说，根据信息沟通的路径，应急信息沟通机制可以分为内部信息沟通机制和外部信息沟通机制两种。相应地，突发事件与危机管理中内部信息沟通机制，是指在突发事件与危机发生的整个过程中，各类信息在政府内部上下级之间纵向或横向传递。突发事件与危机管理中的外部信息沟通机制主要包括政府、媒体、民众（包括利益相关者）之间的沟通与反馈。

1. 内部信息沟通机制

在内部信息沟通机制中，信息沟通的重要主体之一就是各级地方政府官员，当重大突发事件与危机爆发时，地方政府官员作为当地事务的管理者，可以得到最新的第一手资料，这些资料对突发事件与危机的处理具有重要的影响和作用，如果这些信息不能及时上报给相关政府部门，就可能对应急管理造成负面的影响。当前，某些地方政府官员出于个人利益、部门利益的考虑，对突发事件与危机信息采取瞒报少报、漏报等逃避责任的行为，严重妨碍了突发事件与危机的信息沟通，导致突发事件与危机信息未能及时上报，耽误了突发事件与危机的解决。在突发事件与危机信息的传递和反馈中，还应有专业的信息分析、处理人才，在持续地对突发事件与危机的关注和研究的基础上，及时从源头上遏制突发事件与危机的发生，即使不能完全杜绝，也能将该突发事件与危机的影响程度和损失程度降低。

2. 外部信息沟通机制

外部信息沟通机制是突发事件与危机应急管理、应急救援和应急处置的重要内容。在当今这个信息化社会，信息沟通效果的好坏，往往是决定对事件与危机处置成功与否的关键。政府作为突发事件与危机应急管理、应急救援、应急处置的主导者，掌握了突发事件与危机的最权威的信息。社会公众是受灾的主体或者目击者，而政府与公众又处于社会系统中的两端，一个处于管理层，另一个处于被管理层。公民知情权作为公民的一项基本权利，必须得到保障。由于公民和政府之间在获得相应的信息资源方面存在巨大的差异，而这种差异不仅会增加社会成本，还可能会为某些政府官员提供承担空间，因此，为了更好地对社会进行管理，有必要及时通报各种信息，增加政府透明度，减少信息不对称，保障公民知情权。

通过有效的信息沟通机制，政府将所获得的突发事件与危机相关信息及政府已经或即将采取的政策措施，通过媒体和其他信息沟通渠道及时传达给社会各群体，进而获得公民对政府应急措施的理解和支持，避免由于突发事件与危机造成的社会恐慌心理。同时社会公众对突发事件与危机的认识、态度、需求也可以通过信息沟通机制及时传达给政府有关决策部门。良好的信息沟通能加强政府与民众在信息方面的交流，保证政府决策的准确性，还能防止由于民众对政府所采取的措施不了解、不认可，导致民心涣散，加剧社会的不稳定，最终影响政府的形象和影响力。

在信息沟通机制中媒体的作用不容小觑。媒体可以分为传统媒体和现代媒体。传统媒体主要指的是电视、报纸、广播，而现代媒体则是指以互联网为代表的网络媒体。媒体既是信息的收集者又是信息的传递者，它是连接政府与民众的桥梁，是传达政府声音和反映民意民情的“喉舌”。

合理有效的危机信息沟通机制对于科学有效地应对突发事件与危机具有重要的作用和意义。目前，我国政府在突发事件与危机信息沟通机制建设中取得了一定的成效，得到了一定的发展，但是，无论与国外发达国家相比，还是与我国现实的客观要求相比，都还存在着一定的差距。

三、应急指挥决策和协调机制

现代指挥理论认为，指挥是社会组织和有组织的群体为了协调一致地达到某个目标，由领导者所实施的一种发令调度的活动，属于一种特殊的领导管理活动。指挥、协调与决策是突发事件与危机应急过程不断交替使用的管理措施，相互之间的联系十分紧密，有时很难区分三者之间的界限，指挥过程存在协调，而协调过程也存在着指挥。例如，英国内政部在灾害事故的应急处置计划中就将指挥、协调与决策的管理措施作为一个整体来考虑，无论是机构的设置，还是具体救援、处置、管理过程，都未进行严格的区分。

突发事件与危机的应急救援、处置过程需要进行协调，也需要通过指挥链发布一系列的命令、指令，具备指挥活动的所有条件。没有统一的指挥机制、应急救援、应急处置，就没有取得成功的根本保证。

在多数情况下，参与突发事件与危机应急反应的机构、单位与人员是一个复杂的工作系统，各自功能的发挥与相互关系的协调需要指挥活动来完成。因此，构成指挥机制的另一个重要方面是明确各种指挥关系。主要的关系包括以下几种：

（1）隶属关系　隶属关系是指参与应急救援、应急处置的部门与单位的科层所构成的上下级之间的关系，具体表现为纵向的指挥关系，如上下级公安机关之间的隶属关系。

（2）配属关系　配属关系是指在应急救援、应急处置过程中，由于协调工作的需要，将某一个部门的应急资源临时调归另一个部门指挥、使用而产生的指挥关系。

（3）支援关系　支援关系是指在应急救援、应急处置过程中，根据实际情况指令一个部门的应急人员支援另一部门，以增强该部门的应急能力，保证该部门完成任务而产生的指挥关系。

在突发事件与危机应急救援、应急处置现场十分复杂的情况下，上述几种指挥关系会在不同的处置阶段平行存在或交叉使用。

协调机制可以界定为在特定环境下，通过一系列体制和制度安排以及规范、政策制订以达到社会各个组成要素和部分以平衡、有序、稳定状态来运行的过程或方式。在一般情况下，对突发事件与危机的应急救援、应急处置工作是由不同级别的应急机构共同参与的，因为在多数情况下对突发事件与危机应急救援、应急处置的第一反应者（如地方政府）往往是资源最少的部门，第一反应者的资源不足时，可以申请上一级应急部门提供援助，直至中央政府或国际援助，这就需要建立一种多重层级结构的协调机制。

四、分级负责与响应机制

突发事件与危机发生后，应当根据事发地政府是否有足够的应对能力，来确定应急响应行动的级别和程序。如果某一级政府有能力应对已经发生的突发事件与危机，就应当由其负责组织应急救援、应急处置，上级部门可予以技术、资金、物质等方面的援助，强化属地管理责任。当地政府无力应对或突发事件与危机的规模涉及若干省区时，再升级到由上级政府负责组织应对。对于已经发生或经监测预测认为可能发生的跨部门、跨省区的重大突发事件与危机，直接由中央政府组织应对，形成以应对危机能力为主要依据的分级响应机制。

实行属地管理是我国基本的应急工作原则之一。这一原则决定了应急响应须按照分级管理、分级响应、自上而下的原则进行。按照这一原则，在政府的应急体系中，地方政府的应急资源是第一反应者。而在应急实践中更应当重视社区与企事业单位应急资源的使用。社区、单位与地方政府所做出的第一反应的时间、速度、效率直接决定着应急救援、应急处置工作的成败。需要启动哪一级预案，应当根据突发事件与危机的严重度、可控性、所需动用的资源、影响区域的大小等因素来综合考虑。

按照我国现行法律和政策的要求，应急预案分为五个层级，即企事业单位与社区层级、区县政府层级、地市政府层级、省（自治区、直辖市）政府层级、中央政府层级，见图 1-7。

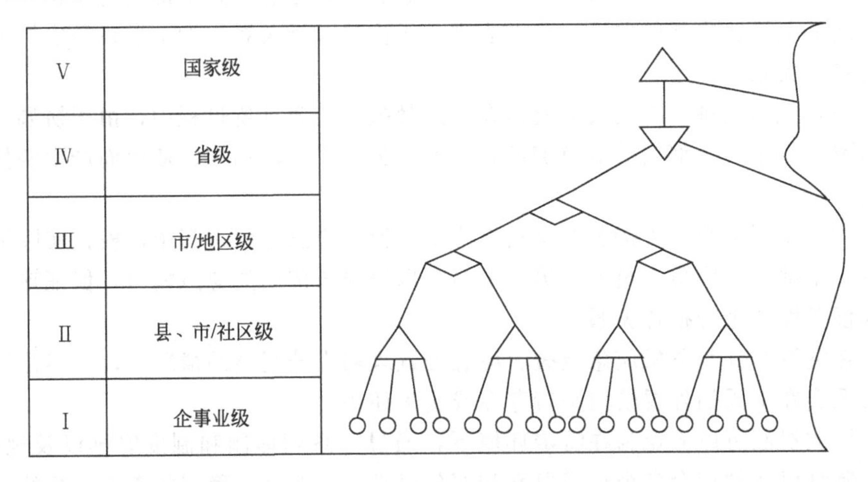

图 1-7 应急预案的级别

有的专家还建议在省一级和中央级之间，再增加一级即区域级的应急预案。《国家突发公共事件总体应急预案》的适用范围是“涉及跨省级行政区划的，或超出事发地省级人民政府处置能力的特别重大公共事件应对工作”。只要是省级人民政府有能力处置，或不涉及跨省级行政区划的突发事件，就无需启动国家级应急预案。其他层级应急预案的启动亦如此。

五、社会动员机制

突发事件与危机的应急管理，是资源的集结与世界的发展、应急决策和资源冲突以及不同利益群体之间资源互动与博弈的过程。在巨大的危机和挑战面前，有效的社会动员是形成国家乃至整个社会力量的重要条件。一个国家、一个民族、一个社会是否有力量，能否摆脱危机，有效地应对挑战，不仅取决于防御机制、资源状况、社会成员的素质，而且取决于是否具有完备的社会动员机制。

在突发事件与危机面前，有效的社会动员是形成国家、民族和社会整体力量的重要条件。社会动员能够将社会的人力、物力、财力等各种资源发动起来，形成有生力量。如果没有有效的动员，各种社会资源处于潜在状态，就不能形成现实的有生力量。因此，建立强大有效的社会动员机制，是应对突发事件的重要途径。

社会动员作为一种有计划地促进社会变化和发展的策略，强调充分发挥各相关方面的作用和社区的广泛参与，其实质就是把社会发展目标转化成社会行动的过程，一旦它的发展目标真正反映了人民群众的需求，社会各界财力资源又保障各阶层广泛参与，人力、物力的社会动员就能得以实现。因此，联合国儿童基金会将社会动员定义为：一项人民群众广泛参与，依靠自己的力量，实现特定的社会发展目标的群众性运动，是一个寻求社会改革与发展的过程。它以人民群众的需求为基础，以社区参与为原则，以自我完善为手段。

在突发事件与危机应急管理中，公民不是被动的管理对象，而是积极的管理主体。建立全民参与机制，重视社区和其他民间组织合作共同抗御灾害，是提高社会整体应急能力建设的重要途径。借鉴国外的先进经验，社会动员机制要充分发挥我国政府社会动员能力强的优势，通过教育、培训、支持和指导，发挥公众、社区、企事业组织、社团在突发事件与危机中自救、互救的能力，实现政府功能与社会功能的优势互补与良性互动。特别是让自愿者参与到突发事件与危机应对中，不仅是世界各国危机防控的重要经验，也是我国突发事件与危机应急管理中需要强化的一项工作。

此外，应急社会动员要充分发挥非政府组织的作用，大力发展能够抗击突发事件与危机的民间组织，因为在巨大的灾难面前，政府的力量往往是有限的，需要自制力量进行补充。非政府组织可以更好地整合社会各方面的资源与力量，承担筹建援助资金和实际救援工作，在应对突发事件与危机中具有独特的优势和作用，是应对突发事件过程中不可缺少的重要力量，也是民众自救的有效组织。因此，需要大力培育与发展民间组织。

六、应急保障机制

突发事件与危机处置是政府危机管理的重要内容。要实现管理目标，完成处置任务，就必须要有现代化的技术装备作保障，这是处置突发事件与危机的物质基础。完善的应急保障机制是突发事件与危机应急处置顺利进行的基本条件。应急反应需要法律、技术、资金、物资、人员等方面的广泛支持保障。由于突发事件与危机是一种非常态的事件，如何保证各种资源的可靠性就成为一个值得注意的问题。

随着人们对突发事件与危机认识水平的提高，以及科学技术的发展，应急处置装备也在向科学化、标准化方向发展，对突发事件与危机的应急处置也提出了更高的要求，这些变化都要求精良的物资装备作后勤保障。物资装备保障对于突发事件与危机的应急处置具有十分重要的意义。首先，物资装备保障是确保应急处置队伍及其人员战斗力的必要前提。在应急处置时缺乏必需的物资装备或者装备落后，必然会影响应急处置队伍的战斗力，甚至导致处置任务的失败。其次，良好的物资装备对危机事件的应急处置具有增效作用。现代社会要求政府是精干高效的政府，对于突发事件与危机的应急处置、应急救援而言，更应如此。

突发事件与危机会严重影响事发地的反应能力，在极端的条件下甚至会影响周边地区的反应能力，必须保证各种应急物资，如水、临时帐篷、被单、食品、发电机、油品等的必要供给。美国的联邦反应计划规定：处于高危险地区的居民和个人应对灾害有所准备，并保证至少72h内能自给自足。地方自愿者机构应尽可能提供最大限度的食品、住所和灾害急救服务，制订在灾后72h无外援的情况下照常提供上述服务的计划。应急处置一方面要满足受害者的安置，另一方面要开展及时的搜救和恢复重建工作。特别是在建筑物倒塌的情况下，会有大量受害者需要援救和医治。在受困72h后，受害者的死亡率会急剧升高，所以搜寻和营救行动必须及时开展。为确保救灾所需的物资器材和生活用品的应急供应，必须建立健全救灾物资储存、调拨和紧急配送系统，积极培育和发展经济动员能力。在保证一定数量的必须救灾物资储存的基础上，积极探索有实物储备转向生产潜力信息储备，通过建立应急生产启动运行机制，实现救灾物资动态储备。对储备物资的管理要积极防止储备物资被盗用、挪用、流散和失效，一旦出现上述情况，要及时予以补充和更新。相邻地区可以建立物资调剂供应的渠道，以便在紧急情况出现时，迅速从其他地区调入救灾物资。此外，也可依据有关法律、规定及时动员和征用社会物资。

七、奖励和惩罚机制

应急机制的建立不仅明确了应急时的目标和任务，也为奖励问责机制的事后奖惩处理提供了方便。奖励问责机制，是应急管理机制中不可或缺的一部分，它有对突发事件与危机应急管理中主体各种行为做出正确反馈的作用。这种作用从个体角度讲，可以调动部门人员积极性、创造性；从对整体角度讲，可使奖励和惩罚工作的执行更为有效合理。奖励机制是真正地做到有功必奖、有过必罚的绝对保证，在对突发事件与危机的应急管理中乃至社会经济的发展中发挥着至关重要的作用，是构建科学合理的部门人员评价体系的一项庞大而复杂的系统工程。

奖惩是一项集思想性、科学性于一起的艺术性很强的工作。设置一个完善的奖惩机制并正确有效地实施，一方面可以促进应急管理各个部门充分发挥自身作用；另一方面能提高各部门工作的整体执行力，使应急管理机制的运作更为协调有效。此外，奖惩机制还可以激发各应急管理部门人员的主人翁精神，良好的竞争激励机制可以调动应急参与人员的积极性，实现自身进步。

作为奖惩机制，需要有及时性、一致有据性、合理性三个特征。及时性，是指奖惩必须在一个“奖惩周期”内完成。及时奖惩是要及时鼓励个体或整体对应急管理工作做出的贡献，纠正个体或整体的错误行为。及时性是奖惩机制发挥应有作用的先决条件。一致有据性，要求对于个体和整体的奖惩要尽可能地达到一致公平，并且有理有据，严格依据规定的章程，杜绝奖人为亲，否则就会造成个体心理的不平衡，甚至消极怠工，影响整体工作甚至是应急大局，起不到奖惩机制应有的预期效用。合理性，主要表现在三个方面：一是要保持正确的奖惩导向；二是奖励和惩罚都必须公平；三是注重非显性贡献奖励。

八、社会管理机制

社会管理，主要是政府和社会组织为促进社会系统协调运转，对社会系统的组成部分、社会生活的不同领域以及社会发展的各个环节进行组织、协调、服务、监督和控制的过程，社会管理区别于行政管理和经济管理，是对人的管理和服务。

在社会管理机制中强调“政府负责、社会协同、公众参与”。“政府负责”并不是政府包揽一切，而是要强化政府的社会管理职能。政府在履行经济调节、市场监管职能的同时，要履行好社会管理和公共服务职能，在当前尤其要解决好政府在社会管理中的职能“越位”“缺位”和“错位”等问题。“社会协同”强调的是各类企事业单位要强化社会管理和服务职责，各类社会组织要加强自身建设，增强服务社会的能力，人民团体要积极参与社会管理和公共服务。“公共参与”强调的则是要发挥公共参与社会管理的基础作用。

社会管理机制是预防和处置突发事件与危机的社会基础。通过建立科学有效的利益协调机制、需求表达机制、矛盾调处机制、权益保障机制，统筹协调各方面的利益关系，加强社会矛盾源头治理，妥善处理人民内部矛盾，坚决纠正损害群众利益的不正之风，切实维护群众合法权益。

九、国际合作机制

在世界经济全球化的国际大背景下，一方面随着国际分工的深化和世界产业结构的调整，世界贸易和跨国投资快速增长，极大地促进了全球经济的发展；另一方面，由于国家、地区间存在的相互依存关系，经济全球化很自然地放大了突发事件与危机的影响。经济全球化既是突发事件与危机产生的诱因之一，也是造成突发事件与危机后果扩大的推动力。进入21世纪以来，世界各国频频发生各种自然的和人为的灾害，相当数量的突发事件造成的影响并不限于一时一地，单个国家的安全与周边国家乃至全球安全紧密相连。当突发事件与危机发生时，其影响呈蔓延扩展趋势，全球化带来了沟通无国界，但也导致了灾难无国界。有数据说明，过去十年间，伴随着全球化进程的深入，各类突发事件与危机数量急剧上升，造成巨大的经济损失和棘手的社会、环境、安全、卫生问题。经济全球化的推进与突发事件的日益增长，这两种趋势同时出现绝非巧合。

面对经济全球化给突发事件与危机应急管理带来的双重影响，在危机应对方面需要整个国际社会采取合作的态度，遵循利益均衡的原则，分担应对危机的成本和责任，分享应对危机的经验和资源。因此，加强突发事件与危机应急管理国际合作意义重大。

在国际合作机制中，由各国政府、联合国机构、国际红十字会，以及国际的或区域性的非政府组织（NGO）组成统一的指挥协调机构，针对突发事件与危机的预防、应急准备、反应和恢复，形成有效的国际合作机制，实现信息共享、技术交流、资源援助和人员支持。

第八节　突发事件与危机应急管理法制

应急法律手段是应对突发事件与危机最基本、最主要的手段。应急管理、应急救援、应急处置法制建设，就是依法开展应急工作，努力使突发事件与危机的应急处置走向规范化、制度化和法制化轨道，明确政府和公民在突发事件与危机中的权利、义务，使政府得到高度授权，维护国家利益和公共利益，使公民基本权益得到最大限度的保护。应急法制建设注意通过对实践的总结，促进法律、法规和规章的不断完善。

从世界范围来看，在突发事件与危机应对中，国家立法具有非常重要的作用。一方面，立法保障了公共管理机构或社会团体组织在突发事件与危机发生时的紧急权力，使紧急权力有法可依；另一方面，国家立法制定了相应的具体法律措施来应对各种突发事件与危机。因此，各国都寻求通过法律手段来做好突发事件与危机应急管理工作。

一、我国应急管理法制建设的发展历程

我国的应急管理法制建设开始于20世纪50年代。1954年首次规定了戒严

制度，但在此后的 20 多年内应急法制建设陷于停滞。直到 1982 年《宪法》的颁布实施，才为我国突发事件应急法制的建设奠定了基础。

2003 年 5 月，在应对“非典”疫情的过程中，为了解决应急法律过于单薄，权利保障不足，法律规范零散的缺陷，国务院制定出台了《突发公共卫生事件应急条例》，将应对突发公共事件纳入法制化轨道。

2004 年 3 月，现行宪法第四次修改时将“国家尊重和保障人权”写入其中，还规定了“紧急状态”，使应急法律规范有了更充分的宪法依据。

2005 年 9 月，国务院颁布了《关于预防煤矿生产安全事故的特别规定》，2005 年 11 月，《重大动物疫情应急条例》颁布实施。

2006 年 1 月，国务院发布了《国家突发公共事件总体应急预案》，成为突发事件应对的指导性文件、纲领性文件。2006 年 4 月，国务院办公厅设立了国务院应急管理办公室。2006 年 7 月，国务院发布《关于全面加强应急管理工作的意见》。2006 年 10 月，中共中央《关于构建社会主义和谐社会若干重大问题的决定》，提出要完善应急管理体制机制，有效应对各种风险，提高危机管理和抗风险能力。

2007 年 8 月 30 日，第七届全国人民代表大会常务委员会第二十九次会议通过了我国第一部应对各类突发事件的综合性基本法律《中华人民共和国突发事件应对法》，并于同年 11 月 1 日起开始实施。《中华人民共和国突发事件应对法》与现行有关应对突发事件的单行法律、行政法规做了很好的衔接，并以宪法规定的紧急状态制度做了衔接。这部法律是我国应急管理领域的一个基本法，对完善我国突发事件应急管理法律制度，建立突发事件应急管理体制，降低突发事件造成的损害后果，具有极其重要的价值。《中华人民共和国突发事件应对法》的出台成为应急管理法制化的标志。

二、应急管理法制的基本构成

目前，我国应急管理法律体系已基本形成。现有涉及突发事件与危机应对的法律 35 件，行政法规 37 件，部门规章 100 余件。这些法律、法规、规章和法规性文件涉及的内容也比较全面，既有综合管理和指导性规定，又有针对地方政府的硬性要求，这些均表明我国应急管理框架的形成。

1. 宪法

宪法是根本大法，是所有法律的基本法。现行宪法中不仅规定了紧急状态的决定和紧急权利的使用，而且确立了应急处置的公共利益原则和应急管理权力保障原则。《宪法》第 13 条规定，国家为了公共利益的需要，可以依照法律规定对公民的私有财产实行征收或者征用并给予补偿。第 67 条规定，全国人民代表大会常务委员会在全国人大闭会期间，如果遇到遭受武装侵犯或者必须履行国际间共同防止侵略的条约的情况，决定战争状况的宣布，决定全国总动员或者局部动员，决定全国或者个别省、自治区、直辖市进入紧急状态。第 89 条规定，国务院依照法律规定决定省、自治区、直辖市的范围内部分地区进入紧急状态。

紧急状态是突发事件导致危机且运用常规手段难以控制之际，经过国家正式宣布后依法按照特别程序广泛运用紧急状态权力应对突发事件的一种状态，从本质上来讲，紧急状态是一种法律状态而非事实状态。突发事件是紧急状态的诱因或者说是法定构成条件。紧急状态是对特别重大突发事件与危机的国家层面的应对措施，属于宪法层次规定的问题。

2. 应急管理基本法律

《中华人民共和国突发事件应对法》是我国应急管理的基本法律，该法共有 7 章 70 条，主要规定了突发事件应急管理体制，明确了应对突发事件的行政应急原则，比例原则，预防为主、预防与应急相结合原则，迅速反应原则，分类、分级、分期原则，行政公开原则，信息公开原则，社会动员原则等基本原则，确立了突发事件的预防与应急准备、监测与预警、应急处置与救援、事后恢复与重建等方面的基本制度。

3. 专项法律法规

各专项法律法规对某一类突发事件与危机或突发事件与危机的应急处置的某一方面进行规范。这些专项法律法规使应急管理工作逐步走向规范化、制度化和法治化轨道。我国先后制定和修订了 50 多部与应急管理相关的法律、60 多种行政法规和上百件部门规章。政府特别注重在应对危机的实践中不断完善法律法规。按照突发事件的分类，专项法律法规也可分为自然灾害类、事故灾难类、公共卫生类和社会安全类。

（1）自然灾害类　自然灾害率的法律法规共 20 部，其中，法律 7 部，行政法规 13 部，主要涉及地震、洪水、气象灾害、地质灾害等。

（2）事故灾难类　事故灾难类的法律法规共 43 部，其中，法律 14 部，行政法规 29 部，主要涉及安全生产事故、交通运输事故、公共设施与设备事故、环境与生态事故等。

（3）公共卫生类　公共卫生类的法律法规共 18 部，其中，法律 11 部，行政法规 7 部，主要涉及传染病疫情、群体性不明原因疾病、食品安全、动物疫情等。

（4）社会安全类　社会安全类的法律法规 42 部，其中，法律 22 部，行政法规 20 部，主要涉及恐怖袭击事件、群体性突发事件、经济安全事件和涉外突发事件等。

4. 应急预案体系

各级政府及其相关部门制订的应急预案是政府决定发布的行政决定，属于广义的法的范畴，具有执行力。应急预案在本质上是政府实施非常态管理时的执行方案。预案的实施关系到一系列法律秩序的剧烈变动，集中表现为公权的扩张和私权的克减。因此，预案的实施必须获得合法性方面的保护，即预案中的每项内容都必须有确切的法律依据。但显而易见的是，我国现行的应急法律规范体系无法完整地提供这种保护。在法律的完善不可能一蹴而就，而预案的编制又迫在眉睫的情况下，预案就不得不既充当既有法律的实施方案，又在后者缺位时及时补上，使其自身也成为应急法律规范体系的一部分。

第二章

危险化学品企业基本安全措施

第一节　危险化学品基本安全措施

预防危险化学品企业事故的发生的第一道防线是设计。一般来说，在危险化学品企业预防事故虽然很难，但要比发生事故后再去纠正容易得多。因此，在危险化学品企业新建或重大工艺改造时，必须首先考虑设计必要的安全装置和安全设施。我国在这方面的设计规范有很多，在这些设计规范中，通常防止火灾、爆炸或超温超压的专业性规范是强制性的，必须不折不扣地贯彻执行。如《建筑设计防火规范》（GB 50016—2014）《石油化工企业设计防火规范》（GB 50160—2008）、《石油天然气工程设计防火规范》（GB 50183—2004）等。

许多危险化学品企业发生的紧急情况（突发事件）或危机，是正常运行条件发生偏差而引起的，如果能在设计中事先确定某些特定条件及其后果，就可在设计中利用相应的安全手段减少或杜绝紧急情况（突发事件）或危机的发生，或者是减少、减弱事故对生产现场或周围环境的影响。

现在，对危险化学品企业中危险性物质处理工艺的管理，已趋向于采取独立的多重保护层，它是在定性的危险分析的基础上，进一步评估保护层的有效性，并进行风险管理决策的系统方法，其主要目的是确定是否有足够的保护层使危险性物质的过程风险能满足企业的风险可接受水平。此保护层的概念是建立在危险化学品企业生产工艺操作本身及其保护系统多种层面的需要之上的。这些保护层包括危险化学品企业生产工艺的停车系统、开车系统、主动或被动的泄漏控制系统等，见图 2-1。

如果在危险化学品企业所有生产现场和非生产现场的内部安全保护层不能有效地防止或消除事故的影响，就必须设有事故应急反应保护层。在某些危险化学品事故中，由于其破坏力大使多重保护层均被破坏以致失效也是可能的，这一点需要设计人员特别注意，如重大爆炸事故能破坏工艺控制系统、工艺停车系统和泄漏保护系统，那就要考虑增设多重保护层以外的其他安全保护装置。

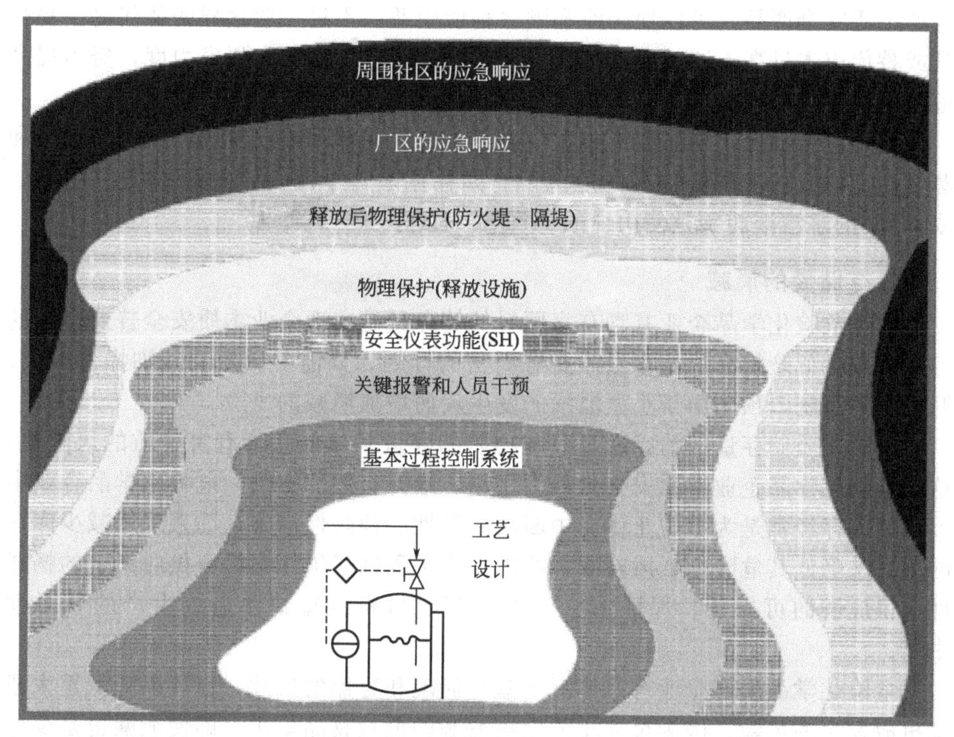

图 2-1 危险化学品企业中的保护层

一、危险化学品企业的本质安全

在危险化学品企业生产过程中，避免事故发生的最有效的方法是消除各类危险因素，这是本质安全的基本原理。在客观世界中，完全消除所有危险因素是不可能、不现实的，因为危险化学品固有的危险性决定了它完全消除危险的不可能性，但是，设计和操作人员通过改变工艺路线、改变操作方式来减少事故发生的可能性，来减弱事故发生的强度是完全可以的。

1. 危险物质的替代和稀释

在危险化学品生产过程中，使用危险性较低且能满足工艺要求的替代物质（原材料），可以减少生产过程中的安全风险，减轻工艺操作单元或储存设施的泄漏风险，降低其由于泄漏而造成的后果。如在危险化学品生产过程中，使用次氯酸钠替代纯氯气来进行水的消毒，或在精炼厂烷烃化操作单元中用硫酸代替氢氟酸，均能起到较好的降低风险的效果。在危险化学品的生产过程中，传输介质的改变也是一种替代，例如在喷洒作业时使用以水为溶剂的油漆和杀虫剂，要比使用有毒性和易燃的溶剂的安全系数高很多。在危险化学品生产中的公用工程系统中，加热系统的介质使用蒸汽而不去使用热油，完全可以减少甚至杜绝火灾事故的发生。在很多情况下，采用本质安全生产工艺（即故障—安全；失误—安全），生产本质安全产品，可以使企业和顾客均能受益。不过一般这样的替代物不易得到或替代成本过高，这就要求工艺设计师和安全监管师加大研发力度，努力提高危险物质替代的安全度。

另外，在危险化学品生产过程中，通常还采用稀释或冲淡物料（例如毒性和蒸气压）的方法来降低物料的危险性。如在危险化学品生产过程中能使用 HCl 或 NH_3 的水溶液而不是使用纯的 HCl 或 NH_3。

2. 存储量的消减

减少危险化学品企业有毒有害原料的储存量是实现企业本质安全普遍使用的方法。减少危险物品的库存量需要有周密的计划，如需要教育和培训操作人员、开发防护系统，预防由于小型泄漏的发生反而增加消减的风险。

危险物质储存量的消减通过限制物质的存量来降低有毒有害物质的风险率，这是危险化学品企业本质安全化最为常用、最为有效的方法。危险化学品企业中大量的库存经常是为了防止供应中断的防护性、预防性措施，如果采用减少库存的方法来降低其危险性、风险率，要求安全工程师必须仔细检查供应渠道的畅通性、供应链的可靠性，保证不会发生库存原材料因短缺而造成生产的暂时性中断。

危险化学品生产企业有些情况下减少储罐和容器的尺寸，也可以降低重大泄漏事故发生的风险。因为尺寸小的储罐盛装的危险物品量小，即使泄漏也是少量的，所以发生重大泄漏事故的风险是不大的。例如硝酸甘油的生产，早期的工艺设计为每批 10t，后来随着技术的进步，硝酸甘油的生产变成连续化生产，使其存量大为降低，最后这个工艺发展成为只在一个反应器中进行，存量不到 5kg。10t 和 5kg 相比，其危险性是不可比拟的。

在危险化学品的生产过程中所设置的中间储罐一般是用来储存生产过程中的中间产品，如尿素生产厂中间储罐是氨罐。与最终产品相比，一些中间产品的毒性、危害性很大。例如有毒物质光气和甲基异氰酸甲酯就是生产胺甲盐的中间产物，印度博帕尔毒气泄漏灾难事故就是生成甲基异氰酸甲酯后，容器破裂导致有害物质泄漏而造成的。如果在工厂的设计中或实际使用中减少中间物（中间产品）的存量，可以极大地降低危险、减少风险。在设计中或选择工艺路线时采用连续生产工艺有助于减少中间产品的储存量，可使生产工艺过程变得更安全。

3. 设备和工艺的改进

在危险化学品生产过程中存量的消减总会涉及一些工艺的改动，此外，从整套装置的总体考虑，对工艺和设备的改造也可以使工厂更加运转自如，更加安全可靠。例如生产中要用蒸馏塔这种设备，而蒸馏塔中的填料类型可以极大地改变塔的性能，从而对本质安全有极大的影响。

一般来说，在制冷条件下储存易挥发的物质可以变得更安全可靠，这是因为：

① 低温下压力降低，从而自然地降低了泄漏的驱动力；

② 低温减少了物质绝热闪蒸量；

③ 液体的蒸发需要能量，低温下可降低液体的蒸发率，从而减缓其在大气中的扩散。

在危险化学品生产中，向反应器中输送危险物质时，如果采用真空吸入，而不是通过正压泵入工艺，也能降低输送管道破裂的概率。降低工艺条件的危险性，比如降低操作压力和毒物的浓度，是另外一种使工厂更为安全的操作方法。

危险化学品企业在采用新工艺时，最好是通过改进工艺设计来提高其工作的安全性，因为它是容易实现的，且此时改进的成本也较低。同样，对现有危险化学品生产工艺的改进也会得到较好的效果，使生产中泄漏的可能性降低和事故的后果减轻，确保了装置“安、稳、长、满、优”地运行。

4. 工艺的可操作性

在危险化学品的生产过程中，有些工艺比另一些工艺较容易操作，在企业设计和工艺改造阶段，就应优先考虑选用更为容易操作的工艺。在实际的操作过程中有些工艺要求严格，允许操作的范围很窄，限制了操作人员，这里需要注意的是，如果这种工艺过程不允许重新操作，那就考虑进行技术改造，或考虑采用其他的工艺。

二、物料泄漏的减缓原则

危险化学品的生产最为不安全的因素是泄漏。也可以说泄漏是危险化学品安全生产的大敌。客观事实是所有的危险化学品企业都不能做到完全彻底地不泄漏，如何解决这一棘手的安全生产问题，是每个工艺工程师和安全工程师面临的重大课题。经过多年的安全生产实践，人们达成了对待泄漏的一致认识：既然不能完全杜绝泄漏，那就想办法减缓。一般来说，减缓是相对于处理容器中有害物质的泄漏而言的，它主要通过被动和主动的方法来控制新漏点和泄漏，减轻、减缓泄漏的影响后果。

1. 工厂选址、布局和缓冲减缓措施

工厂选址和布局对工厂的安全有着非常重要的影响。选址科学合理可减少事故对人员的影响；而科学合理的工厂布局也有助于将事故限制在局部范围或工厂之内，以便对事故发生区域进行有效的救援行动，尽可能减少事故对工厂其他区域和部分的影响。

对于人员进行保护的关键因素是安全距离，安全距离要根据工厂的危险程度或危险化学品的危险程度来确定。厂内和厂外的人群之间必须留有缓冲地带，如有可能，这个缓冲地带应当由工厂来控制，例如，经过有关专家评估后建议消减

火灾热辐射的最小安全距离为 100m。爆炸的安全距离与储存的物质的量有关，爆炸冲击波产生的超压会随距离的增大而迅速衰减，安全距离也可从理论上计算出来。

在危险化学品生产中有毒和易燃气体泄漏的安全距离不易确定。安全防火距离不适应于毒气泄漏的安全防护距离。在这种情况下，只能说距离越远越安全，因为毒性也可能在距离泄漏点很远、浓度很毒的地方发挥作用。对于火灾有 100m 的缓冲区就足够了；而毒性危害则需要数万米的缓冲地带。一些屏障物能增强缓冲带的作用，如树林、小山或建筑物，它们能吸收或驱散空气中浮动的有害气体或物质。距泄漏源、点越远，气体浓度越低，直到低于可燃极限或毒性极限。

在危险化学品企业附近建立风险缓冲区会受到邻近地区某些建筑物或单位的影响，例如，医院和隧道是特别脆弱的易受影响地区，对这些建筑和地区要留有充足的缓冲距离；相比而言，邻近的工厂就不易受影响，因为在建工厂时已进行了安全评价，已进行了应急措施的准备。

2. 工厂设计中的单元选址

危险化学品生产厂区内正确的单元布局能防止事故的扩大，特别是防止火灾和爆炸事故的扩大。例如，危险化学品企业的储存系统都远离工艺操作区，尽管储存系统发生严重泄漏事故的概率很小，但它一旦发生就有可能造成很大的影响；尽管工艺生产系统发生泄漏的频率会较高，但通常都是些局部性的泄漏。在一般情况下通常在锅炉房、加热炉、其他明火系统和电器控制室建立特别隔离地区，因为这些地方都容易发生易燃物质的着火，所以要进行特别的隔离。在进行大型的危险化学品生产企业的整体布局设计时需考虑诸多个进出路线，以便于应急人员和应急设备的进出。

3. 减缓危险化学品泄漏事故的原则

危险化学品的事故性泄漏主要是由人为失误和设备故障两方面共同造成的，即我们通常所讲的人的不安全行为、物的不安全状态。通常减少危险化学品事故性泄漏的工艺设计原则有：

① 设计时使用现行规定的安全法规和标准；

② 设计中采用特殊工艺，才能避免泄漏事故的发生；

③ 设计时要进行风险分析。

吸取以往发生的事故的经验教训有助于减少事故的发生，降低事故造成的损失。现代安全管理中，风险分析更重视在事故发生之前预测它会造成的伤害或破坏的情况，然后在设计中有针对性地进行控制。

(1) 泄漏原因分析　在危险化学品生产中，产生泄漏的原因有很多，例如生产装置的整体性缺陷或损坏的泄漏；外部原因导致的泄漏；未按规程进行操作导致泄漏等。此外，容器过满、排放阀未及时关闭、管道破裂、容器失效、由于工艺失控或外部加热使容器超压等均有可能是造成泄漏的原因。

（2）减缓泄漏的设计 在减缓泄漏的设计时，考虑到危险化学品生产工艺的特性及其存在的环境，选择减缓危险化学品泄漏时要采用相适应的方法。减缓泄漏要从保证危险化学品生产装置的完好性开始，如重视结构材料、加工和安装时的测试、设计可变的管理程序、在某些情况下使用备用容器等。严格的设备运行控制需要附加的支持特性，以便在工艺失效时利用严格的设备控制来保证工艺的完整性；另一种附加支持特性是使用应急释放系统，以防止超压造成容器或管道失效，并保持装置完好，如安全阀、爆破片、放空装置等。释放系统还包括释放排出处理系统如收集储罐、冷却罐和烟囱等。

4. 减缓火灾和爆炸事故的原则

为了减少人身伤害、财产损失以及商业损失，对火灾和爆炸的防护一直是危险化学品企业设备、工艺装置设计的重点。在一个时期内此类重大事故的后果越来越严重。一个原因是装置规模的变大；另一个原因是越来越多的远程操作使工厂变得越来越拥挤。更为严重的是，在危险化学品生产中除了高温和高压导致的火灾和爆炸对人员造成伤害并带来财产损失外，还出现了对环境的破坏问题。

（1）火灾和爆炸的原因 从火灾三要素理论可知，引起火灾的基本原因是可燃物、助燃物、点火源，它构成了众所周知的火灾三要素。危险化学品生产经常处理易燃物质，而空气是最为常见的环境，所以要特别重视工艺操作中的防火防爆问题。在防火防爆理论中，对火灾“三要素”中，去除其中至少一种可能形成火灾的要素是必要的，如果有可能的话，最好去处多个要素。

在危险化学品生产中另一类特殊的火灾原因是沸腾液体扩展蒸气爆炸。当生产中过热液体突然失去控制，且过热液体易燃并有点火源存在时，就有可能导致爆炸。爆炸可能发生在密闭容器内或开放的空气中。就像超压爆炸一样，容器密闭可使内容物喷射并使容器受到破坏。开放空气中的爆炸威力可能要小一些，但空间爆炸的声音很大，闪火在有充足燃料和空气的条件下，会形成较大的火灾，因为燃料和空气形成的蒸气云会增加非封闭体系的爆炸威力。

（2）减缓火灾与爆炸的安全设计 危险化学品企业防止火灾和爆炸事故的发生，首先要努力消除工作区域的易燃易爆性混合物，同时，消除火源也同等重要。如使用安全的电气系统，在分区内能控制开关，并有合适的屏障和防静电控制设施，在工艺过程中需控制流速，排气、排风口需设置阻火器等。

通常采用充惰性气体的方法来消除工艺过程中留存于容器中的高于物质闪点以上的氧气，在企业这种方法简称为充氮。也可以使用一些特殊的材料来维持系统内氧的稳定，以便使氧气的比例控制在较低范围，从而达到防火防爆的目的。因为在危险化学品生产中很多烃类需8%～12%的氧气才能燃烧，掌握和运用这一规律，将为防火防爆的安全设计奠定坚实的基础。

客观实际是众多危险化学品生产工艺没有燃料是不可能的，因为没有燃料就不能生产。但如果能把易燃材料控制在闪点以下并低于其自燃点，这对于防止火灾爆炸事故的发生将会起到很大的作用。有的工艺设计人员出于安全的考虑，在某些情况下，用足量的空气来将易燃易爆气体稀释到低于燃烧极限值，可防止其物质被点燃，这样就从根本上避免了火灾、爆炸事故的发生。

在危险化学品生产中，对燃料向空气中泄漏的安全控制与对危险化学品泄漏的控制相似。对于地下的或地上的危险化学品储罐，需要在设计中用特殊的保护来消除其可能的泄漏，以免泄漏对环境造成破坏，如储罐设置防火堤，且最好是一罐一堤。当然对于罐区的安全保护措施还包括防火绝缘、特殊的排气孔、惰性气体保护、选用浮顶罐。浮顶罐的浮顶是一个漂浮在储液表面上的浮动顶盖，随着储液的输入输出而上下浮动，浮顶与罐壁之间有一个环形空间，这个环形空间有一个密封装置，使罐内液体在顶盖上下浮动时与大气接触，从而大大减少了储液在储存过程中的蒸发损失。采用浮顶罐储存油品时，可比固定罐减少油品损失80％左右。

另外，危险化学品企业的生产、使用工艺设备或储存，还需要考虑防止粉尘爆炸。预先考虑若惰性气体保护失效、点火源控制不力，在这种情况下，设置爆炸抑制系统，这也是防止危险化学品粉尘爆炸的有效方法和措施。

三、工艺设备、管道的安全设计

工艺设计师和机械设计师在安全生产方面的理念和认知，对危险化学品工厂的安全有着特殊的重要性，下面简要论述。

1. 压力容器和管道

危险化学品工业是一个多品种、多行业的工业部门，与人民生活、工业、农业、国防密切相关，在国民经济中占有极重要的地位。在危险化学品工业中，压力容器可以作为一种简单的盛装容器，用以储存有压力的气体、蒸气或液化气体。这类容器一般没有其他的工艺装置，可以单独构成一台设备，或者作为其他装置的一个独立部件。压力容器也可作为一种复杂的化学反应设备，如危险化学品企业设备的外壳，为各种化工单元操作（如化学反应、传质、传热、分离、蒸馏等）提供必要的压力空间，并将该控件与外间大气隔离。此时压力容器不能作为一台设备独立存在，其内部必须装入某些工艺装置（俗称内件）才能够成为一台完整的设备。储存容器大多分为低压容器和低温容器。低压容器可以在低温时使用，分为单层、双层两种。低温储罐常用作有毒或易燃物质的储存容器，如氨罐、乙烯罐、LNG罐等。这些罐焊接完成后对焊缝要进行100％射线探伤检验，并在试验前用专门程序检测、检验容器。制造低温储罐时一般使用专用材质的材料，因为低温下普通钢板会变脆，有可能因机械失效造成重大事故。因储存物质与容器制造材料之间不相容而导致的腐蚀也会引发机械失效，设计人员必须认真对待。

危险化学品企业生产用的压力容器应当按照压力容器的国家标准来设计，使用和维修也要遵循国家和行业规范。这些规范会依据压力容器预期寿命和腐蚀机制给出腐蚀裕量。危险化学品物质侵蚀的危险性可能更大，因为它有可能导致金属储罐的脆裂，这是设计中必须注意的安全问题。

压力管道系统的设计必须符合有关标准规范的规定。在这些标准规范中有对不同管道的专项说明，如“石化厂管道”“炼油厂管道”“低温管道”“高压管道”等，压力管道规范对一些特殊情况如含有高毒性的物质等，也有专门的说明。压力管道规范涉及管道系统的许多方面，如设计压力、温度、管内介质、壁厚、焊接方式等。还有和管道系统相关的连接件、弯头、三通或四通、大小头、波纹管膨胀节、阀门、盲板、节流孔板、过滤器、阻火器、支架等。

管道的选材和压力容器的选材一样重要，也要特别注意低温和腐蚀问题。此外，管道和其他管路系统部件应该在600℃下可以耐火（就其机械性能而言）30min，必须使用高腐蚀液体所需的专用材料，其管道也应该用耐火材料来隔离，防止管道过热，避免事故的发生。同时，还必须注意管道潜在的腐蚀问题（如喷淋保护管道）；对于高毒或极毒液体，应在设计中考虑使用双层管，外力的打击也极有可能造成管道破裂，所以在设计中应将压力管道的铺设远离道路，或设有防止车辆冲撞的措施。

2. 化学反应器

化学反应器是诸多危险化学品生产企业的重要设备。尽管化学反应器类型各异，大小不同，反应生成物也不同，但却可以大致分为两种，即间歇式反应器和连续式反应器。化学反应器的类型对物料的存量有很大的影响，一般来说，连续反应器的物料存量相对较少。但是因为存量少而降低的危险性却经常被反应器非常严格精细的操作条件而抵消。例如，乙烯生产工艺主要是在高压下操作，高压操作可以消减物料的存量，但也会因高压带来危险。在这种情况下，化学反应器的设计者应该慎重选择设备，既要保证生产的能力也要保证工厂的安全，更要保障操作人员的人身安全和健康。

化学反应器和工艺泄压系统都必须符合国家、行业、企业压力容器标准规范。温度过高，会导致压力容器在反应中超压。对于危险化学品生产中的放热反应，如果反应器的制冷系统失效或反应器中温度分配不均匀，就会产生危险的情况。例如，填料床反应器有可能存在热点，特别准确地控制温度有较大的困难，因为有可能使放热反应失控的危险，因而精准的控制温度成为整体设计的关键。一般可以通过控制反应器冷却液的流量来调节控制温度。危险化学品生产中有许多冷却系统，例如夹套冷却（使用冷却水或冷却液），液体蒸发、内部冷却或外部循环冷却等。对于大型的冷却反应器，由于反应热与反应器的体积成正比，反应器的表面不足以散去所有的反应热，这就需要外部冷却，以此来平衡化学反应过程的热量。此外，由于反应液体内部的异常分布，可能增加了预测反应器中温度分布的难度，反过来也影响到反应器内温度测量的可靠性。在危险化学品企业设计阶段，所有这些因素要求设计师都应该仔细考虑，以减少反应失控的风险，为企业的安全运转增加安全度。

3. 单元操作设备

危险化学品工厂单元操作包括固液混合、接触、分离和物质各种相态的转化等物理操作。常见的单元操作有热交换、干燥、多相混合、气体吸收、液体萃取、蒸馏、沉淀、离心等。所有从事单元操作的专用设备，其设计的设计师或化学工程师，都要熟悉设计标准。这类设备从形态到机械设计方法都有相似之处，同普遍使用的压力容器相类似。而非标准设备的设计差异较大（例如蒸馏塔或粉碎机），它们均有各自的危险性。危险化学品工厂的危险性大多来自于容器发生泄漏，特别是易燃和有毒气体的泄漏。例如蒸馏塔，就是一个很好的例子，因为它含有大量的挥发性物质，有高压、高温的能量（热量）输入，在这种情况下，若物质泄漏其火灾甚至爆炸的危险性就非常大。因此，在设计中考虑配备安全装置，就能减少这类事故发生的概率。

其他类型的单元操作设备也有相应的危险。例如处理可燃有机物的干燥器和离心机，就有可能因泄漏或超温、超压而引发爆炸。因而应在设计中或操作中防止设备超压，若采用更改设计或加入惰性气体保护的方法也可降低其危险性。

4. 公用工程设施

危险化学品生产企业公用工程设施包括蒸汽、电力、工艺和仪表空气、工艺冷却水、氧气、氮气等。当然蒸汽和电力是最重要的，它们也有更为严重的危险性。除了考虑锅炉运行的危险性外，还必须考虑危险化学品工艺设备缺少蒸汽时的危险，由于蒸汽进入管道引起冷凝液撞击可产生水击效应，也是设计工程师和工艺工程师需要考虑和注意的问题。

其他公用工程设施最大的危险应该是外来物质的污染，因为有的污染物可能会被输入到敏感设备而引起功能失调或干扰工艺平稳运行而产生波动。还有的公用工程设施的危险性是使工艺流体或其他公用工程流体被错误地输入到公用工程的设备或管道中，这将会酿成事故，甚至是重大事故。因此，严格的管道铺设、架设和操作程序可有效地防止此类事故的发生。

四、应急设备的设计与运行

在危险化学品生产过程中，各种工艺保护设备，可以防止紧急情况的发生，或减少事故对外界的影响。例如在生产运行中发生紧急状态时，打开化学反应器上泄压阀和启动应急减缓系统，可以有效地控制生产现场的情况。如果应急设备运行正常，紧急情况就会对外界减小到最小的影响，或者不产生影响。当然，也有在采取了上述措施仍然无法阻止事故的发生（如火灾和毒气泄漏）的情况，这种情况发生的结果会影响到工厂自身或周边环境的安全。防止上述情况发生的最后一道防线是实施应急计划。事故的后果和应急行动的实施，不仅受到应急小组移动应急设备，如消防车、个人防护设备或专用工具的影响，也取决于危险源附近的固定应急设备的情况。有的应急设备配有喷淋系统，储罐周围有防止泄漏的堤坝或吸收有毒气体的喷雾系统。

1. 气体泄漏探测系统

危险化学品企业设置的许多气体传感器可用于泄漏气体的早期检测。这些传感器一般都是很紧密的仪器，可能要经常检验和维护，以保证有效作用。否则它们可能给人一种虚假的安全感，可能有时事故已经发生了却没有检查出来。要在危险化学品生产过程中每个可能的泄漏点设置足够的传感器，例如，如果每10m放置一个传感器，则需要36个，就可达到全覆盖。此外，传感器不应该设置得太远，最大间距不应超过10m。如果主导风向相对稳定，一般要求传感器设置在下风向。

传感器探测气体有多种原理，如光学传感器的机理是某种气体只能吸收特定波长的光。当气体在传感器光线发射源与探测器之间出现时，探测器上接受到的光强度减弱，输出的电信号也相应发生变化。光学传感器常用于探测汞、臭氧、一氧化碳、氯气及其他类型的气体。此外，基于其他原理（荧光、激光、散射），光学传感器也可用于检测如二氧化氮、硫化氢、二氧化硫和光气的气体。

根据气体在传感器之间的被吸收情况或在传感器表面上发生的化学反应的情况，也可有一些其他类型的传感器。如果在危险化学品生产中反应是放热的，由于热辐射，温度就会升高，从而带来相应介质的电阻变化或光学特性改变（例如颜色）会在传感器上以信号的形式表现出来。例如，空气中的烃类可由热线式传感器的线电阻变化而检测出来，这是因为烃类化合物在导线上燃烧（由线温度催化），释放的热提高了导线温度。这样的传感器很有针对性，一般都是分别针对某种气体的传感器。

人的鼻子也可检测一些气体，如硫化氢、丙酮或丁二烯，是十分有效的传感器。尽管人不可能像仪器传感器一样工作，可是泄漏的危险化学品物质在很低的气味阈值，就能首先被工厂相关人员发觉。这样就弥补了一些气体泄漏检测的空白。但是，一些毒性很大的物质如硫酸二甲酯、一氧化碳是完全无味的，靠人的嗅觉是检测不到的。另外即使氮气或硫化氢泄漏也可靠人的嗅觉检测到，但泄漏一段时间对人体可能已经造成伤害（只是几分钟内），这都需要引起足够的重视。

2. 气体泄漏的驱散和吸收系统

危险化学品生产企业发生气体泄漏，有时需要在离泄漏点很近的地方采取措施。通常这些措施分为两类：一类是驱散气云，使泄漏出的有毒气体与空气充分混合，降低其浓度，尽可能地达到无毒的程度。另一类是使用适当的溶剂，通常是水，因为它无毒且可大量使用来吸收泄漏出的有毒气体。

如果在处理泄漏气体时使用第一种方法，驱散剂一般是水蒸气或水，驱散剂必须要有足够动量以卷入空气，使之与泄放器云充分混合。第二种方法要求吸收剂必须以小液滴的形式扩散开，从而有足够的表面积在短时间内达到很好的吸收效果。在实践中驱散或吸收的方法包括蒸汽幕、水幕、水喷淋等，下面逐一进行介绍。

（1）蒸汽幕　蒸汽幕对于气体更合适，它比空气重，因而需要加热以浮在空气中。通常应在可能发生泄漏的设备周围建 5m 高的墙。墙的主要功能是减少地面蒸汽扩散，在与空气充分混合前防尘后蔓延。工作在这个区域的人员应佩戴防毒面具，穿戴防护服装。墙的顶部设有带孔的管道，以便在应急时人工启动或自动启动，从这里可以喷出蒸汽。喷射时先形成一个平面蒸汽喷流，它卷入空气与之混合。蒸汽温度高，自然对流可使蒸汽、空气和泄漏气体进一步稀释混合，把气体从地面转移掉。这种装置的主要缺点是蒸汽消耗量很高，蒸汽幕比其他系统如水幕需要更多的能量；且由蒸汽幕产生的静电也能点燃混合物。但是，如果所有设备、管道均能正确接地，危险性很小。

（2）水幕　水幕的操作与蒸汽幕相似。水可以防止气体在地面的扩散，把水卷入空气并混合的过程中可吸收部分气体（如果气体是水溶性的），这对易燃气体云的临时限制非常重要，它在稀释前应该与外部点火源隔离。只有水卷入空气的速度大于气云速度，才能有效地把泄漏气体限制在水幕的包围内。如果气体是水溶性的，在此过程中水的吸收有重要作用，利用这种性质可以非常有效地做到泄漏气体的浓度消减。水幕中水的消耗是气体泄放量的 5 倍（质量比）。

（3）水喷淋　水喷淋产生的水滴扩散可以有效地吸收气体，但是这种方法要求泄漏的气体是水溶性的。如果二者不互溶，吸收作用会很低，另外，喷淋也有助于抑制燃烧，有较好的消防作用。水喷淋时应该把喷嘴放置在泄漏点的下风向。例如对危险化学品氨气泄漏而言，根据风速，泄漏点与喷淋之间的推荐距离是下风向 15～30m 处。假设喷嘴在 10m 之外，此系统可把氨气浓度从 15000mg/L 降到 200mg/L。水喷淋中的水消耗量大约是氨气泄漏量的 7 倍（质量比）。

3. 液体泄漏的存留系统

危险化学品企业工艺设备也可能发生易燃或危险物质的泄漏，但更常见的是储罐的泄漏。引发泄漏的原因有很多，如装料过满而从法兰、泵、阀门或管路系统的泄漏，结构破损后的泄漏（例如裂口），或由于火灾或地震等外部因素造成的大规模泄漏，为了减少这种泄漏和随之而来的火灾、爆炸、中毒事故，这些容器（大部分是储罐）周围要建围墙或围堤，以留存泄漏物质，保证其火灾不蔓延到其他单元。围堤的要求是根据储罐或容器的储量能容纳所有泄漏液体，也就是说储罐内所有满罐液体全部泄漏干净，也只能留存在围堤内，能满足所有泄漏液体的留存，即是因堤的高度。

有毒物质泄漏后可以部分存留，有时甚至可以全部存留（例如液氯和液氮）。如果几个容器用同一个围堤，存留量一般只按其中最大容器破损进行考虑。但原油储罐除外，因为发生火灾后，原油可能发生扬沸，所以要考虑所有容器破损的容量。

设计精良、维护完善的容器完全失效的可能性很小。此外，过去的安全生产实践表明，大多事故中容器破损后，大部分液体仍留存在容器内，低沸点易燃液体在大气中会部分膨胀蒸发（闪蒸），这会进一步减少堤内泄漏液体量。

围堤的建造材料应该与泄漏物质相匹配，塑料衬里有时可以起到很大作用，堤墙的设计必须能承受住液体的静压，围堤内应建有坡度，以减少泄漏液体进入火场的可能性。消防灭火也会由于有围堤而得到极大的便利，因为需要使用消防剂（如泡沫）覆盖在液体表面，但是，任何事情也不能过度，过高的围堤也会妨碍消防操作。

围堤的另一个重要作用是存留泄漏的危险物质。在对泄漏物做进一步的处理中，如中和、稀释或转移之前，首先要把液体存留起来，存留是非常有效的安全措施。据报道液氨接触大气立即蒸发的量只占总量的2%，剩余的98%如果有围堤存留，原则上仍然可回收，采用泡沫覆盖可以减少蒸发率。另外，由于蒸发率与表面积成正比，可以把泄漏液体转移到另一个暴露面积很小的容器内（如一个坑内）。在某种情况下，可以封闭建筑体，这样一来堤与墙之间液体表面积只是一个小圈，但这要求堤墙要很高。

围堤必须设有排水系统以排走雨水，因为雨水会侵占存留区，减少有效容积。为防止容留系统无法启动，存留系统应该保持在关闭状态，除非在放空操作时，泵或排水阀需要开启。在进行消防操作时，排水阀要小心控制，逐步打开，以排放消防水，坚决杜绝围堤出现溢流现象。在此区域的工作人员应给予安全保护，通常设有两个相反的逃生路线，而且各有越过围堤的走梯。

另一个筑堤的方法是将蓄液区通过沟与储罐相连。泄漏时物料会从储罐流到蓄液区，在那里进行处理，这要求蓄液区容量足够大并且与其他设施隔离开，以防造成其他危险。必须指出的是，这种方法仅对易然物质有效，对有毒且易挥发性物质无效。

4. 火灾监测系统

危险化学品企业是高危企业，是国家安监总局界定的“两重点一重大”企业。很显然，如果能在危险化学品生产中早期检测到火灾，那么后果将会有很大不同。在火灾发生前就检测到易燃气体，可以起到很好的预防作用。火灾监测器主要根据气体的性质（如辐射吸收），或对全体在控制条件下的燃烧反应热（如传感器内催化燃烧）进行检测。传感器不一定放置在现场，可使用采样系统收集各点的泄漏气体，在中心位置检测样品。采样点的位置要根据气体的类型而设；蒸汽应该设在大约 0.15m 处，而氢气则应设在 0.9～1.2m 处，这些系统一般反应较慢，可能会因管线堵塞而不产生响应。

火灾检测器可检查火焰、热、烟。火灾检测器利用紫外或红外传感装置，它们反应很快，但也易于给出假警报，而且价格较高。现在的许多仪器更实用，能在较差的环境中使用，它们的假报警发生率也相对较低。

热传感器是使用最久、时间最长的检测器。它的热敏装置有许多种，从温度调节型到易熔线和空气线均有。另外还有感烟检测器，它利用一束光线照在光检测器上，当烟进入光发射器和接收器之间，光检测器的信号减弱到一定程度时就会引发警报。离子化型感烟检测器使用能发射射线的发射物质来离子化两极之间的空气，使空气导电，产生的烟雾会干扰离子化过程，从而引发警报。与其他类型的检测器相比较，感烟检测器可以监控相当大的封闭区域。因此在居住区、工业区和建筑中使用较多，在危险化学品生产企业中也经常用到。感烟检测器在开放的空间中效率很低，其主要原因是烟少。

火灾监测系统可以有多种使用方式，现场检测器只能把警报信号传达给设施附近的人员，如在室内的烟气报警装置，更为常见的办法是向中央控制室发送火灾紧急的报警信号。在中央控制室的操作员发现紧急报警信号有责任采取预定的应急反应计划，例如启动消防系统。某些火灾情况的报警也作为自动中转给当地消防部门的早期警报，这样一来，企业和地方联手控制火灾，其效果更佳。

火灾报警系统也可自动启动火灾保护系统或装置，如喷淋系统、蒸汽幕、干粉灭火、泡沫灭火等，这些系统在迅速抑制火情方面很有效果。潜在的缺点是可能出现假警报信号，可控制的危险性极小的小事件也可能启动所有系统，这样可造成大量蒸汽和消防水的浪费。因此，设计人员在选择火灾监测自动系统时要根据具体情况而定，不能造成不必要的浪费，出现“大马拉小车”的现象。

5. 火灾控制和抑制系统

火灾控制和抑制系统通过向火焰上或保护设备上释放灭火剂或制冷剂来控制火灾。建筑物或封闭结构常安装自动或手动喷淋保护系统，这些系统利用水作为灭火剂，使用压力至少为 1.4×10^5Pa，最好是 2.8×10^5Pa，每个喷头能覆盖 10m^2 的面积，这些系统可以是“湿式”（有自己的提水系统）或“干式”（要求消防泵与水源、喷淋水管道系统连接已启动）。湿式喷淋系统经常会发生受热自动启动的情况。

危险化学品生产中所用的设备和露天易燃物品储罐与毒气泄漏保护一样常采用喷淋保护系统，这些系统可以是自动的或人工手动的。喷淋管道应进行隔热以防止其受到火灾的影响。对喷淋系统的要求是不需要完全扑灭火灾，但是必须能够保证冷却容器和控制燃烧。一般来说，要冷却储罐表面，水的流量大约是$10L/(m^2 \cdot min)$。完全扑灭易挥发物的火灾有时是有害的，物料没有被燃烧消耗时，很容易由于蒸发而被风吹走，如果下风向存在点火源，就有可能发生爆炸或引起火球。这种情况下把火灾局限在破坏单元，用水冷却罐体防止罐体大面积破裂，只有当易燃物质供给侧被切断后，这时才能扑灭火灾。

此外，还有其他可用于完全扑灭火灾的系统。如泡沫灭火系统释放出含水泡沫，在火焰表面覆盖一层泡沫来熄灭火灾。要求泡沫应立即施用，并保持一定速率才有效，大约$5L/(m^2 \cdot min)$的泡沫流量可以完全扑灭火灾。高膨胀的泡沫（高倍数泡沫）喷头可安装在危险化学品生产装置的设施内部，可向喷淋系统一样被启动。由泡沫淹没引发的损失通常比用水淹没引发的损失更小。

固定式泡沫喷射系统也可以保护易燃物储罐，储罐的外部火灾可以用固定式或移动式泡沫灭火系统扑灭。可是，如果需要在直径60m以上的大面积内使用泡沫，此法可能无效，因为火焰引起的燃烧且上方的湍流会扰动泡沫，阻止它覆盖整个着火区，在这种情况下，若在燃烧液下注入泡沫则更为有效，此时可以把储罐的排放管作为泡沫注入口。

固定式或移动式喷枪也能用于储罐区的泡沫系统，常用移动式泡沫喷枪的速率大约为23000L/min（在60m距离内），固定设施需按有关规定与附近消防站和消防泡沫区相连接。

固定火灾抑制设施也可使用许多其他灭火剂，如二氧化碳，通常可在加压或冷冻条件下储存，使用时由固定管道系统来泄放。二氧化碳有窒息作用，此系统要求在封闭环境内使用，以保护贵重金属。可是如果自动启动这些系统，此区域的人群可能会受到很大的影响。注意高浓度二氧化碳有毒且大量使用会造成缺氧。因此，在系统启动前要发出30s的警报信号，以防意外事故的发生。

化学灭火系统也可用于应急，如释放灭火剂和硫酸钾或惰性气体如氮气等，这些系统不仅有效，而且使用安全。哈伦灭火剂抑制燃烧十分有效，但对人体有毒，这些灭火剂只能用于扑灭可燃液体。

6. 抑爆系统

一旦发生非受限性或某些限制性爆炸，人们往往无能为力。当化学反应器内发生爆炸时，如果压力传感器快速启动，引发抑制系统，爆炸可能会被抑制。建筑物的泄爆有助于减轻爆炸后果，可通过设置泄放系统来实现。设计泄放系统需要考虑爆炸类型、喷泄口惯性和泄放过程的最大压力等因素。

第二节　操作规程培训和设备维护检查

我们强调了危险化学品企业工艺设备和安全设施等硬件方面的重要性，它们对危险化学品企业整体安全很重要，这是毫无疑义的。但是，危险化学品企业重大事故的发生，至少有一部分责任是人因失误而引起的，人在这些事故中的责任不仅是操作失误，也经常有管理系统的失效。这也充分说明操作规程和管理策略在危险化学品企业的安全生产中具有十分重要的意义。

为加强危险化学品企业的安全性，管理者应该首先制订风险管理计划，包括制订操作规程和应急规程，执行安全管理制度，在危险化学品企业员工中强化安全生产意识氛围。也就是说要把安全操作与生产经营放在同等重要的地位，制订全面的培训计划，定期检查企业的安全设施和测试应急设备。

一、操作规程

操作规程详细说明了工艺及设备的操作过程，它们提供正常操作和异常操作下的有关信息以及在这两种情况下应遵循的程序。一般来说，操作规程应包括以下内容：

(1) 工艺说明；

(2) 设备说明；

(3) 开车、停车的备用程序；

(4) 标准操作规程；

(5) 正常操作范围；

(6) 操作记录；

(7) 重大危险说明；

(8) 异常操作规程；

(9) 报警和泄放系统说明；

(10) 应急程序；

(11) 危险操作规程和个人安全设备；

(12) 通信程序；

(13) 维护保养进度表；

(14) 工艺或设备图；

(15) 控制回路。

一般来说规程在危险化学品生产企业中集中于工艺操作或设备操作的具体行动。因此，操作规程应该条理清晰、简单易懂，在这方面以检查表形式应用较多。在操作规程指南中，对于工艺和设备的说明是相当重要的，它可使操作人员清楚工艺参数波动的含义，可作为工艺失调早期诊断的有用工具，操作规程应该明确规定哪些是强制执行的程序（例如，如果工艺参数超过设定值的应急停车），哪些需要操作人员自己进行决断。

在操作规程指南中，应该指出最可能发生的异常和紧急事件，并给出相应的纠正措施以及应急处置、应急救援的步骤和程序。常见的应急情况包括以下几种：

(1) 关键工艺参数超过设定值（例如反应器温度）；

(2) 仪表失效（例如在没有任何原因下 pH 计发生偏离）；

(3) 公用设施失效（例如反应器循环水中断）；

(4) 设备失效（例如进料泵失效）；

(5) 容器破裂；

(6) 火灾或爆炸。

值得注意的是，控制仪表失效可能是工艺状况失调或设备失效的反映，这些可能性应该在操作规程指南中提到，以指导在宣布紧急状况前确认控制仪表的读数。在操作规程中应该根据假设的紧急状态制订出应急反应行动。例如，连续搅拌式的反应罐在正常操作时发生严重偏离。这时的操作人员可有以下几种选择：

(1) 增加换热率；

(2) 减少或停止送料；

(3) 改变搅拌速度；

(4) 加入稀释剂；

(5) 钝化催化剂；

(6) 转移反应器内物料。

一般常见的反应行动包括如下几种：

(1) 把关键参数值调整在正常操作范围内的补偿行动；

(2) 启动可控制车系统；

(3) 隔离管道、设备或工艺单元；

(4) 控制泄漏（例如放空被破坏的储罐、开动水幕）；

(5) 根据有关程序通报中央控制室和其他部门；

(6) 启动消防程序；

(7) 报警；

(8) 启用个人防护用品；

(9) 单元疏散。

当危险情况恢复正常后，分析失控的原因是非常重要的，这对避免同类事故的发生有重要的意义。

二、培训规定

教育培训是风险管理计划中不可缺少的部分。新入厂的人员可以从教育培训的课堂上接受到关于工厂概况、工艺过程、危险因素、操作要领、应急程序、自我保护等一系列操作，这种教育培训应该针对员工所在生产单元的具体情况、具体特点而定。可通过动态工艺模拟使受培训者经历他们在工作中所遇到的各种场景。这种模拟的优点是在异常或紧急情况下的演练，而且这种演练没有任何风险。另外，员工还应接受以下内容的培训：

(1) 危险化学品工厂的安全规定；

(2) 危险化学品工厂的安全工作许可制度；

(3) 个人防护用品用具和设施；

(4) 设备、工艺变更的管理控制方法；

(5) 应急程序；

(6) 事故报告；

(7) 工厂的安全组织和责任；

(8) 内部整理。

培训工作应该定期进行，以保证相关工作人员对灾难性事故有充分的警惕性。

三、维护和检查

有效的维修计划是危险化学品企业安全操作的重要组成部分。它的基本原理是真正体现“安全第一、预防为主、综合治理”的安全生产方针，事前预防事故的发生，而不是事后通过补救行动来弥补或纠正。具有预防性的维修计划是根据已知部件的失效频率对关键设备进行定期检查，制订维修计划可按照如下步骤进行：

(1) 确定设备中物料的数量、毒性、可燃性和腐蚀性；

(2) 确认关键设备（特别是那些失效会导致紧急状况的设备）；

(3) 确定操作条件；

(4) 评定设备状况、使用期限和维修水平；

(5) 确定操作的严细性（例如高压）和开停车周期的频率；

(6) 从历史记录、制造商提供的失效率和设备组件失效率进行分析，以此来确定出设备平均失效率；

(7) 制订测试程序的方法；

(8) 根据检查成本、替换成本、停机检查时间、失效停机时间、失效后果分析、推荐程序和法律要求，评估最佳检测或替换周期。

确定预防性最佳维修频率是一件很有挑战性的工作，它要求对失效率数据进行连续的、重复性的评估，需要由富有经验的人员组成工作小组经常性地进行观察和测试，以制订出科学合理的维修计划。这个任务是比较艰巨的，它既费时又耗资，包括检查设备和进行各种测试，当然测试是非破坏性的。造成设备事故隐患的早期预兆通常有以下几种：

（1）泄漏；

（2）振动；

（3）开裂；

（4）运动件和设备的磨损缺陷；

（5）腐蚀；

（6）工艺流体或公用工程条件的变化。

这些缺陷不仅来自于正常的或异常的设备操作条件和环境条件（如极高的温度和湿度），也可能来自先期的维护保养不善。因而由专业的专门的人员进行设备修理是非常关键的。对于压力容器和压力管道这类的设备更应特别注意。压力容器和压力管道规范给出了被批准人员进行维修和焊接工作时的明确程序。

在恢复正常运行前，维修设备应该按照规程规定的程序进行测试。维修和检查计划应该包括所有工艺设备和异常情况先启动的安全装置，如泄压阀需要定期检测，爆破片也要定期检查以确定其完整性，尽管其失效的概率较低，但对这些安全附件仍然要定期进行预防性替换。其他安全设备，如预备应急泄漏减缓设备、洗眼喷淋器等也同样应该进行检查。

四、作业风险及安全措施

1. 腐蚀性介质检修作业

（1）作业风险　泄漏的腐蚀性液体、气体介质可能会对作业人员的肢体、衣物、工具产生不同程度的损坏，并对环境造成污染。

（2）安全措施

① 检修作业前，必须联系工艺人员把腐蚀性液体、气体介质排净、置换、冲洗，分析合格，办理《作业许可证》。

② 作业人员应按要求穿戴劳保用品，熟知工作内容，特别是有关部门签署的意见。

③ 低洼处检修，场地内不得有积聚的腐蚀性液体，以防作业时滑倒伤人。

④ 腐蚀性液体的作业面应低于腿部，否则应联系相关人员搭设脚手架，以防残留液体淋伤身体、衣物，但不得以铁桶等临时支用。

⑤ 作业时，根据具体情况戴橡胶手套、防护面罩，穿胶鞋等相应的特殊劳保用品。

⑥ 拆卸时，可用清水冲洗连接面，以减少腐蚀性液体、气体介质的侵蚀作用。

⑦ 接触到腐蚀性介质的肢体、衣物、工具等应及时清洗；若有不适，应及时治疗。

⑧ 作业完成后，工完料净场地清，做好现场的清洁卫生工作。

2. 转动设备（含阀门、电动机）**检修作业**

（1）作业风险　转动设备检修时，误操作电、汽源产生误转动，会危及检修作业人员的生命和财产安全；设备（或备件）较大（重）时，安全措施不当，可发生机械伤害。

（2）安全措施

① 检修作业前，必须联系工艺人员将系统进行有效隔离，把动火检修设备、管道内的易燃易爆、有毒有害介质排净、冲洗、置换，分析合格，办理《作业许可证》。

② 在修理带电（汽）设备时，要同有关人员和班组联系，切断电（汽）源，并在开关箱上挂"禁止合闸、有人工作"的标示牌。

③ 作业项目负责人应落实该项作业的各项安全措施和办理作业许可证及审批；对于危险性特大的作业，应与作业区域安全负责人一起进行安全评估，制订安全作业方案。

④ 作业人员应按要求穿戴劳保用品；熟知工作内容，特别是有关部门签署的意见，在作业前和作业中均要认真执行。

⑤ 拆卸的零部件要分区摆放，善加保护，重要部位或部件要派专人值班看守。

⑥ 在使用风动、电动、液压等工具作业时，要按《安全操作使用说明书》规范操作，安全施工。

⑦ 设备（或备件）较大（重），需要多工种协同作业时，必须统一指挥，令行禁止。

⑧ 加强油品类物质管理，所有废油应倒入回收桶内。

⑨ 作业完成后，工完料净场地清，做好现场的清洁卫生工作。

3. 高处检修作业

（1）作业风险　作业位置高于正常工作位置，容易发生人和物的坠落，产生事故。

（2）安全措施

① 作业项目负责人安排办理《作业许可证》《高处作业许可证》，按作业高度分级审批；作业所在的生产部门负责人签署部门意见。

② 作业项目负责人应检查、落实高处作业用的脚手架（梯子、吊篮）、安全带、绳等用具是否安全，安排作业现场监护人；工作需要时，应设置警戒线。

③ 作业人员应按要求穿戴劳保用品，熟知工作内容，特别是有关部门签署的意见；使用安全带工作时，按照《安全带使用管理规定》执行；使用梯子工作时，按照《梯子安全管理规定》执行；使用脚手架工作时，按照《脚手架使用安全管理规定》执行；在吊篮或吊架内作业时，参照《起重设备安全管理规定》

执行。

④ 高处作业时不应上下同时垂直作业。特殊情况下必须同时垂直作业时，应经单位领导批准，并设置专用防护棚或采取其他隔离措施。

⑤ 避免夜间进行高处作业。必须夜间进行高处作业时，应经有关部门批准，作业负责人要进行风险评估，制订出安全措施，并保证充足的灯光照明。

⑥ 遇有6级以上大风、雷电、暴雨、大雾等恶劣天气而影响视觉和听觉的条件下或对人身安全无保证时，不允许进行高处作业。

⑦ 高处作业过程中，安全监护人要经常与高处作业人员联络，不得从事其他工作，更不准擅离职守；当生产系统发生异常情况时，立即通知高处作业人员停止作业，撤离现场；当作业条件或作业环境发生重大变化时，必须重新办理《高处作业许可证》。

⑧ 作业完成后，工完料净场地清，做好现场的清洁卫生工作。

4. 动火检修作业

（1）作业风险　加热、熔渣散落、火花飞溅可能造成人员烫伤、火灾、爆炸事故；弧光辐射、触电等，也会对人体产生危害。

（2）安全措施

① 检修作业前，联系工艺人员将系统有效隔离，把动火设备、管道内的易燃易爆介质排净、冲洗、置换。

② 分析合格后，办理《作业许可证》《动火作业许可证》分级审批；取样分析合格后，任何人不得改变工艺状态；动火作业过程中，如间断半小时以上必须重新取样分析。

③《动火作业许可证》由动火作业人员随身携带。所有作业人员必须清楚工作内容，特别是有关部门签署的意见。

④ 作业人员必须按要求穿戴劳保用品，持有相应的资格证；在进行焊接、切割作业前，必须清除周围可燃物质，设置警戒线，悬挂明显标示，不得擅自扩大动火范围。

⑤ 动火作业应设监护人，备灭火器；作业时，禁止无关人员进入动火现场。在甲类禁火区进行动火作业，项目负责人要按规定提前通知专业消防人员到现场协助监护。

⑥ 进行电焊作业时，要检查接头、线路是否完好，防止发生漏电事故。

⑦ 气焊作业时，氧气瓶与乙炔气瓶间的距离应保持在5m以上，而气瓶与动火点距离应保持在10m以上，检查气管完好。

⑧ 高处焊接、切割作业时，需安放接火盆，防止火花溅落；同时，要清除下方所有的可燃物，地沟、阴井、电缆等要加以遮盖。

⑨ 可燃气体带压不置换动火时，要有作业方案，并落实安全措施。同时，

设备内压力不得小于0.98kPa，不得超过1.5691MPa，以保证不会形成负压；设备内氧含量不得超过0.5%。否则，不得进行动火作业。

⑩ 作业人员离开动火现场时，应及时切断施工使用的电源和熄灭遗留下来的火源，不留任何隐患。

⑪ 作业完成后，工完料净场地清，做好现场的清洁卫生工作。

5. 密闭空间检修作业

(1) 作业风险　密闭空间内存在有缺氧、高温、有毒有害、易燃易爆气体等隐患，安全措施不到位，易发生燃烧、爆炸，会造成人员伤亡等事故。

(2) 安全措施

① 联系工艺人员切断设备与外界连接的电源，并采取上锁措施，加挂警示牌；有效隔离与有限空间或容器相连的所有设备、管线。

② 密闭空间经排放、隔离（加盲板）、清洗、置换、通风，取样分析合格后，作业人员办理《作业许可证》《进入密闭空间作业许可证》，分级审批。取样分析合格后，任何人不得改变工艺状态。

③ 作业前，准备好应急救援物资，包括安全带、安全绳、长管面具、不超过24V的安全电压照明、防触电（漏电）保护器以及配备通信工具。

④ 监护人员应按要求穿戴劳保用品，选择好安全监护人员的位置；监护过程中，要经常联络，发现异常应立即通知作业人员中断作业，撤离危险区域；同时，必须注意自身保护。

⑤ 作业人员应按要求穿戴劳保用品。第一次进入密闭空间，必须佩戴好防毒面具（长管或空气呼吸器），必须系安全带和安全绳；熟知工作内容，特别是有关部门签署的意见；密闭空间作业人员实行轮班制，按时换班，及时撤至外面休息。

⑥ 密闭空间移去盖板后，必须设置路障、围栏、照明灯等，以免发生事故。

⑦ 进入密闭空间作业，必须在线分析，若有异常情况，应及时撤离。

⑧ 作业完成后，工完料净场地清，做好现场的清洁卫生工作。

6. 电气检修作业

(1) 作业风险　电气检修作业时可能发生电击危险、电弧危害或因线路短路产生火花造成事故等，使人体遭受电击、电弧引起烧伤，电弧引起爆炸冲击受伤等伤害。此外，电气事故还可能引发火灾、爆炸以及造成装置停电等危险。

(2) 安全措施

① 检修作业前，联系运行人员切断与设备连接的电源，并采取上锁措施，在开关箱上或总闸上挂上醒目的“禁止合闸，有人工作”的标志牌。

② 所有在带电设备上或其近旁工作均需要办理《作业许可证》，执行《许可证管理程序》。

③ 作业人员应按要求穿戴劳保用品（符合“变电所工作时个人防护器材要求”），熟知工作内容，特别是运行人员签署的意见。

④ 电气作业只能由持证合格人员完成，作业时必须 2 人以上进行，其中 1 人进行监护。

⑤ 电气监护人员必须经过专业培训，取得上岗合格证，有资格切断设备的电源，并启动报警信号；作业时防止无关人员进入有危险的区域；不得进行其他的工作任务。

⑥ 在维护检修和故障处理中，任何人不得擅自改变、调整保护和自动装置的设定值。

⑦ 电弧危害的分析和预防，对于能量大于 5.016J/m^2 的设备，必须进行电弧危害分析，以确保安全有效地工作。

⑧ 对于维修中易产生静电的过程或系统，应该进行静电危害分析，并制订相应措施和程序，以预防静电危害。

⑨ 金属梯子、椅、凳等均不能在电气作业场合下使用。

由此可见，做好装置停工、检修和开工中的安全工作，学习检修中的有关安全知识，了解检修过程中存在的危险因素，认真采取各项安全措施，防止各种事故发生，保护员工的安全和健康，对搞好安全检修，是很有必要的。

第三章

危险化学品企业风险管理与控制

危险化学品企业生产流程长、环节复杂、设备要求高、产品危险性大。因此危险化学品企业既是高风险的行业，也是安全生产工作的难点和重点之一。我国近年来安全生产形势趋于好转，但事故总量依然很大，危险化学品企业的安全生产仍然任重而道远。

第一节　安全风险识别

风险识别指用感知、判断或归类的方式对现实的和潜在的风险性质进行鉴别的过程。感性认识和工作经验可以作为风险识别的基础，而对各种资料和事故记录的整理、归纳和分析同样能够有效识别风险因素，进而对各种明显和潜在的风险及损失规律进行研究。

风险识别和分析的方法，可以采用工作危害分析（JHA）、安全检查表分析（SCL）、预危险性分析（PHA）、危险与可操作性分析（HAZOP）、故障树分析（FTA）、事件树分析（ETA）、作业条件危险性分析（LEC）等方法。这些方法有各自的适用范围和优缺点，在使用时需要根据不同的企业、不同的工艺，对分析目标进行研究后，选择适合的方法进行分析。

我国国家标准 GB 6441《企业职工伤亡事故分类》采用事故因果连锁模型分析事故的直接原因和深层原因，这是基于事故原因的统计分析方法。事故因果连锁模型认为事故发生的直接原因是人的不安全行为和物的不安全状态，人的不安全行为导致了“人的失误”，而物的不安全状态就会造成“物的故障”，这些情况往往又是管理上的缺陷造成的。人的不安全行为与物的不安全状态是相互影响的，因为人的不安全行为可以促成物的不安全状态，而物的不安全状态也是客观上造成人的不安全行为的物质条件；但二者又是相互结合的，人的不安全行为、物的不安全状态和管理上的缺陷所耦合形成的“隐患”，会直接导致伤亡事故，甚至火灾、爆炸等恶性事故的发生。事故链模型见图 3-1。

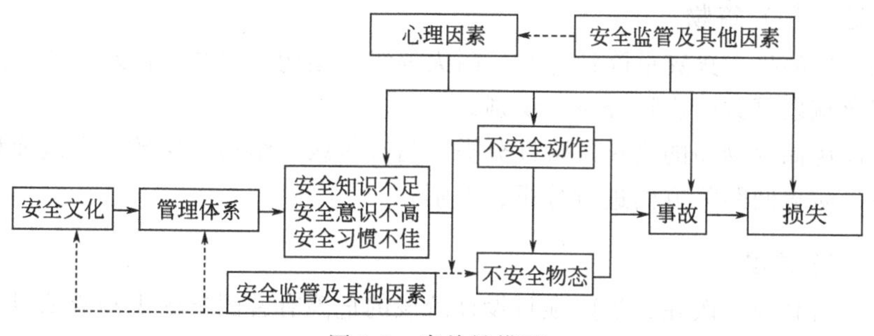

图 3-1 事故链模型

事故因果连锁模型分别对人和物以及管理因素进行分析，对各个因素进行合并、删减、添加、替代和重组等简化操作可以发现：

(1) 人的因素包含管理人员、现场操作人员和安全人员的文化水平、专业技术水平；各类人员的安全意识；管理人员的违章指挥；操作人员的违章操作、身体和心理状态等。

(2) 物的因素可分为危险化学品、设备和环境 3 个要素。其中危险化学品要素包含危险化学品的物性、储存状态和储存量、监控记录、档案和安全标签等；设备要素包含生产设备工艺、工作状态、摆放位置、检修及报废状态、特种设备、安全设备、消防设施、应急设施等；环境要素包含安全标志、照明、噪声、通风、给排水、静电、雷电等。

(3) 管理因素包括安全监督管理机构和人员、安全计划、检修计划、责任制、操作规程、技术培训、安全培训、防护用品管理、设备管理、危险作业审批、危险物储存、运输管理、废物处理、事故应急救援等。

一、生产过程的危险有害因素识别

1. 厂址

从厂址的工程地质、地形地貌、水文、气象条件、周围环境、交通运输条件、自然灾害、消防支持等方面进行分析、识别。

2. 总平面布置

从功能分区、防火间距和安全间距、风向、建筑物朝向、危险有害物质设施、动力设施（氧气站、乙炔气站、压缩空气站、锅炉房、液化石油气站等）、道路、储运设施等方面进行分析、识别。

3. 道路及运输

从运输、装卸、消防、疏散、人流、物流、平面交叉运输和竖向交叉运输等几方面进行分析、识别。

4. 建（构）筑物

从厂房的生产火灾危险性分类，耐火等级、结构、层数、占地面积、防火间距、安全疏散等方面进行分析、识别。

从库房储存物品的火灾危险性分类，耐火等级、结构、层数、占地面积、安全疏散、防火间距等方面进行分析、识别。

5. 工艺过程

（1）对新建、改建、扩建项目设计阶段的危险有害因素的识别应从以下6个方面进行分析识别：

① 对设计阶段是否通过合理的设计，尽可能从根本上消除危险有害因素的发生进行考查。例如是否采用无害化工艺技术，以无害物质代替有害物质并实现过程自动化等，否则就可能存在危险。

② 当消除危险有害因素有困难时，对是否采取了预防性技术措施来预防或消除危险、危害的发生进行考查。例如是否设置安全阀、防爆阀（膜）；是否有有效的泄压面积和可靠的防静电接地、防雷接地、保护接地、漏电保护装置等。

③ 当无法消除危险或危险难以预防的情况下，对是否采取了减少危险、危害的措施进行考查。例如是否设置防火堤、涂防火涂料；是否是敞开或半敞开式的厂房；防火间距、通风是否符合国家标准的要求等；是否以低毒物质代替高毒物质；是否采取了减震、消声和降温措施等。

④ 当在无法消除、预防、减弱的情况下，对是否将人员与危险有害因素隔离等进行考查。如是否实行遥控，设隔离操作室、安全防护罩、防护屏，配备劳动保护用品等。

⑤ 当操作者失误或设备运行一旦达到危险状态时，对是否能通过联锁装置来终止危险、危害的发生进行考查。如锅炉极低水位时停炉联锁和冲剪压设备光电联锁保护等。

⑥ 在易发生故障和危险性较大的地方，对是否设置了醒目的安全色、安全标志和声、光警示装置等进行考查。如厂内铁路或道路交叉路口、危险品库、易燃易爆物质区等。

（2）对安全现状综合评价可针对行业和专业的特点及行业和专业制订的安全标准、规程进行分析、识别。

① 以危险化学品生产为例，工艺过程的危险有害性识别有以下几种情况：

◆ 存在不稳定物质的工艺过程，这些不稳定物质有原料、中间产物、副产品、添加物或杂质等；

◆ 含有易燃物料而且在高温、高压下运行的工艺过程；

◆ 含有易燃物料且在冷冻状况下运行的工艺过程；

◆ 在爆炸极限范围内或接近爆炸性混合物的工艺过程；

◆ 有可能形成尘、雾爆炸性混合物的工艺过程；

◆ 有剧毒、高毒物料存在的工艺过程；

◆ 储有压力能量较大的工艺过程。

② 对于一般的工艺过程也可以按以下原则进行工艺过程的危险有害性识别。

◆ 能使危险物的良好防护状态遭到破坏或者损害的工艺；

◆ 工艺过程参数（如反应的温度、压力、浓度、流量等）难以严格控制并可能引发事故的工艺；

◆ 工艺过程参数与环境参数具有很大差异，系统内部或者系统与环境之间在能量的控制方面处于严重不平衡状态的工艺；

◆ 一旦脱离防护状态的危险物会引起或极易引起大量积聚的工艺和生产环境，例如含危险气、液的排放，尘、毒严重的车间内通风不良等；

◆ 有产生电气火花、静电危险性或其他明火作业的工艺，或有炽热物、高温熔融物的危险工艺或生产环境；

◆ 能使设备可靠性降低的工艺过程，如低温、高温、振动和循环负荷疲劳影响等；

◆ 由于工艺布置不合理较易引发事故的工艺；

◆ 在危险物生产过程中有强烈机械作用影响（如摩擦、冲击、压缩等）的工艺。

(3) 根据典型的单元过程（单元操作）进行危险有害因素的识别　典型的单元过程是各行业中具有典型特点的基本过程或基本单元，如化工生产过程的氧化还原、硝化、电解、聚合、催化、裂化、氯化、磺化、重氮化、烷基化等；石油化工生产过程的催化裂化，加氢裂化，加氢精制乙烯、氯乙烯、丙烯腈、聚氯乙烯等；电力生产过程的锅炉制粉系统、锅炉燃烧系统、锅炉热力系统、锅炉水处理系统、锅炉压力循环系统、汽轮机系统、发电机系统等。

这些单元过程的危险有害因素已经归纳总结在许多手册、规范、规程和规定中，通过查阅均能得到。这类方法可以使危险有害因素的识别比较系统，避免遗漏。单元操作过程中的危险性是由所处理物料的危险性决定的。

当处理易燃气体物料时要注意防止爆炸性混合物的形成。特别是负压状态下的操作，要防止混入空气而形成爆炸性混合物。当处理易燃固体或可燃固体物料时，要防止形成爆炸性粉尘混合物。当处理含有不稳定物质的物料时，要防止不稳定物质的积聚或浓缩。

二、作业环境的危险有害因素识别

作业环境中的危险有害因素主要有危险物品、工业噪声与震动、温度与湿度和辐射等。

1. 危险物品的危险有害因素识别

(1) 危险物品的危险有害因素识别　生产中的原料、材料、半成品、中间产品、副产品以及储运中的物质分别以气、液、固态存在，它们在不同的状态下分别具有相对应的物理、化学性质及危险危害特性，因此，了解并掌握这些物质固有的危险特性是进行危险识别、分析、评价的基础。

危险物品的识别应从其理化性质、稳定性、化学反应活性、燃烧及爆炸特性、毒性及健康危害等方面进行分析与识别。例如甲醇的危险有害识别见表 3-1。

表 3-1　甲醇的危险有害识别

标识	中文名：甲醇、木酒精	英文名：Methyl alcohol；Methanol
	分子式：CH_3OH	分子量：32.04　UN 编号：1230
	危规号：32058	RTECS 号：PC1400000　CAS 号：67-56-1
理化性质	性状：无色澄清的液体，有刺激性气味	
	熔点/℃：－97.8	溶解性：溶于水，可混溶于醇、醚等多种有机溶剂
	沸点/℃：64.8	相对密度（水＝1）：0.79
	饱和蒸气压（21.2℃）/kPa：13.33	相对密度（空气＝1）：1.11
	临界温度/℃：240	燃烧热/(kJ/mol)：727.0
	临界压力/MPa：7.95	最小引燃能量/mJ：0.215
燃烧爆炸危险性	燃烧性：易燃	燃烧分解产物：CO、CO_2
	闪点/℃：11	聚合危害：不聚合
	爆炸极限（体积分数）/%：5.5～44.0	稳定性：稳定
	自燃温度/℃：385	禁忌物：酸类、酸酐、强氧化剂、碱金属
	危险特性：易燃，其蒸气与空气可形成爆炸性混合物。遇明火、高热能引起燃烧爆炸。与氧化剂接触发生化学反应或引起燃烧。其蒸气比空气重，能在较低处扩散到相当远的地方，遇明火会引着回燃	
	爆炸性气体的分类、分级、分组：Ⅱ AT_2	
	灭火方法：尽可能将容器从火场移至空旷处。喷水保持火场容器冷却，直至灭火结束。灭火剂：抗溶性泡沫、雾状水、干粉、二氧化碳	
毒性	接触限值：中国 PC-TWA：25mg/m^3（皮），PC-STEL：50mg/m^3（皮） 美国 TLV-TWA(ACGIH)：262mg/m^3（200×10^{-6}）（皮） TLV-STEL(ACGIH)：328mg/m^3（250×10^{-6}）（皮）	
对人体危害	对中枢神经系统有麻醉作用；对视神经和视网膜有特殊选择作用，引起病变；急性中毒：短时大量吸入出现轻度眼及上呼吸道刺激症状；经一段时间潜伏期后出现头痛、头晕、乏力、眩晕、酒醉感、意识朦胧，甚至昏迷。视神经及视网膜病变，可有视物模糊、复视等，重者失明。慢性影响：神经衰弱综合征，植物神经功能失调，黏膜刺激，视力减退等	
急救	吸入后脱离现场至新鲜空气处。保持呼吸畅通。呼吸困难时给输氧。呼吸停止时进行人工呼吸，就医。皮肤接触时，脱去被污染的衣着，用肥皂水和清水彻底冲洗皮肤	

续表

防护	工程控制：严加密闭，加强通风。个体防护：接触蒸气时，应佩戴防毒面具。紧急事态抢救或逃生时，建议佩戴正压自给式呼吸器。穿防静电工作服。戴橡胶手套。戴化学安全防护眼镜。其他：工作现场禁止吸烟、进食和饮水。工作后，淋浴更衣
泄漏处理	人员迅速撤离污染区至上风处，并隔离至气体散尽，切断火源。建议应急处理人员戴自给式呼吸器，穿一般消防服
储运	储存于阴凉、通风仓库内，室内温度小于30℃；远离火种、热源，防日光直射；与氧化剂分开存放。储存间内的照明、通风等设施应采用防爆型。禁止用易产生火花的机械设备和工具；灌装时注意流速，且有接地装置

物质特性可从危险化学品安全技术说明书中获取，危险化学品安全技术说明书主要由“成分/组成信息、危险性概述、理化特性、毒理学资料、稳定性和反应活性”等16项内容构成。

① 易燃、易爆物质　引燃、引爆后在短时间内释放出大量能量的物质，由于具有迅速地释放能量的能力产生危害，或者是因其爆炸或燃烧而产生的物质造成危害（如有机溶剂）。

② 有害物质　人体通过皮肤接触或吸入、咽下后，对健康产生危害的物质。

③ 刺激性物质　对皮肤及呼吸道有不良影响（如丙烯酸酯）的物质。有些人对刺激性物质反应强烈，且可引起过敏反应。

④ 腐蚀性物质　用化学的方式伤害人身及材料的物质（如强酸、碱）。

腐蚀性物质的危害性包括两个方面：一是对人的化学灼伤。腐蚀性物质作用于皮肤、眼睛或进入呼吸系统、食道而引起表皮组织破坏，甚至死亡。二是腐蚀性物质作用于物质表面如设备、管道、容器等造成腐蚀、损坏。

腐蚀性物质可分为无机酸、有机酸、无机碱、有机碱、其他有机和无机腐蚀物质五类。腐蚀的种类则包括电化学腐蚀和化学腐蚀两大类。

腐蚀的危险与有害主要包括以下几类：

a. 腐蚀造成管道、容器、设备、连接部件等损坏，轻则造成跑、冒、滴、漏，易燃易爆及毒性物质缓慢泄漏，重则由于设备强度降低发生破裂，造成易燃易爆及毒性物质大量泄漏，导致火灾爆炸或急性中毒事故的发生。

b. 腐蚀使电气仪表受损，动作失灵，使绝缘损坏，造成短路，产生电火花导致事故发生。

c. 腐蚀性介质对厂房建筑、基础、构架等会造成损坏，严重时可发生厂房倒塌事故。

d. 当腐蚀发生在内部表面时，肉眼不能发现，会形成更大的隐患，如石油化工设备由于测厚漏项而造成设备或管道破裂导致火灾爆炸事故的发生。

⑤ 有毒物质　以不同形式干扰、妨碍人体正常功能的物质，它们可能加重器官（如肝脏、肾）的负担，如氯化物溶剂及重金属（如铅）。

有毒物质危险有害因素的识别如下：

a. 毒物是指以较小剂量作用于生物体能使生理功能或机体正常结构发生暂时性或永久性病理改变，甚至死亡的物质。毒性物质的毒性与物质的溶解度、挥发性和化学结构等有关，一般而言，溶解度越大其毒性越大，因其进入体内溶于体液、血液、淋巴液、脂肪及脂质类的数量多、浓度大，生化反应强烈；挥发性强的毒物，挥发到空气中的分子数多、浓度高，与身体表面接触或进入人体的毒物数量多，毒性大；物质分子结构与其毒性也存在一定关系，如脂肪族烃系列中碳原子数越多，毒性越大；含有不饱和键的化合物化学流行性（毒性）较大。

b. 工业毒物按化学性质分类，在物质危险识别过程中是经常采用的分类方法，工业毒物的基本特性可以查阅相应的危险化学品安全技术说明书。

工业毒物危害程度分级标准是以急性毒性、急性中毒发病情况、慢性中毒患病情况、慢性中毒后果、致癌性和最高容许浓度等六项指标为基础的定级标准。

c. 国家安全生产监督管理局、公安部、国家环境保护总局、卫生部、国家质量监督检验检疫总局、铁道部、交通部、中国民用航空局联合公告了《剧毒化学品目录》，共收录了 335 种剧毒化学品。

⑥ 致癌、致突变及致畸物质　阻碍人体细胞的正常发育生长，致癌物造成或促使不良细胞（如癌细胞）的发育，造成非正常胎儿的生长，产生死婴或先天缺陷；致突物干扰细胞发育，造成后代的变化。

⑦ 造成缺氧的物质　蒸气或其他气体，造成空气中氧气成分的减少或者阻碍人体有效地吸收氧气（如二氧化碳、一氧化碳及氰化氢）。

⑧ 麻醉物质　如有机溶剂等，麻醉作用使脑功能下降。

⑨ 氧化剂　在与其他物质，尤其是易燃物接触时导致放热反应的物质。

GB 13690—2009《化学品分类和危险性公示 通则》将常用的危险化学品分为爆炸品、压缩气体和液化气体、易燃液体、易燃固体（含自燃物品）和遇湿易燃物品、氧化剂和有机过氧化物、有毒品、放射性物品、腐蚀品等八类。

（2）生产性粉尘的危险有害因素识别　生产过程中，如果在粉尘作业环境中长时间工作吸入粉尘，就会引起肺部组织纤维化、硬化，丧失呼吸功能，导致肺病。尘肺病是无法治愈的职业病；粉尘还会引起刺激性疾病、急性中毒或癌症；爆炸性粉尘在空气中达到一定的浓度（爆炸下限浓度）时，遇火源会发生爆炸。

① 生产性粉尘主要产生在开采、破碎、粉碎、筛分、包装、配料、混合、搅拌、散粉装卸及输送除尘等生产过程。对其识别应该包括以下内容：

a. 根据工艺、设备、物料、操作条件，分析可能产生的粉尘种类和部位。

b. 用已经投产的同类生产厂、作业岗位的检测数据或模拟实验测试数据进行类比识别。

c. 分析粉尘产生的原因、粉尘扩散传播的途径、作业时间、粉尘特性来确定其危害方式和危害范围。

② 爆炸性粉尘的危险性主要表现为：

a. 与气体爆炸相比，其燃烧速度和爆炸压力均较低，但因其燃烧时间长、产生能量大，所以破坏力和损害程度大。

b. 爆炸时粒子一边燃烧一边飞散，可使可燃物局部严重炭化，造成人员严重烧伤。

c. 最初的局部爆炸发生之后，会扬起周围的粉尘，继而引起二次爆炸、三次爆炸，扩大伤害。

d. 与气体爆炸相比，易造成不完全燃烧，从而使人发生一氧化碳中毒。

③ 爆炸性粉尘的识别

a. 形成爆炸性粉尘的 4 个必要条件：

◆ 粉尘的化学组成和性质；

◆ 粉尘的粒度和粒度分布；

◆ 粉尘的形状与表面状态；

◆ 粉尘中的水分。

可以依此来辨识是否为爆炸性粉尘。

注：固体可燃物及某些常态下不燃的物质如金属、矿物等经粉碎达到一定程度成为高度分散物系，具有极高的比表面自由焓，此时表现出不同于常态的化学活性。

b. 爆炸性粉尘爆炸的条件为：

◆ 可燃性和微粉状态；

◆ 在空气中（或助燃气体）搅拌，悬浮式流动；

◆ 达到爆炸极限；

◆ 存在点火源。

2. 工业噪声与振动的危险有害因素识别

噪声能引起职业性噪声聋或引起神经衰弱、心血管疾病及消化系统等疾病的高发，会使操作人员的失误率上升，严重的会导致事故发生。

工业噪声可以分为机械噪声、空气动力性噪声和电磁噪声等三类。

噪声危害的识别主要根据已掌握机械设备或作业场所的噪声确定噪声源、声级和频率。

振动危害有全身振动和局部振动，可导致中枢神经、植物神经功能紊乱，血压升高，也会导致设备、部件的损坏。

振动危害的识别则应先找出产生振动的设备，然后根据国家标准，参照类比资料确定振动的危害程度。

3. 温度与湿度的危险有害因素识别

（1）温度、湿度的危险、危害主要表现如下：

① 高温除能造成灼伤外，高温、高湿环境影响劳动者的体温调节、水盐代谢及循环系统、消化系统、泌尿系统等。当热调节发生障碍时，轻者影响劳动能力，重者可引起别的病变，如中暑。水盐代谢的失衡可导致血液浓缩、尿液浓缩、尿量减少，这样就增加了心脏和肾脏的负担，严重时引起循环衰竭和热痉挛。在比较分析中发现，高温作业工人的高血压发病率较高，而且随着工龄的增加而增加。高温还会抑制中枢神经系统，使工人在操作过程中注意力分散，肌肉工作能力降低，有导致工伤事故的危险。低温可引起冻伤。

② 温度急剧变化时，因热胀冷缩，造成材料变形或热应力过大，会导致材料破坏，在低温下金属会发生晶型转变，甚至引起破裂而引发事故。

③ 高温、高湿环境会加速材料的腐蚀。

④ 高温环境可使火灾危险性增大。

(2) 生产性热源主要有：

① 工业炉窑，如冶炼炉、焦炉、加热炉、锅炉等；

② 电热设备，如电阻炉、工频炉等；

③ 高温工件（如铸锻件）、高温液体（如导热油、热水）等；

④ 高温气体，如蒸汽、热风、热烟气等。

(3) 温度、湿度危险、危害的识别应主要从以下几方面进行：

① 了解生产过程的热源、发热量、表面绝热层的有无、表面温度、与操作者的接触距离等情况；

② 是否采取了防灼伤、防暑、防冻措施，是否采取了空调措施；

③ 是否采取了通风（包括全面通风和局部通风）换气措施，是否有作业环境温度、湿度的自动调节、控制。

4. 辐射的危险有害因素识别

随着科学技术的进步，在化学反应、金属加工、医疗设备、测量与控制等领域，接触和使用各种辐射能的场合越来越多，存在着一定的辐射危害。辐射主要分为电离辐射（如 α 粒子、β 粒子、γ 粒子和中子、X 射线）和非电离辐射（如紫外线、射频电磁波、微波等）两类。

电离辐射伤害则由 α 粒子、β 粒子、X 射线、γ 粒子和中子极高剂量的放射性作用所造成。

射频辐射危害主要表现为射频致热效应和非致热效应两个方面。

三、重大危险源辨识

辨识重大危险源所依据的标准是 GB 18218—2014《危险化学品重大危险源辨识》。该标准是基于生产、使用、储存危险化学品是否存在一旦发生泄漏，可能导致火灾、爆炸和中毒等出发进行分析的，根据危险有害物质的种类及其限量来确定是否构成重大危险源。

1. 重大危险源的分类

GB 18218—2014《危险化学品重大危险源辨识》标准中，根据危险物质的不同特性，给出了78种危险物质的生产场所和储存区的“临界量”。另外，根据危险化学品类别又给出了一些危险化学品的临界量。

随着安全管理工作的深入开展，发现危险化学品的生产、使用、储存过程中，造成巨大伤害和重大损失的远不止易燃、易爆及有毒害的化学品事故，在化学品的生产、使用、储存过程中，锅炉、压力容器、压力管道等设备及建（构）筑物，也常常由于突发性重大事故造成重大损失。

危险化学品企业的重大危险源分为7类。

（1）易燃、易爆、有害物质的储罐区（或单个储罐）；

（2）易燃、易爆、有毒物质的库区；

（3）具有火灾、爆炸、中毒危险的生产场所；

（4）企业危险建（构）筑物；

（5）压力管道；

（6）锅炉；

（7）压力容器。

2. 重大危险源的辨识

在划分评价单元和确定评价方法之前，除了应对企业涉及的危险化学品的危险有害因素进行分析以外，还应对重大危险源进行辨识，因为这是划分评价单元、确定所用评价方法的主要依据之一。

（1）易燃、易爆、有毒介质的罐区、库区和生产现场的容器　对于易燃、易爆、有毒介质的罐区、库区和生产现场的容器，仍按GB 18218—2014《危险化学品重大危险源辨识》标准进行计算和判断。

（2）关于压力管道、锅炉和压力容器构成重大危险源的规定

① 压力管道（这里指工业管道）

a. 输送极度、高度危害的气体、液化气体介质，且公称直径≥100mm的管道；

b. 输送极度、高度危害的液体介质，甲、乙类可燃气体，甲类可燃液体介质，且公称直径≥100mm，使用压力≥4MPa的管道；

c. 输送其他可燃、有毒液体介质，且公称直径≥100mm，使用压力≥4MPa，设计温度≥400℃的管道。

② 锅炉

a. 蒸汽锅炉　额定蒸汽压力大于2.5MPa，且额定蒸发量≥10t/h的锅炉。

b. 热水锅炉　额定出水温度≥120℃，且额定功率≥14MW的锅炉。

③ 压力容器

a. 介质毒性为极度、高度或中度危害的三类压力容器；

b. 易燃介质的最高工作压力≥0.1MPa，且 pV≥100MPa·m^3 的压力容器。

另外，对危险化学品生产企业在用的生产厂房、库房、办公用房及其他建筑设施的安全性，也应进行评价。

实际生产过程中存在的危险有害因素往往不是单一的，常常相互影响、相互关联，因此，在进行危险有害因素辨识的过程中，不能顾此失彼，遗留隐患。

有人在编写危险化学品生产企业安全评价报告时，往往只对易燃、易爆和有毒物质进行重大危险源辨识，忽略了对锅炉、压力容器和压力管道的辨识，这是不够全面的。

对生产企业进行安全评价，除对生产场所和储存区（包括储罐区和库区）危险化学品进行重大危险源辨识外，还应对企业的锅炉、压力容器、压力管道进行辨识。构成重大危险源的，找出其存在的事故隐患，提出安全对策措施，并要求企业对构成重大危险源的锅炉、压力容器和压力管道建立有针对性的管理制度，如：建立责任制、完善的设备档案、安全检查制度及安全检查台账等。

（3）危险源的界定　在对易燃、易爆、有毒物质进行重大危险源辨识时，首先需要查出该物质的临界量，应当根据储罐（或桶装化学品堆场）距建筑物的距离来进行判断。目前还没有明确的距离界定标准。根据《建筑设计防火规范》，甲、乙类液体储罐与建筑物的防火距离要求与危险物品的储存量有关，储存量小于 50m^3 时，距建筑物的最小安全距离为 20m（四级建筑），如果是甲、乙类厂房、明火散发地及民用建筑，距离还应增加 25%，即安全距离为 25m；储存量小于 200m^3 时，最小安全距离为 25m（四级建筑），距明火散发地等处的安全距离为 31.3m。

危险化学品的储存量为 200m^3 或大于 200m^3 时，无需再进行界定，其储存量（重量）已经达到储存区的临界量（硝铵除外），即可认为该物质已构成重大危险源。

对于甲、乙类液体储罐，如果储存量不大（200m^3 以下），储罐距建筑物的距离在 35m 以外，笔者认为，尽管储罐在生产区，可以按储罐区考虑，以储罐区临界量进行判断。反之，储罐距建筑物小于 35m，可按生产场所考虑，以生产场所临界量进行判断。

第二节　安全风险评价

一、安全评价概述

安全评价在欧美各国被称为“风险评估”或“风险评价”（risk assessment）。

在日本，为了顺应人们的心理，改称为“安全评价”。或许是受日本的影响，在我国多称之为“安全评价”。安全评价是以保障安全为目的，按照科学的程序和方法，从系统的角度出发对工程项目或工业生产中潜在危险进行预先的识别、分析和评估，为制订基本防灾措施和管理决策提供依据。

1. 安全评价的内容

20 世纪 60 年代初，安全评价技术起源于美国。美国空军倡导系统安全工程评价方法，而美国道化学公司则首创了危险指数评价方法，迄今为止已逐渐形成了并行不悖的两大流派。

不论哪一种评价方法，其主要内容不外乎以下几个方面：危险的识别；危险的定量；定量化的危险与基准值比较；提出控制危险的措施。危险的识别是分析所研究对象存在的各种危险；危险的定量则是研究确定这些危险发生的频率及可能造成的后果，一般将定量化的危险称之为风险；与基准值比较是将这些风险与预定的风险值相比较，判断是否可以接受；最后即是根据风险能否接受而提出的降低、排除、转移风险的对策。

2. 安全评价的特点

安全评价的系统、预测和定量的特点从一开始就引起人们的极大兴趣。它的产生和发展造成了对传统安全管理体制的冲击，促进了现代安全管理体制的建立；它对现有安全技术的成效做出评判并提示新的安全对策，促进了安全技术的发展。

与传统的安全分析和安全管理相比，安全评价的主要特点如下：

（1）确立了系统安全的观点　随着生产规模的扩大、生产技术的日趋复杂和连续化生产的实现，系统往往由许多子系统构成。为了保证系统的安全，就必须研究每一个子系统，另外，各个子系统之间的“接点”往往会被忽略而引发事故，因而“接点”的危险性不容忽视。安全评价是以整个系统安全为目标的，因此不能孤立地对子系统进行研究和分析，而要从全局的观点出发，才能寻求到最佳的、有效的防灾途径。

（2）开发了事故预测技术　传统的安全管理颇有些“亡羊补牢”的意味，即从已经发生的事故中吸取教训，这当然是必要的。但是有些事故的代价太大，必须预先采取相应的防范措施。安全评价的目的是预先发现、识别可能导致事故发生的危险因素，以便于在事故发生之前采取措施消除、控制这些因素，防止事故的发生。

（3）对安全做定量描述　安全评价对安全作定量化分析，把安全从抽象的概念转化为数量指标，从而为安全管理、事故预测和选择最优化方案等提供了科学依据。

虽然在某种意义上说，安全评价是一种创新，但它毕竟是从传统的安全分析和安全管理的基础上发展起来的，因此，传统安全管理的宝贵经验和从过去事故中汲取的教训对于安全评价依然是十分重要的。

3. 安全评价的地位和作用

安全评价的上述特点，使它在杜绝、减少事故的发生，降低灾害带来的损失及事故原因分析诸方面均发挥了重要的作用，受到世界各国的重视。安全评价已越来越多地列入各国法规、标准以及国际化组织有关规范的条款中，这表明安全评价已正式确立了它在生产中的地位。

二、安全评价的现状与发展

1. 国外安全评价概况

安全评价起源于20世纪30年代美国的保险业。保险公司为客户承担各种风险，必然要收取一定的费用，而收取费用的多少是由所承担的风险大小决定的。因此，就产生了一个衡量风险程度的问题，这个衡量风险程度的过程就是当时美国保险协会所从事的风险评价。安全评价技术在20世纪60年代得到了很大的发展，首先使用于美国军事工业，1962年4月美国公布了第一个有关系统安全的说明书“空军弹道导弹系统安全工程”，以此对民兵式导弹计划有关的承包商提出了系统安全的要求，这是系统安全理论的首次实际应用。1969年美国国防部批准颁布了最具有代表性的系统安全军事标准《系统安全大纲要点》(MIL-STD-822)，对完成系统在安全方面的目标、计划和手段，包括设计、措施和评价，提出了具体要求和程序，此项标准于1977年修订为MIL-STD-822A，1984年又修订为MIL-STD-822B，该标准对系统整个寿命周期中的安全要求、安全工作项目都做了具体规定。我国于1990年10月由国防科学技术工业委员会批准发布了类似美国军用标准MIL-STD-822B的军用标准《系统安全性通用大纲》(GJB 900—1990)。MIL-STD-822系统安全标准从一开始实施，就对世界安全和防火领域产生了巨大影响，迅速被日本、英国和欧洲其他国家引进使用。此后，系统安全工程方法陆续推广到航空、航天、核工业、石油、化工等领域，并不断发展、完善，成为现代系统安全工程的一种新的理论、方法体系，在当今安全科学中占有非常重要的地位。

系统安全工程的发展和应用，为预测、预防事故的系统安全评价奠定了可靠的基础。安全评价的现实作用又促使许多国家政府、企业集团加强对安全评价的研究，开发自己的评价方法，对系统进行事先、事后的评价，分析、预测系统的安全可靠性，努力避免不必要的损失。

1964年美国道化学公司根据化工生产的特点，首先开发出“火灾、爆炸危险指数评价法”，用于对化工装置进行安全评价，该法已修订6次，1993年发展到第七版。它是以单元重要危险物质在标准状态下的火灾、爆炸或释放出危险性潜在能量的大小为基础，同时考虑工艺过程的危险性，计算单元火灾爆炸指数

(F&EI)，确定危险等级，并提出安全对策措施，使危险降低到人们可以接受的程度。由于该评价方法日趋科学、合理、切合实际，在世界工业界得到一定程度的应用，引起各国的广泛研究、探讨，推动了评价方法的发展。1974 年英国帝国化学公司蒙德分部在道化学公司评价方法的基础上引进了毒性概念，并发展了某些补偿系数，提出了“蒙德火灾、爆炸、毒性指标评价法”。1974 年美国原子能委员会在没有核电站事故先例的情况下，应用系统安全工程分析方法，提出了著名的《核电站风险报告》(WASH-1400)，并被以后发生的核电站事故所证实。1976 年日本劳动省颁布了“化工厂安全评价六阶段法”，该法采用了一整套系统安全工程的综合分析和评价方法，使化工厂的安全性在规划、设计阶段就得到充分的保证，并陆续开发了匹田法等评价方法。由于安全评价技术的发展，安全评价已在现代企业管理中占有优先的地位。由于安全评价在减少事故，特别是重大恶性事故方面取得的巨大效益，许多国家政府和企业愿意投入巨额资金进行安全评价，美国原子能委员会 1974 年发表的《核电站风险报告》就用了 70 人·年的工作量，耗资 300 万美元。据统计美国各公司共雇佣了 3000 名左右的风险专业评价和管理人员，美国、加拿大等国就有 50 余家专门进行安全评价的“安全评价咨询公司”，且业务繁忙。当前，大多数工业发达国家已将安全评价作为工厂设计和选址、系统设计、工艺过程、事故预防措施及制订应急计划的重要依据。近年来，为了适应安全评价的需要，世界各国开发了包括危险辨识、事故后果模型、事故频率分析、综合危险定量分析等内容的商用安全评价计算机软件包，随着信息处理技术和事故预防技术的进步，新的实用安全评价软件不断地进入市场。计算机安全评价软件包可以帮助人们找出导致事故发生的主要原因，认识潜在事故的严重程度，并确定降低危险的方法。

2. 我国安全评价现状

20 世纪 80 年代初期，安全系统工程、安全评价引入我国，受到许多大中型企业和行业管理部门的高度重视。通过吸收、消化国外安全检查表和安全分析方法，机械、冶金、化工、航空、航天等行业的有关企业开始应用安全分析评价方法，如安全检查表 (SCL)、事故树分析 (FTA)、故障类型及影响分析 (FMFA)、事件树分析 (ETA)、预先危险性分析 (PHA)、危险与可操作性研究 (HAZOP)、作业条件危险性评价 (LEC) 等。此外，一些石油、化工等易燃、易爆危险性较大的企业，应用道化学公司火灾、爆炸危险指数评价方法进行了安全评价，许多行业和地方政府有关部门制定了安全检查表和安全评价标准。

为推动和促进安全评价方法在我国企业安全管理中的实践和应用，1986 年劳动人事部分别向有关科研单位下达了机械工厂危险程度分级、化工厂危险程度分级、冶金工厂危险程度分级等科研项目。

1987 年机械电子部首先提出了在机械行业内开展机械工厂安全评价，并于

1988年1月1日颁布了第一个部颁安全评价标准《机械工厂安全性评价标准》，1997年进行修订，颁布了修订版。由原化工部劳动保护研究所提出的化工厂危险程度分级方法是在吸收道化学公司火灾、爆炸危险指数评价方法的基础上，通过计算物质指数、物量指数和工艺参数、设备系数、厂房系数、安全系数、环境系数等，得出工厂的固有危险指数，进行固有危险性分级，用工厂安全管理的等级修正工厂固有危险等级后，得出工厂的危险等级。

《机械工厂安全性评价标准》已应用于我国1000多家企业，化工厂危险程度分级方法和冶金工厂危险程度分级方法等也在相应行业的几十家企业进行了实践。

1992年，国家技术监督局发布了《光气及光气化产品生产装置安全评价通则》（GB 13548—92）强制性国家标准，标准中规定了安全评价的原则和方法。1992年10月，中国石化总公司颁发了《石油化工企业安全性综合评价办法》，此外，我国有关部门还颁布了《电子企业安全性评价标准》《航空航天工业工厂安全评价规程》《兵器工业机械工厂安全性评价方法和标准》《医药工业企业安全性评价通则》等。

1991年国家“八五”科技攻关课题中，安全评价方法研究被列为重点攻关项目。由劳动部劳动保护科学研究所、化工部劳动保护研究所等单位完成的“易燃、易爆、有毒重大危险源辨识评价技术研究”，将重大危险源评价分为固有危险性评价和现实危险性评价，后者是在前者的基础上考虑各种控制因素，反映了人对控制事故发生和事故后果扩大的主观能动作用。固有危险性评价主要反映物质的固有特性，危险物质生产过程的特点和危险单元内、外部环境状况，分为事故易发性评价和事故严重度评价。事故易发性取决于危险物质事故易发性与工艺过程危险性的耦合。易燃、易爆、有毒重大危险源辨识评价方法填补了我国跨行业重大危险源评价方法的空白，在事故严重度评价中建立了伤害模型库，采用了定量的计算方法，使我国工业安全评价方法的研究从定性评价进入定量评价阶段。

1996年10月劳动部颁发了第3号令，规定6类建设项目必须进行劳动安全卫生预评价。预评价是根据建设项目的可行性研究报告内容，运用科学的评价方法，分析和预测该建设项目存在的职业危险有害因素的种类和危险、危害程度，提出合理可行的安全技术和管理对策，作为该建设项目初步设计中安全技术设计和安全管理、监察的主要依据。与之配套的规定、标准还有劳动部第10号令、第11号令和部颁标准《建设项目（工程）劳动安全卫生预评价导则》（LD/T 106—1998）。这些法规和标准在进行预评价的阶段、预评价承担单位的资质、预计价程序、预评价大纲和报告的主要内容等方面做了详细的规定，规范和促进了建设项目安全预评价工作的开展。国务院机构改革后，国家安全生产监督管理局重申要继续做好建设项目安全预评价、安全验收评价、安全现状综合评价及专项安全评价。

2002年6月20日中华人民共和国第70号主席令颁布了《中华人民共和国安全生产法》，规定生产经营单位的建设项目必须实施“三同时”，同时还规定矿山建设项目和用于生产、储存危险物品的建设项目应进行安全条件论证和安全评价。《中华人民共和国安全生产法》的颁布，将进一步推动安全评价工作向更广、更深的方向发展。2014年8月30日，国家主席13号令，将《中华人民共和国安全生产法》进行了修订。

尽管国内外已研究开发出几十种安全评价方法和商业化的安全评价软件包，但每种评价方法都有一定的适用范围和限度。定性评价方法主要依靠经验判断，不同类型评价对象的评价结果没有可比性。美国道化学公司开发的火灾、爆炸危险指数评价法主要用于评价规划和运行的石油、化工企业生产、储存装置的火灾、爆炸危险性，该方法在指标选取和参数确定等方面还存在缺陷。概率风险评价方法以人机系统可靠性分析为基础，要求具备评价对象的原部件和子系统以及人的可靠性数据库和相关的事故后果伤害模型。定量安全评价方法的完善，还需进一步研究各类事故后果模型、事故经济损失评价方法、事故对生态环境影响评价方法、人的行为安全性评价方法以及不同行业可接受的风险标准等。

三、安全评价内容和分类

1. 安全评价内容

安全评价是一个利用安全系统工程原理和方法识别和评价系统、工程存在的风险的过程，这一过程包括危险有害因素识别及危险和危害程度评价两部分。危险有害因素识别的目的在于识别危险来源；危险和危害程度评价的目的在于确定和衡量来自危险源的危险性及危险程度及应采取的控制措施，以及采取控制措施后仍然存在的危险性是否可以被接受。在实际的安全评价过程中，这两个方面是不能截然分开、孤立进行的，而是相互交叉、相互重叠于整个评价工作中。安全评价的基本内容见图3-2。

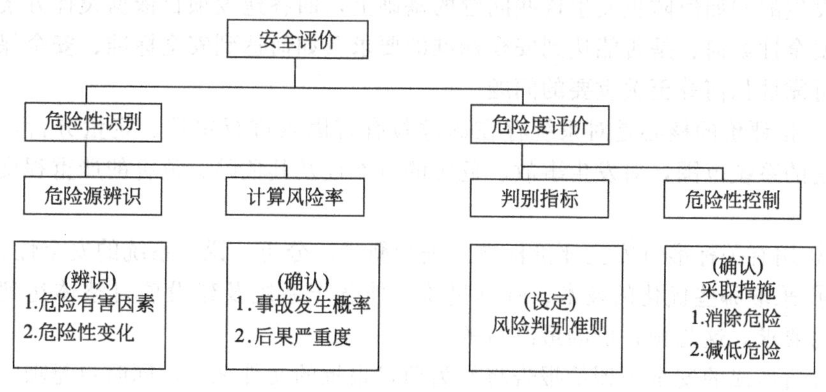

图3-2　安全评价的基本内容

随着现代科学技术的发展，在安全技术领域里，由以往主要研究、处理那些已经发生和必然发生的事件，发展为主要研究、处理那些还没有发生，但有可能发生的事件，并把这种可能性具体化为一个数量指标，计算事故发生的概率，划分危险等级，制订安全标准和对策措施，并进行综合比较和评价，从中选择最佳的方案，预防事故的发生。安全评价通过危险性识别及危险度评价，客观地描述系统的危险程度，指导人们预先采取相应措施，来降低系统的危险性。

2. 分类

目前国内根据工程、系统生命周期和评价的目的将安全评价分为安全预评价、安全验收评价、安全现状综合评价和专项安全评价四类（实际它是三大类，即安全预评价、安全验收评价、安全现状评价，专项评价应属现状评价的一种，属于政府在特定的时期内进行专项整治时开展的评价）。

（1）安全预评价（设立安全评价） 安全预评价是根据建设项目可行性研究报告的内容，分析和预测该建设项目可能存在的危险有害因素的种类和程度，提出合理可行的安全对策措施及建议。

安全预评价实际上就是在项目建设前应用安全评价的原理和方法对系统（工程、项目）的危险性、危害性进行预测性评价。

安全预评价以拟建建设项目作为研究对象，根据建设项目可行性研究报告提供的生产工艺过程、使用和产出的物质、主要设备和操作条件等，研究系统固有的危险及有害因素，应用系统安全工程的方法，对系统的危险性和危害性进行定性、定量分析，确定系统的危险有害因素及其危险、危害程度；针对主要危险有害因素及其可能产生的危险、危害后果提出消除、预防和降低的对策措施；评价采取措施后的系统是否能满足规定的安全要求，从而得出建设项目应如何设计、管理才能达到安全指标要求的结论。概括来说，即：

① 预评价是一种有目的的行为，它是在研究事故和危害为什么会发生、是怎样发生的和如何防止发生这些问题的基础上，回答建设项目依据设计方案建成后的安全性如何、是否能达到安全标准的要求及如何达到安全标准、安全保障体系的可靠性如何等至关重要的问题。

② 预评价的核心是对系统存在的危险有害因素进行定性、定量分析，即针对特定的系统范围，对发生事故、危害的可能性及其危险、危害的严重程度进行评价。

③ 用有关标准（安全评价标准）进行衡量，分析、说明系统的安全性。

④ 采取哪些优化的技术、管理措施，使各子系统及建设项目整体达到安全标准的要求，这是预评价的最终目的。

最后形成的安全预评价报告将作为项目报批的文件之一，同时也是项目最终设计的重要依据文件之一（具体地说安全预评价报告主要提供给建设单位、设计单位、业主、政府管理部门，在设计阶段必须落实安全预评价所提出的各项措施，切实做到建设项目在设计中的“三同时”）。

（2）安全验收评价 安全验收评价是在建设项目竣工验收之前、试生产运行正常后，通过对建设项目的设施、设备、装置实际运行状况及管理状况的安全评价，查找该建设项目投产后存在的危险有害因素，确定其程度，提出合理可行的安全对策措施及建议。

安全验收评价是运用系统安全工程原理和方法，在项目建成试生产正常运行后，在正式投产前进行的一种检查性安全评价。它通过对系统存在的危险有害因素进行定性和定量的检查，判断系统在安全上的符合性和配套安全设施的有效性，从而做出评价结论并提出补救或补偿措施，以促进项目实现系统安全。

安全验收评价是为安全验收进行的技术准备，最终形成的安全验收评价报告将作为建设单位向政府安全生产监督管理机构申请建设项目安全验收审批的依据。另外，通过安全验收还可检查生产经营单位的安全生产保障，确认《安全生产法》的落实。

在安全验收评价中要查看安全预评价在初步设计中的落实，初步设计中的各项安全措施落实的情况，以及施工过程中的安全监理记录，安全设施调试、运行和检测情况等等，以及隐蔽工程等安全落实情况，同时落实各项安全管理制度措施等等。

（3）安全现状综合评价 安全现状综合评价是针对系统、工程的（某一个生产经营单位总体或局部的生产经营活动的）安全现状进行的安全评价，通过评价查找其存在的危险有害因素，确定其程度，提出合理可行的安全对策措施及建议。

这种对在用生产装置、设备、设施、储存、运输及安全管理状况进行的全面综合安全评价，是根据政府有关法规的规定或是根据生产经营单位职业安全、健康、环境保护的管理要求进行的，主要内容包括：

① 全面收集评价所需的信息资料，采用合适的安全评价方法进行危险识别，给出量化的安全状态参数值。

② 对于可能造成重大后果的事故隐患，采用相应的数学模型，进行事故模拟，预测极端情况下的影响范围，分析事故的最大损失，以及发生事故的概率。

③ 对发现的隐患，根据量化的安全状态参数值、整改的优先度进行排序。

④提出整改措施与建议。

评价形成的现状综合评价报告的内容应纳入生产经营单位安全隐患整改和安全管理计划，并按计划加以实施和检查。

（4）专项安全评价 专项安全评价是根据政府有关管理部门的要求进行的，对专项安全问题进行的专题安全分析评价，如危险化学品专项安全评价、非煤矿山专项评价等。

专项安全评价是针对某一项活动或场所，如一个特定的行业、产品、生产方式、生产工艺或生产装置等，存在的危险有害因素进行的安全评价，目的是查找其存在的危险有害因素，确定其程度，提出合理可行的安全对策措施及建议。

如果生产经营单位是生产或储存、销售剧毒化学品的企业，评价所形成的专项安全评价报告则是上级主管部门批准其获得或保持生产经营营业执照所要求的文件之一。

四、安全评价依据

1. 引用法律法规

(1)《中华人民共和国劳动法》。

(2)《中华人民共和国安全生产法》。

(3)《中华人民共和国矿山安全法》。

(4)《危险化学品安全管理条例》。

(5) 其他适用于安全评价的法律法规。

2. 安全评价通则

(1)《安全评价通则》 本通则适用于工程、系统的安全评价。

(2) 安全评价基本原则 安全评价基本原则是具备国家规定资质的安全评价机构科学、公正和合法地自主开展安全评价。

(3) 安全评价目的 安全评价目的是查找、分析和预测工程、系统存在的危险有害因素及危险、危害程度，提出合理可行的安全对策措施，指导危险源监控和事故预防，以达到最低事故率、最少损失和最优的安全投资效益。

(4) 安全评价分类 安全评价分为安全预评价、安全验收评价、安全现状综合评价、专项安全评价。

(5) 安全评价定义 安全评价是以实现工程、系统安全为目的，应用安全系统工程原理和方法，对工程、系统中存在的危险有害因素进行辨识与分析，判断工程、系统发生事故和职业危害的可能性及其严重程度，从而为制订防范措施和管理决策提供科学依据。

(6) 安全评价内容 安全评价内容包括危险性识别和危险度评价。

(7) 安全评价程序

① 准备阶段 明确被评价对象和范围，收集国内外相关法律法规、技术标准及工程、系统的技术资料。

② 危险有害因素辨识与分析 根据被评价的工程、系统的情况，辨识和分析危险有害因素，确定危险有害因素存在的部位、存在的方式、事故发生的途径及其变化的规律。

③ 定性、定量评价 在危险有害因素辨识和分析的基础上，划分评价单元，选择合理的评价方法，对工程、系统发生事故的可能性和严重程度进行定性、定

量评价。

④ 安全对策措施　根据定性、定量评价结果，提出消除或减弱危险有害因素的技术和管理措施及建议。

⑤ 安全评价结论及建议　简要地列出主要危险有害因素的评价结果，指出工程、系统应重点防范的重大危险因素，明确生产经营者应重视的重要安全措施。

⑥ 安全评价报告编制　依据安全评价结果编制相应的安全评价报告。

(8) 安全评价报告评审与管理　安全评价报告评审与管理包括组织专家评审、审查备案。

3. 安全预评价导则

《安全预评价导则》适用于建设项目（矿山建设项目除外）的安全预评价。

(1) 建设项目　建设项目是指生产经营单位新建、改建、扩建工程项目。

(2) 安全预评价　安全预评价是根据建设项目可行性研究报告内容，分析和预测该建设项目可能存在的危险有害因素的种类和程度，提出合理可行的安全对策措施及建议。

(3) 安全预评价内容　安全预评价内容主要包括危险有害因素识别、危险度评价和安全对策措施及建议。

(4) 安全预评价程序　准备阶段；危险有害因素识别与分析；确定安全预评价单元；选择安全预评价方法；定性、定量评价；安全对策措施及建议；安全预评价结论；编制安全预评价报告。

(5) 安全预评价报告内容　概述；生产工艺简介；安全预评价方法和评价单元；定性、定量评价；安全对策措施及建议；安全预评价结论。

(6) 安全预评价报告审查与管理　建设单位按有关要求将安全预评价报告交由具备能力的行业组织或具备相应资质条件的中介机构组织专家进行技术评审，并由专家评审组提出评审意见。

4. 安全验收评价导则

《安全验收评价导则》适用于建设项目（矿山建设项目除外）的安全验收评价。

(1) 安全验收评价　安全验收评价是在建设项目竣工、试生产运行正常后，通过对建设项目的设施、设备、装置实际运行状况及管理状况的安全评价，查找该建设项目投产后存在的危险有害因素的种类和程度，提出合理可行的安全对策措施及建议。

(2) 安全验收评价内容　检查建设项目中安全设施是否已与主体工程同时设计，同时施工，同时投入生产和使用；评价建设项目及与之配套的安全设施是否符合国家有关安全生产的法律法规和技术标准；从整体上评价建设项目的运行状况和安全管理是否正常、安全、可靠。

(3) 安全验收评价程序　前期准备；编制安全验收评价计划；安全验收评价现场检查；编制安全验收评价报告；安全验收评价报告评审。

(4) 安全验收评价报告主要内容　概述；主要危险有害因素识别；总体布局及常规防护设施措施评价；易燃、易爆场所评价；有害因素安全控制措施评价；特种设备监督检验记录评价；强制检测设备、设施情况检查；电气安全评价；机械伤害防护设施评价；工艺设施安全联锁有效性评价；安全生产管理评价；安全验收评价结论；安全验收评价报告附件；安全验收评价报告附录。

5. 安全现状评价导则

《安全现状评价导则》适用于生产经营单位（矿山企业、石油和天然气开采生产企业除外）的安全现状评价。

(1) 安全现状评价　安全现状评价是在系统生命周期内的生产运行期，通过对生产经营单位的生产设施、设备、装置实际运行状况及管理状况的调查、分析，运用安全系统工程的方法，进行危险有害因素的识别及其危险度的评价，查找该系统生产运行中存在的事故隐患并判定其危险程度，提出合理可行的安全对策措施及建议，使系统在生产运行期内的安全风险控制在安全、合理的程度内。

(2) 安全现状评价内容

① 收集评价所需的信息资料，采用恰当的方法进行危险有害因素识别；

② 对于可能造成重大后果的事故隐患，采用科学合理的安全评价方法建立相应的数学模型进行事故模拟，预测极端情况下事故的影响范围、最大损失，以及发生事故的可能性或概率，给出量化的安全状态参数值；

③ 对发现的事故隐患，根据量化的安全状态参数值，进行整改优先度排序；

④ 提出安全对策措施与建议。

(3) 安全现状评价工作程序　前期准备；危险有害因素和事故隐患的识别；定性、定量评价；安全管理现状评价；确定安全对策措施及建议；确定评价结论；安全现状评价报告完成。

(4) 安全现状评价报告主要内容　前言；目录；评价项目概述；评价程序和评价方法；危险有害因素分析；定性、定量评价及计算；事故原因分析与重大事故的模拟；对策措施与建议；评价结论。

6. 专项安全评价

专项安全评价是针对某一项活动或场所，以及一个特定的行业、产品、生产方式、生产工艺或生产装置等存在的危险有害因素进行的安全评价，查找其存在的危险有害因素，确定其程度并提出合理可行的安全对策措施及建议。

7. 非煤矿安全评价导则

《非煤矿山安全评价导则》适用于非煤矿山（石油、天然气开采业除外）的建设项目安全预评价、安全验收评价和非煤矿山安全现状综合评价。

（1）非煤矿山　开采金属矿石、放射性矿石以及作为石油化工原料、建筑材料、辅助原料、耐火材料及其他非金属矿物（煤炭除外）的矿山。

（2）非煤矿山安全评价内容　非煤矿山安全管理对确保矿山安全生产的适应性；核实检查矿山井巷、地下开采、露天开采、提升运输、通风防尘、尾矿库、排土场、炸药库、防排水、防灭火、充填、供电、供水、供气、通信、边坡等场所及设备、设施的情况是否符合安全生产法律法规和技术标准的要求；进行矿山重大危险有害因素的危险度评价；提出合理可行的安全对策措施及建议。

（3）非煤矿山安全评价程序　前期准备（区分非煤地下矿山、非煤露天矿山）；危险有害因素识别与分析；划分评价单元；选择评价方法，进行定性、定量评价；提出安全对策措施及建议；做出安全评价结论；编制安全评价报告；安全评价报告评审等。

（4）非煤矿山安全评价报告内容　安全评价依据；被评价单位基本情况；主要危险有害因素识别；评价单元的划分与评价方法选择；定性、定量评价；建议补充的安全对策措施；评价结论。

8. 非煤矿矿山建设项目安全设施设计审查与竣工验收办法

《非煤矿矿山建设项目安全设施设计审查与竣工验收办法》适用于非煤矿矿山建设项目（是指非煤矿矿山新建、改建和扩建的工程项目）的安全设施的设计审查和竣工验收及其监督管理工作。

（1）建设项目应当进行安全评价，其初步设计应当按照规定编制安全专篇。

（2）建设项目安全设施的设计应当符合工程建设强制性标准和行业技术规范。

（3）建设项目的安全评价包括安全预评价和安全验收评价。建设项目在可行性研究阶段，应当进行安全预评价；建设项目在投入生产或者使用前，应当进行安全验收评价。

（4）建设项目的安全评价应当由具有相应资质的安全评价机构承担。

（5）非煤矿矿山建设单位应当与承担建设项目安全评价的安全评价机构签订书面委托合同，明确各自的权利和义务。

（6）建设项目安全预评价报告应当包括下列内容：主要危险有害因素和危害程度以及对公共安全影响的定性、定量评价；预防和控制主要危险有害因素的可能性评价；可能造成职业危害的评价；安全对策措施、安全设施设计原则；预评价结论；其他需要说明的事项。

（7）建设项目安全验收评价报告应当包括下列内容：安全设施符合法律、法规、标准和规程规定以及设计文件的评价；安全设施在生产或者使用中的有效性评价；职业危害防治措施的有效性评价；建设项目的整体安全性评价；存在的安全问题和解决问题的建议；安全验收评价结论；其他需要说明的事项。

9. 危险化学品生产企业安全评价导则

《危险化学品生产企业安全评价导则（试行）》适用于危险化学品生产企业及其分支机构、生产单位现状的安全评价。

(1) 化学品定义　指各种化学元素、由元素组成的化合物及其混合物，包括天然的或者人造的。

(2) 危险化学品定义　指具有易燃、易爆、有毒、有害及有腐蚀特性，会对人员、设施、环境造成伤害或损害的化学品，包括爆炸品、压缩气体和液化气体、易燃液体、易燃固体、自燃物品和遇湿易燃物品、氧化剂和有机过氧化物、有毒品、腐蚀品等。

(3) 危险化学品生产企业定义　指依法设立且取得企业法人营业执照的从事危险化学品生产的企业，包括最终产品或者中间产品列入《危险化学品名录》的危险化学品的生产企业。

(4) 安全评价内容　危险有害因素；生产装置、设施的企业外部周边情况；生产装置、设施所在地的自然条件；生产过程中固有的危险有害程度；安全生产条件。

(5) 安全评价工作程序　确定安全现状评价范围；收集、整理安全评价所需资料；确定安全评价采用的安全评价方法；定性、定量分析安全评价内容；与被评价单位交换意见；整理、归纳安全评价结果；编制安全评价报告。

(6) 安全评价范围　根据国家有关规定和被评价单位的实际需要，由被评价单位和评价单位共同协商确定安全评价的范围。

(7) 安全评价报告主要内容　编制说明；被评价单位概况；安全评价的范围；安全评价程序；采用的安全评价方法；危险有害因素分析结果；定性、定量分析安全评价内容的结果。

10. 危险化学品经营单位安全评价导则

《危险化学品经营单位安全评价导则（试行）》（2003 年 4 月 1 日安监管管二字［2003］38 号）适用于对危险化学品经营单位的安全评价。本导则不适用于危险化学品长输管道的安全评价。

(1) 安全评价的基本内容　《危险化学品安全管理条例》第二十八条规定的经营单位具备的条件；《危险化学品经营许可证管理办法》第六条规定的经营单位具备的基本条件；《关于〈危险化学品经营许可证管理办法〉的实施意见》规定的经营单位基本条件。

(2) 安全评价程序

① 前期准备工作　根据被评价单位的委托书，索取本导则第 3 章所列被评价单位的营业执照或企业名称预先核定通知书、租赁合同和相关批准文件的复印

件；与被评价单位签订安全评价合同；组建安全评价组，了解被评价单位的情况，收集有关资料。

② 现场检查和评价　按本导则“安全评价的前提条件”的要求查验被评价单位所提供文件或合同复印件的真实性；根据现场实际，辨识危险有害因素，分析危险有害因素可能导致生产安全事故的原因；根据经营单位实际，划分评价单元；针对危险有害因素及现场情况，应用《危险化学品经营单位安全评价现场检查表》，对现场设施、装置、防护措施和管理措施进行评价。如有必要，对构成重大危险源的部分可采用其他评价方法进行针对性评价；提出建议补充的安全对策措施。

③ 针对不符合安全要求的问题提出的对策措施可进行复查，确认整改后已符合要求。

④ 编制安全评价报告。

(3) 安全评价报告的内容　安全评价的依据；被评价单位的基本情况；主要危险有害因素辨识，评价方法的选择，评价单元的划分；危险化学品经营单位安全评价现场检查表；分析评价；建议补充的安全对策措施；整改情况的复查；评价结论。

(4) 评价结论　符合安全要求、基本符合安全要求、未能符合安全要求三种结论。

11. 石油天然气管道安全监督与管理

《石油天然气管道安全监督与管理暂行规定》适用于中华人民共和国陆上输送石油、天然气的管道（以下简称石油管道）及其附属设施。

(1) 管道勘察设计工程项目应当按有关规定通过安全卫生预评价评审后，方可进行初步设计。

(2) 管道勘察设计工程项目的初步设计审查，应当同时审查职业安全卫生专篇、消防专篇和环境保护专篇，安全设施应与主体工程同时设计，同时施工，同时投入使用。

(3) 本规定所称石油管道，是指将油气田、炼油厂、储备库、码头等的原油、天然气、成品油输送到用户或接收站的管道及将油气井生产的油气汇集、运输、集中储存的输送管道。

(4) 本规定所称石油企业，是指从事石油天然气生产、储运、销售、加工的企业。

五、安全评价方法

安全评价方法是进行定性、定量安全评价的工具。安全评价内容十分丰富，安全评价目的和对象的不同，安全评价的内容和指标也不同。目前，安全评价方法有很多种，每种评价方法都有其适用范围和应用条件。在进行安全评价时，应该根据安全评价对象和要实现的安全评价目标，选择适用的安全评价方法。

1. 安全评价方法分类

安全评价方法分类的目的是为了根据安全评价对象选择适用的评价方法。安全评价方法的分类方法很多，常用的有按评价结果的量化程度分类法、按评价的推理过程分类法、按针对的系统性质分类法、按安全评价要达到的目的分类法等。

（1）按评价结果的量化程度分类法　按照安全评价结果的量化程度，安全评价方法可分为定性安全评价方法和定量安全评价方法。

①定性安全评价方法。定性安全评价方法主要是根据经验和直观判断能力对生产系统的工艺、设备、设施、环境、人员和管理等方面的状况进行定性的分析，安全评价的结果是一些定性的指标，如是否达到了某项安全指标、事故类别和导致事故发生的因素等。属于定性安全评价方法的有安全检查表、专家现场询问观察法、因素图分析法、事故引发和发展分析、作业条件危险性评价法（格雷厄姆-金尼法或 LEC 法）、故障类型和影响分析、危险可操作性研究等。

定性安全评价方法的特点是容易理解、便于掌握，评价过程简单。目前定性安全评价方法在国内外企业安全管理工作中被广泛使用。但定性安全评价方法往往依靠经验，带有一定的局限性，安全评价结果有时因参加评价人员的经验和经历等有相当大的差异。同时由于安全评价结果不能给出量化的危险度，所以不同类型的对象之间安全评价结果缺乏可比性。

② 定量安全评价方法。定量安全评价方法是运用基于大量的实验结果和广泛的事故资料统计分析获得的指标或规律（数学模型），对生产系统的工艺、设备、设施、环境、人员和管理等方面的状况进行定量的计算，安全评价的结果是一些定量的指标，如事故发生的概率、事故的伤害（或破坏）范围、定量的危险性、事故致因因素的事故关联度或重要度等。

按照安全评价给出的定量结果的类别不同，定量安全评价方法还可以分为概率风险评价法、伤害（或破坏）范围评价法和危险指数评价法。

a. 概率风险评价法。概率风险评价法是根据事故的基本致因因素的事故发生概率，应用数理统计中的概率分析方法，求取事故基本致因因素的关联度（或重要度）或整个评价系统的事故发生概率的安全评价方法。故障类型及影响分析、故障树分析、逻辑树分析、概率理论分析、马尔可夫模型分析、模糊矩阵法、统计图表分析法等都可以用基本致因因素的事故发生概率来计算整个评价系统的事故发生概率。

概率风险评价法是建立在大量的实验数据和事故统计分析基础之上的，因此评价结果的可信程度较高。由于能够直接给出系统的事故发生概率，因此便于各系统可能性大小的比较。特别是对于同一个系统，概率风险评价法可以给出发生不同事故的概率、不同事故致因因素的重要度，便于不同事故可能性和不同致因因素重要性的比较。但该类评价方法要求数据准确、充分，分析过程完整，判断和假设合理，特别是需要准确地给出基本致因因素的事故发生概率，显然这对一些复杂、存在不确定因素的系统是十分困难的。因此该类评价方法不适用于基本致因因素不确定或基本致因因素事故概率不能给出的系统。但是，随着计算机在安全评价中的应用，模糊数学理论、灰色系统理论和神经网络理论在安全评价中的应用，弥补了该类评价方法的一些不足，扩大了应用范围。

b. 伤害（或破坏）范围评价法。伤害（或破坏）范围评价法是根据事故的数学模型，应用数学计算方法，求取事故对人员的伤害范围或对物体的破坏范围的安全评价方法。液体泄漏模型、气体泄漏模型、气体绝热扩散模型、池火火焰与辐射强度评价模型、火球爆炸伤害模型、爆炸冲击波超压伤害模型、蒸气云爆炸超压破坏模型、毒物泄漏扩散模型和锅炉爆炸伤害 TNT 当量法都属于伤害（或破坏）范围评价法。

伤害（或破坏）范围评价法是应用数学模型进行计算，只要计算模型以及计算所需要的初值和边值选择合理，就可以获得可信的评价结果。评价结果是事故对人员的伤害范围或对物体的破坏范围，因此评价结果直观、可靠，评价结果可用于危险性分区，同时还可以进一步计算伤害区域内的人员及人员的伤害程度，以及破坏范围物体损坏程度和直接经济损失。但该类评价方法计算量比较大，一般需要使用计算机进行计算，特别是计算的初值和边值选取往往比较困难，而且评价结果对评价模型和初值和边值的依赖性很大，评价模型或初值和边值选择稍有不当或偏差，评价结果就会出现较大的失真。因此，该类评价方法适用于系统的事故模型和初值和边值比较确定的安全评价。

c. 危险指数评价法。危险指数评价法应用系统的事故危险指数模型，根据系统及其物质、设备（设施）和工艺的基本性质和状态，采用推算的办法，逐步给出事故的可能损失、引起事故发生或使事故扩大的设备、事故的危险性以及采取安全措施的有效性的安全评价方法。常用的危险指数评价法有道化学公司火灾、爆炸危险指数评价法，蒙德火灾、爆炸毒性指数评价法，易燃、易爆、有毒重大危险源评价法。

在危险指数评价法中，由于指数的采用，使得系统结构复杂，难以用概率计算事故可能性的问题，通过划分为若干个评价单元的办法得到了解决。这种评价方法，一般将有机联系的复杂系统，按照一定的原则划分为相对独立的若干个评价单元，针对评价单元逐步推算事故可能损失和事故危险性以及采取安全措施的有效性，再比较不同评价单元的评价结果，确定系统最危险的设备和条件。评价指数值同时含有事故发生可能性和事故后果两方面的因素，避免了事故概率和事故后果难以确定的缺点。该类评价方法的缺点是：采用的安全评价模型对系统安全保障设施（或设备、工艺）功能的重视不够，评价过程中的安全保障设施（或设备、工艺）的修正系数，一般只与设施（或设备、工艺）的设置条件和覆盖范围有关，而与设施（或设备、工艺）的功能多少、优劣等无关。特别是忽略了系统中的危险物质和安全保障设施（或设备、工艺）间的相互作用关系，而且，给定各因素的修正系数后，这些修正系数只是简单地相加或相乘，忽略了各因素之间的重要度的不同。因此，该类评价方法，只要系统中危险物质的种类和数量基本相同，系统工艺参数和空间分布基本相似，即使不同系统服务年限有很大不同而造成实际安全水平已经有了很大的差异，其评价结果也是基本相同的，从而导致该类评价方法的灵活性和敏感性较差。

(2) 其他安全评价分类法　按照安全评价的逻辑推理过程，安全评价方法可分为归纳推理评价法和演绎推理评价法。归纳推理评价法是从事故原因推论结果的评价方法，即从最基本的危险有害因素开始，逐渐分析导致事故发生的直接因素，最终分析到可能的事故。演绎推理评价法是从结果推论原因的评价方法，即从事故开始，推论导致事故发生的直接因素，再分析与直接因素相关的直接因素，最终分析和查找出致使事故发生的最基本的危险有害因素。

按照安全评价要达到的目的，安全评价方法可分为事故致因因素安全评价方法、危险性分级安全评价方法和事故后果安全评价方法。事故致因因素安全评价方法是采用逻辑推理的方法，由事故推论最基本的危险有害因素或由最基本的危险有害因素推论事故的评价法，该类方法适用于识别系统的危险有害因素和分析事故，这类方法一般属于定性安全评价法。危险性分级安全评价方法是通过定性或定量分析给出系统危险性的安全评价方法，该类方法适应于系统的危险性分级，该类方法可以是定性安全评价法，也可以是定量安全评价法。事故后果安全评价方法可以直接给出定量的事故后果，给出的事故后果可以是系统事故发生的概率、事故的伤害（或破坏）范围、事故的损失或定量的系统危险性等。

此外，按照评价对象的不同，安全评价方法可分为设备（设施或工艺）故障率评价法、人员失误率评价法、物质系数评价法、系统危险性评价法等。

2. 安全评价方法选择

任何一种安全评价方法都有其适用条件和范围，在安全评价中如果使用了不适用的安全评价方法，不仅浪费工作时间，影响评价工作正常开展，而且可能导致评价结果严重失真，使安全评价失败。因此，在安全评价中，合理选择安全评价方法是十分重要的。

(1) 安全评价方法的选择原则　在进行安全评价时，应该在认真分析并熟悉被评价系统的前提下，选择安全评价方法。选择安全评价方法应遵循充分性、适应性、系统性、针对性和合理性的原则。

① 充分性原则。充分性是指在选择安全评价方法之前，应该充分分析评价的系统，掌握足够多的安全评价方法，并充分了解各种安全评价方法的优缺点、适应条件和范围，同时为安全评价工作准备充分的资料。也就是说，在选择安全

评价方法之前，应准备好充分的资料，供选择时参考和使用。

② 适应性原则。适应性是指选择的安全评价方法应该适应被评价的系统。被评价的系统可能是由多个子系统构成的复杂系统，各子系统的评价的重点可能有所不同，各种安全评价方法都有其适应的条件和范围，应该根据系统和子系统、工艺的性质和状态，选择适应的安全评价方法。

③ 系统性原则。系统性是指安全评价方法与被评价的系统所能提供安全评价初值和边值条件应形成一个和谐的整体，也就是说，安全评价方法获得的可信的安全评价结果，是必须建立真实、合理和系统的基础数据之上的，被评价的系统应该能够提供所需的系统化数据和资料。

④ 针对性原则。针对性是指所选择的安全评价方法应该能够提供所需的结果。由于评价的目的不同，需要安全评价提供的结果可能是危险有害因素识别、事故发生的原因、事故发生概率、事故后果、系统的危险性等，安全评价方法能够给出所要求的结果才能被选用。

⑤ 合理性原则。在满足安全评价目的、能够提供所需的安全评价结果的前提下，应该选择计算过程最简单、所需基础数据最少和最容易获取的安全评价方法，使安全评价工作量和要获得的评价结果都是合理的，不要使安全评价出现无用的工作和不必要的麻烦。

(2) 安全评价方法的选择过程　不同的被评价系统，选择不同的安全评价方法，安全评价方法选择过程有所不同在选择安全评价方法时，应首先详细分析被评价的系统，明确通过安全评价要达到目标，即通过安全评价需要给出哪些、什么样的安全评价结果，然后应收集尽量多的安全评价方法，将安全评价方法进行分类整理，明确被评价的系统能够提供的基础数据、工艺和其他资料，根据安全评价要达到的目标以及所需的基础数据、工艺和其他资料，选择适用的安全评价方法。

(3) 选择安全评价方法应注意的问题　选择安全评价方法时应根据安全评价的特点、具体条件和需要，针对被评价系统的实际情况、特点和评价目标，经过认真地分析、比较。必要时，要根据评价目标的要求，选择几种安全评价方法进行安全评价，互相补充、分析综合和相互验证，以提高评价结果的可靠性。在选择安全评价方法时应该特别注意以下几方面的问题。

① 充分考虑被评价系统的特点。根据被评价系统的规模、组成、复杂程度、工艺类型、工艺过程、工艺参数以及原料、中间产品、产品、作业环境等，选择安全评价方法。

随着被评价的系统规模、复杂程度的增大，有些评价方法的工作量、工作时间和费用相应地增大，甚至超过容许的条件，在这种情况下，有些评价方法即使很适合，也不能采用。

任何安全评价方法都有一定的适用范围和条件。如危险指数评价法一般较适用于化工类工艺过程（系统）的安全评价，故障类型和影响因素分析适用于机械、电气系统的安全评价，而故障树评价法适用于分析基本的事故致因因素等。

一般而言，对危险性较大的系统可采用系统的定性、定量安全评价方法，工作量也较大，如故障树、危险指数评价法、TNT 当量法等。反之，可采用经验的定性安全评价方法或直接引用分级（分类）标准进行评价，如安全检查表、直观经验法或直接引用高处坠落危险性分级标准等。

被评价系统若同时存在几类危险有害因素，往往需要用几种安全评价方法集合分别进行评价。对于规模大、复杂、危险性高的系统可先用简单的定性安全评价方法进行评价筛选，然后再对重点部位（设备或设施）采用系统的定性或定量安全评价方法进行评价。

② 评价的具体目标和要求的最终结果。在安全评价中，由于评价目标不同，要求的评价最终结果是不同的，如查找引起事故的基本危险有害因素、由危险有害因素分析可能发生的事故、评价系统的事故发生可能性、评价系统的事故严重程度、评价系统的事故危险性、评价某危险有害因素对发生事故的影响程度等，因此需要根据被评价目标选择适用的安全评价方法。

③ 评价资料的占有情况。如果被评价系统技术资料、数据齐全，可进行定性、定量评价并选择合适的定性、定量评价方法。反之，如果是一个正在设计的系统，缺乏足够的数据资料或工艺参数不全，则只能选择较简单的、需要数据较少的安全评价方法。

④ 安全评价的人员。安全评价人员的知识、经验、习惯，对安全评价方法的选择是十分重要的。

一个企业进行安全评价是为了提高全体员工的安全意识，树立“以人为本”的安全理念，全面提高企业的安全管理水平。安全评价需要全体员工的参与，使他们能够识别出与自己作业相关的危险有害因素，找出事故隐患。这时应采用较简单的安全评价方法，并且便于员工掌握和使用，同时还要能够提供危险性的分级，因此作业条件危险性分析方法或类似评价方法是适用的。

一个企业为了某项工作的需要，请专业的安全评价机构进行安全评价，参加安全评价的人员都是专业的安全评价人员，他们有丰富的安全评价工作积累，掌握很多安全评价方法，甚至有专用的安全评价软件，因此可以使用定性、定量安全评价方法对评价的系统进行深入的分析和系统的安全评价。

第三节　安全风险控制

一、加强“三大规程”的执行力度

工艺规程、安全技术规程、操作规程是化工企业安全管理的重要组成部分，在危险化学品生产企业中称其为“三大规程”，是指导生产、保障安全的必不可少的作业法则，具有科学性、严肃性、技术性、普遍性。这一项是我们衡量一个生产企业科学管理水平的重要标志，我们在安全评价工作中发现，有的企业就认为有没有一个样，只要能生产就行，这是一个典型的化工生产“法盲”，孰不知这“三大规程”中的相关规定，是前人从生产实验、实践中得来的，用生命和血的代价编写出来的，具有其特殊性、真实性。在化工生产中人人不能违背，否则将受到惩罚。有的企业领导曾说：“我们以前就是这么干的（这种做法实际上是违章的），没出过什么事，不要紧。”这种麻痹思想绝对要不得，尤其是作为企业的负责人。违章不一定出事故，但是相反，出现事故的必然是违章而造成的，这就验证了海因里希“1∶29∶300”的著名法则。通俗地讲，多次违章必然会发生事故，多次小的事故发生，必然酝酿着重大事故的萌芽，这是我们常说的“安全第一，预防为主，综合治理”，安全工作超前管理、超前控制的基本法则。

二、加强对危险源的安全管理

危险化学品生产过程或工艺的危险性，主要来自参与该过程的物质危险性，而过程中的物质处于动态，这往往比处于静态时的危险性要大。此外，化工过程的危险性还有过程本身的危险性、条件的危险性、设备的危险性等。物质危险性属第一类危险源，决定着事故后果的严重性，化工工艺过程及环境、设备、操作者的不安全因素属第二类危险源，决定着事故发生的可能性。

三、加强“以人为本”的柔性管理

1. 充分发挥“以人为本”的管理理念

“以人为本”的安全管理理念，无时无刻不贯穿着现代安全管理的始终。现代员工对企业的要求也越来越高，不仅仅满足于保证吃饱穿暖物质要求，同时还要求企业对自己要有尊重、理解、信任，把自己当成是企业的主人。这就要求企业对员工要及时地进行情感投资，让员工从心里感受到强烈的主人翁责任感。

2. 充分发挥激励机制的作用

对正确的安全行为要给予大力支持，及时进行表彰和奖励。从正面激活员工的安全意识，让员工在愉快的情绪中强化安全意识，自觉遵章守纪，做好安全工作。如举行各种安全知识竞赛、安全生产运动会、安全演讲等等活动，对成绩突出者给予奖励，从而激发员工对安全工作的参与热情。对发现安全重大隐患，预防重大安全事故的员工要进行重奖，以调动员工认真巡检，主动安全的积极性。

3. 充分发挥各级领导的作用

在企业中，要强化安全意识，克服“安全疲劳”，需要全方位、多层次的共同行动。企业的各级领导以身作则，言行一致，会给员工起到模范带头作用。良好安全意识的形成，不可能一蹴而就，需要经过很长一段时间的培养才行。即不能对之小看，认为方法简单，行动草率，这样，员工的安全意识很难提高；也不能求全责备，过分加压，这样也会如弹簧受压过重而失去弹性，进而使员工失去抓好安全生产的积极性、主动性。这就要求我们必须用科学的方法、有效的手段，循序渐进，逐步培养员工的良好安全意识，然后再不断地巩固和提高，从根本上去除安全意识的各种“隐患”。

4. 从生产设计的源头入手，做好“六个先”的预防工作

（1）安全意识在先　随着经济发展和社会进步，安全生产已不再是生产经营单位发生事故造成人员伤亡的个别问题，而是事关人民群众生命和财产安全，事关国民经济发展和社会稳定大局的社会问题和政治问题。《安全生产法》把宣传、普及安全意识作为各级政府及有关部门和生产经营单位的主要任务，只有增强全体公民，特别是从业人员的安全意识，才能使安全生产得到普遍的和高度的重视，极大的提高全民的安全素质，使安全生产变为每个公民的自觉行为，从而为实现安全生产的根本好转奠定深厚的思想基础和群众基础。

（2）安全投入在先　生产经营单位要具备法定的安全生产条件，必须有相应的资金保障，安全投入是生产经营单位的“救命钱”，是必备的安全保障条件之一。一些生产经营单位特别是非国有生产经营单位重效益轻投入，其安全生产投入较少，甚至欠账，导致技术装备陈旧落后，不能及时更新、维护，这就必然使许多不安全因素和事故隐患不能及时发现和消除，抗灾能力下降，引发事故。要预防事故，就必须有足够的、有效的安全投入。不依法保障安全投入的生产经营单位，要承担相应的法律责任。

（3）安全责任在先　针对当前存在的安全责任不明确、全责分离的问题，《安全生产法》在明确赋予政府、有关部门、生产经营单位及其从业人员各自的职权、权利的同时设定其安全职责，是实现预防为主的必要措施。实现安全生产，必须建立健全各级人民政府及其有关部门和生产经营单位的安全生产责任制，各负其责，齐抓共管。为了增强各有关部门及其工作人员和生产经营单位主要负责人的责任感，切实履行自己的法定职责。

（4）建章立制在先　“没有规矩，不成方圆”，生产经营单位及安全的工艺、设施设备、材料和环节错综复杂，必须制订相应的安全规章制度、操作规程，并采取严格的管理措施，才能保证安全。预防为主需要通过生产经营单位制订并落实各种安全措施和规章制度来实现。安全规章制度不健全或者废弛、安全管理措施不落实，势必埋下事故隐患，最终导致事故的发生。因此，建章立制是实现预防为主的前提条件。

（5）隐患预防在先　预防为主，主要是为了防止和减少生产安全事故。无数案例证明，绝大多数生产安全事故是人为原因造成的，属于责任事故。在一般情况下，大部分事故发生前都有安全隐患，如果事故防范措施周密，从业人员尽职尽责，管理到位，都能够使隐患得到及时消除，避免和减少事故。即使发生事故，也能够减轻人员伤害和经济损失。所以，消除事故隐患、预防事故发生是生产经营单位安全工作的重中之重。

（6）监督执法在先　各级人民政府及其安全生产监督管理部门和有关部门强化安全生产监督管理，加大行政执法力度，是预防事故、保证安全的重要条件。安全生产监督管理工作的重点、关口必须前移，放在事前、事中监管上。尤其是对建设项目的安全设施与主体工程同时设计、同时施工、同时投入生产和使用的“三同时”的监管力度一定要加大，依照法定的安全生产条件，把那些不符合安全生产条件或者不安全因素多、事故隐患严重的生产经营单位排除在“安全准入门槛”之外。从源头切除事故隐患的发生，保证安全生产。

第四章

危险化学品企业事故应急救援预案

第一节　应急预案编制的前提和准备

危险化学品企业应急预案在应急准备工作中居于至关重要的地位，因此，在以“一案三制”为核心的应急体系中，应急预案是不可或缺的重要组成部分。随着我国危险化学品应急预案体系的不断完善，各级各类预案已基本涵盖了危险化学品突发事件应急管理的方方面面。但是，随着危机应对的深入开展，对应急预案的科学性、可操作性、灵活性方面的要求越来越高，应急预案有待进一步细化和修订。

一、应急预案的制订

应急预案是危险化学品企业突发事件或危机应对的原则性方案，它提供了突发事件与危机处置的基本规则，是突发事件与危机应急响应的操作指南。危险化学品突发事件与危机应急预案体系由总体应急预案、专项应急预案、部门应急预案、地方应急预案、企业单位应急预案、单项活动应急预案六大类构成。一般用综合预案、专项预案和现场处置方案三个层次来表示，用图 4-1 来表示应急预案体系。

应急预案可分为企业预案和政府预案。企业应急救援预案由企业根据自身情况制订，由企业负责；政府应急救援预案由政府组织制订，由相应级别的政府负责。根据突发事件与危机影响范围不同也可将预案分为现场预案和场外预案，现场预案可分为车间级、工厂级、集团公司级；而场外预案按突发事件与危机的影响范围、程度不同，又可分为区县级、地市级、省（直辖市、自治区）级、区域级和国家级。

1. 制订应急预案的原则

制订应急预案的目的在于促进或阻止某种事件的发生，并在事件发生后，开发利用环境或弥补环境带来的不利条件。因此，应急预案的制订必然要遵循一定的原则，具体归纳起来有如下原则。

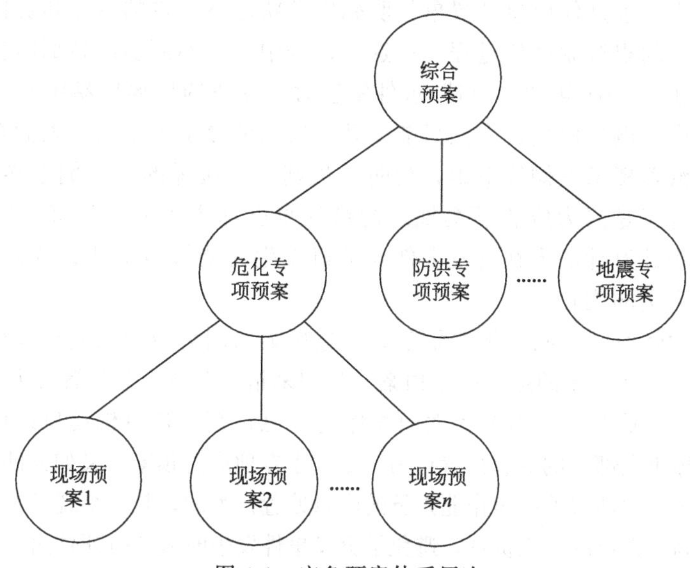

图 4-1 应急预案体系层次

（1）完整性原则 制订应急预案必须按照突发事件与危机的时间过程进行通盘考虑，从突发事件与危机发生之前的预防、准备，到发生之中的应激反应，再到发生之后的恢复，对涉及突发事件与危机处理的所有方面和所有的工作内容都要进行完整的考虑和安排，包括突发事件与危机处理的目标，为实现这个目标而进行的一系列工作安排等。

（2）预见性原则 应急预案不可能预见到突发事件与危机发生的时间、地点、规模、伤亡的具体人数等。但是，预案必须在以下方面体现其一定的预见性，以增加组织处理的预见能力，并有利于对突发事件与危机的有效处理。一是本地区企业不同种类突发事件与危机的性质和大概原因；二是突发事件与危机可能的发展方向；三是不同级别的突发事件与危机可动用的资源；四是针对突发事件与危机可采取的应急措施等。

（3）主动性原则 危险化学品企业中非稳定因素的存在是一个长期的现象。而技术事故又具有多发性和长期性，这就决定了制订与修改应急预案是企业的长期行为，不是一时的一事的临时措施，所以，危险化学品企业中应急预案中的所有应对措施都应该具有主动性，即应急预案的制订要在各类突发事件与危机可能发生之前，尽可能通过预案的主动规范，来防止突发事件与危机的损失扩大。

（4）可操作性原则 应急预案中的所有措施都要结合环境和资源的实际，具备完全的操作性。预案中的文字要简单易懂，必要时可采用标志或图案来表示。同时，应急预案是为应对突发事件与危机而制订出来的防范、处理管理和恢复的一套完整体系，具有强制性和权威性，企业的各种组织和全体员工都必须遵守，因此，必须规定得简洁明确。应急预案的制订过程既是动员、协调相关部门和教育员工的过程，也是使应急处置单位明确应急状态下各自的目标和责任，在组织内部建立相应的规章制度的过程，在这一过程中，要不断明确各部门各岗位的运作模式。例如：2001年“9·11”事件发生时，在纽约世界贸易中心大楼里工作的近万人，由于电梯停用，人们只能从几十层高的楼上走下来。人们在下楼时都很自觉，均沿着楼梯右侧往下走，消防人员则沿着楼梯的另一侧上楼灭火救人，秩序井然。这正是因为应急预案规定的措施早已深入人心，具有切实的可操作性，使数以千计万计的人在突发事件与危机发生时能够自觉执行预案中的规定，大大减少了人员的伤亡。

(5) 层次性原则　危险化学品企业应急预案的制订应根据制订单位层级的不同，分出层次，如全场的综合应急预案，是用来指导全场应急处置行为的预案，由厂部组织相关人员制订；而全场大面积停电应急预案，是由机动口或供电口来制订，用以指导供电部门的应急处置行为，是一个专项应急预案。又如大件起重吊装应急预案，是指导大件起重吊运作业人员的应急处置行为的，是一个现场处置方案。预案分层次有利于人员的分工负责，避免了突发事件发生时应急打死仗而不见效。

2. 应急预案的编制步骤

应急预案的编制一般来说可以分为四个步骤，即组建应急预案编制队伍、开展危险和应急能力分析、进行预案的编制、预案的评审与发布。

(1) 组建应急预案编制队伍　预案从编制、维护到实施都应该有企业各级各部门的广泛参与。在实际工作中往往是由编制组执笔，但在编制过程中或编制完成后，要征求企业各部门的意见，包括企业高层管理人员、中层管理人员、人力资源部门、工程和维修部门、安全监管部门、工业卫生和环保部门、法律事务部门、质量检验部门等。

(2) 开展危险和应急能力分析　为了保证应急预案的针对性，在编制应急预案之前，必须考虑两方面的问题，第一是应急预案针对的具体的突发事件与危机；第二是应急预案所要保护的车间、工号、区域的情况。应急预案是否科学、合理、有效，一个重要的基础是预案是否考虑了发生突发事件与危机的各种要素以及事件发生时的各种情况。因此，必须在全面系统了解突发事件与危机信息的基础上制订预案，如果对应急预案的有关信息了解得不全面、不系统、不彻底，必然影响此应急预案的科学性、合理性、有效性。

在编制应急预案时，不仅要考虑影响突发事件与危机的各个变量，可能受事件影响的区域、部位、单位、个人等情况，还要研究预测环境变化后该区域、该部位、该部位以及个人将发生什么样的变化，对这样的信息必须始终保持及时、客观、全面、真实、稳定、连续、完整，只有全面系统地了解了突发事件与危机的各种信息，周密细致地考虑了与突发事件与危机相关的各种要素，才能科学、合理、有效地应对各种可能出现的复杂情况。

（3）进行预案的编制 应急预案的编制即在前期分析的基础上，根据我国法律法规的要求，针对企业可能出现的紧急情况，确定应该采取的紧急应对措施。在编制应急预案时，须注意周密性与灵活性的结合。制订应急预案必须留有余地，对重大的突发危险化学品事件与危机的处置要制订分级预案和多套工作预案，使现场应急处置的指挥人员具备临场处置的灵活性，以提高处置成功的保险系数。这些都要求制订出来的危险化学品应急预案要具备适应性、可调节性和灵活性。

要做到周密性和灵活性相结合，就要把各种各样的情况想得周全、严密、细致，包括突发事件与危机发生的周围环境、发生的实际时间及天气情况、投入人力支持的时间、使用的器材、通信装备和给养的后勤供给等，这些情况都要预先考虑周全，不然的话，会给应急处置、应急救援工作带来一定的困难。在做到周密、细致的同时，又要给实际工作任务的执行留有余地，不能把处置的措施、方法、手段规定得过于具体和细致，这是因为突发事件和危机的突发性、随机性强，涉及的因素众多，并且处于不断动态变化之中，很多困难和情况特别难以预测，即便是企业中经验丰富、精明强干的组织指挥者，也不能把一切情况都事无巨细地考虑周全。因此，危险化学品应急预案必须具有一定的灵活性，以此来提高应变能力。另外，从辩证的观点来看，要求应急处置预案做到“完全正确、有效”也是不现实的，无论是什么类型的应急预案，都有可能存在一定的偏差和漏洞、欠缺。所以，在应急预案编制时要为预案的完善和修订提供保障。

（4）预案的评审与发布 预案编制完成后，要经过相关专家和管理部门的评审。根据预案涉及的范围，预案的评审也会有较大的变化。应急预案评审采取形式评审和要素评审两种方法。形式评审主要用于应急预案备案时的评审，要素评审用于生产经营单位组织的应急预案评审工作。形式评审对应急预案的层次结构、内容格式、语言文字、附件项目以及编制程序等内容进行审查，重点审查应急预案的规范性和编制程序，见表4-1。

表4-1 应急预案形式评审表

评审项目	评审内容及要求	评审意见
封面	应急预案的版本号、应急预案名称、生产经营单位名称、发布日期等内容	
批准页	1.对应急预案实施提出具体要求。 2.发布单位主要负责人签字或单位盖章	
目录	1.页码标注准确(预案简单时目录可省略)。 2.层次清晰,编号和标题编排合理	
正文	1.文字通顺、语言精练、通俗易懂。 2.结构层次清晰,内容格式规范。 3.图表、文字清楚,编排合理(名称、顺序、大小等)。 4.无错别字,同类文字的字体、字号统一	

续表

评审项目	评审内容及要求	评审意见
附件	1.附件项目齐全，编排有序合理。 2.多个附件应标明附件的对应序号。 3.需要时，附件可以独立装订	
编制过程	1.成立应急预案编制工作组。 2.全面分析本单位危险因素，确定可以发生的危险类型及危险程度。 3.针对危险源和危机危害程度，制订相应的防范措施。 4.客观评价本单位的应急能力，掌握可利用的社会应急资源情况 5.制订相关专项预案和现场处置方案，建立应急预案体系。 6.充分征求相关部门和单位意见，并对意见及采纳情况进行记录。 7.必要时与相关专业应急救援单位签订应急救援协议。 8.应急预案经过评审或论证。 9.重新修订后评审的，一并注明	

要素评审从合理性、完整性、针对性、实用性、科学性、可操作性和衔接性等方面对应急预案进行评审。为细化评审，采用列表方式分别对应急预案的要素进行评审，见表4-2。

表4-2 应急预案要素评审表

评审项目		评审内容及要求	评审意见
总则	编制目的	目的明确、简明扼要	
	编造依据	1.引用的法规标准合法有效。 2.明确相衔接的上级预案，不得超级引用应急预案	
	应急预案体系[①]	1.能够清晰表述本单位及所属单位应急预案组成和衔接关系(推荐使用图表)。 2.能够覆盖本单位及所属单位可能发生的危机类型	
	应急工作原则	1.符合国家有关规定和要求。 2.符合本单位应急工作实际	
适用范围[①]		范围明确，适用的危机类型和响应级别合理	
危险性分析	生产经营单位概况	1.明确有关设施、装置、设备及重要目标场所的布局等情况。 2.需要各方应急力量(包括外部应急力量)事先熟悉的有关基本情况和内容	
	危险源辨识与风险分析[①]	1.能够客观分析本单位存在的危险源及危险程度。 2.能够客观分析可能引发危机的诱因	

续表

评审项目		评审内容及要求	评审意见
组织机构及职责	应急组织体系	1. 能够清晰描述本单位的应急组织体系（推荐使用图标）。 2. 明确应急组织成员日常及应急状态下的工作职责	
	指挥机构及职责	1. 清晰表述本单位应急指挥体系。 2. 应急指挥部门职责明确。 3. 各应急救援小组设置合理，应急工作明确	
预防与预警	危险源管理	1. 明确技术性预防和管理措施。 2. 明确相应的应急处置措施	
	预警行动	1. 明确预警信息发布的方式、内容和流程。 2. 预警级别与采取的预警措施科学合理	
	信息报告与处置[①]	1. 明确本单位 24h 应急值守电话。 2. 明确本单位内部信息报告的方式、要求与处置流程。 3. 明确危机信息上报的部门、通信方式和内容时限。 4. 明确向相关单位通告、报警的方式和内容。 5. 明确向有关单位发出请求支援的方式和内容。 6. 明确与外界新闻舆论信息沟通的责任人以及具体方式	
应急响应	相应分级[①]	1. 分级清晰，且与上级应急预案响应分级衔接。 2. 能够体现事件的紧急和危害程度。 3. 明确紧急情况下应急响应决策的原则	
	相应程序[①]	1. 立足于控制事态发展，减少事件损失。 2. 明确救援过程中各专项应急功能的实施程序。 3. 明确扩大应急的基本条件及原则。 4. 能够辅以图表直观表述应急响应程序	
	应急结束	1. 明确应急救援行动的结束条件和相关后续事宜。 2. 明确发布应急终止命令的组织机构和程序。 3. 明确应急救援结束后负责工作总结的部门	
后期处理		1. 明确危机发生后，污染物处理、生产恢复、善后赔偿等内容。 2. 明确应急处置能力评估及应急预案的修订等要求	
保障措施[①]		1. 明确相关单位或人员的通信方式，确保应急期间信息通畅。 2. 明确应急装备、设施和器材及其存放位置清单，以及保证其有效性的措施。 3. 明确各类应急资源，包括专业应急救援队伍、兼职应急队伍的组织机构以及联系方式。 4. 明确应急工作经费保障方案	

续表

评审项目		评审内容及要求	评审意见
培训与演练①		1.明确本单位开展应急管理培训的计划和方式方法。 2.如果应急预案涉及周边社区和居民，应明确相应的应急宣传教育工作。 3.明确应急演练的方式、频次、范围、内容、组织、评估、总结等内容	
附则	预案备案	1.明确本预案应报备的有关部门(上级主管部门及地方政府有关部门)和有关单位。 2.符合国家关于预案备案的相关要求	
	制订与修订	1.明确负责制订与解释应急预案的部门。 2.明确应急预案修订的具体条件和时限	

① 代表应急预案的关键要素。

3. 应急预案的主要内容

应急预案的制订是一种主动性的行动，它规定了行动的具体目标，以及为实现这些目标所做的所有工作安排。应急预案要求制订者不仅要预见到事发现场的各种可能，而且要针对这些可能制订实际可行的解决办法和措施。一般来说，危险化学品企业应急预案的内容至少应包括但不限于以下几项：

（1）指导思想和目的　在制订应急预案时，首先要明确是基于什么思想和目的去制订应急预案。指导思想和目的对于应急预案的制订具有谋篇布局的作用，能指明应急预案的制订方向，理清应急预案的制订思路。通常情况下，制订应急预案的指导思想就是要贯彻关于处置突发事件和危机的指导方针，以最大限度地保护国家、集体和人民生命财产的安全，减少事件造成的损失，维护社会秩序的稳定，维护企业生产的安定，尽快恢复各种秩序，尽快恢复企业生产。

（2）救援工作的组织指挥　突发事件和危机具有紧急性和突发性，巨大的时间压力是应急决策的主要特征之一。突发事件的处理必须快速及时，防止其扩散和升级，减少其造成的危害和损失。这就要求高度的集中指挥，以便实现快速反应。统一的指挥系统针对突发事件具有全权决策的权力，避免了浪费在多系统指挥中各个指挥系统之间横向沟通协调的时间，能够迅速有效地做出反应。应急预案要对处理突发事件的组织机构做出具体明确的规定。建立统一的突发事件应对系统与指挥中心，以统一指挥应急管理的全过程。这样可以保证应急反应系统的高效协同与快速反应。根据突发事件与危机的性质和规模，必要时可建立两级指挥体系；一级是由事件发生地政府为主，由公安、武警等有关政府部门的领导参加组成的总指挥部，政府主要负责人任总指挥。另一级是由事件发生企业组成现场指挥部，由企业各部门的负责人参加，企业主要领导任指挥。

（3）职责分工和人力部署　处置突发事件与危机是一项复杂的系统工程，有些规模较大的突发事件和危机需要政府部门分工负责、互相协作，以实现总的处置目标。通过明确划分权利与责任，规定不同组织层次和部门、岗位的工作与职责，有助于分工明确、责任到位，有利于在事件的处理过程中环环相扣，流程畅通，同时也避免了出现问题相互之间推诿，逃避责任。通常，在确定职责分工和人力部署时，要从需要和可能出发，考虑以下因素和人员：第一，负责组织和指挥的人员；第二，负责事件现场控制和警戒的人员；第三，在现场处置中实际操作的人员；第四，控制保护重点目标、要害部门的人员；第五，后勤保障和机动人员。在制订应急预案时不仅要明确各部门的具体职责和任务，同时还要明确参与处置的不同部门之间的相互关系。

（4）确定突发事件等级　在应急资源有限的前程条件下，必须在分清轻重缓急的基础上动用资源来进行突发事件管理。划分突发事件的等级，其目的是有效利用资源。首先，避免资源浪费。如果把低度紧急情况当高度紧急情况处理，就浪费了应急的资源和能力。应急预案虽然不能设定某种突发事件与危机在何时、何地发生，但是，应急预案可以假设某一类型的突发事件与危机的发生，并对这一假设事件进行等级设定。因此，通过划分突发事件的等级或大小来决定采取何种应急方案，启动何种应急措施，是非常必要的，也是合理的。其次，划分突发事件等级的优点还在于，为突发事件的反应保留一定的弹性。当突发事件发生时，如果应对不及时，便有可能扩大升级。但是在紧急情况升级扩大的时候，应急预案也可以随之升级。如果本地的资源和能力随着事态的发展已经不足以应对时，则更高层的协调及更多的外地资源和支持就能够强化应急能力。

（5）应急处置措施　应急预案要对某一等级的突发事件与危机处理进行目标细分与确认。具体包括：一是确定处理的目标；二是目标之下的细分目标；三是对细分目标的领域确定；四是关键目标及领域的确定；五是可供选择的多种目标方案；六是选择与确定目标，规定要达到的效果，等等。根据这些目标，明确应急方案执行规则，主要包括：制订实现目标的一系列应急行动，如明确参与部门或单位的目标（任务分配）、职责及其性质与范围；明确执行计划的具体方法或方法体系等。具体而言，在应急处置部分，通常需要明确的方面有信息报告、先期报告、应急响应、指挥与协调、紧急状态、应急结束、善后处置、调查评估、恢复重建、信息发布等。

（6）应急组织纪律　纪律是应急处置人员严格按照预案规定执行应急处置措施的基本保证。没有纪律要求，在突发事件发生时，很可能会出现应急处置人员逃避责任，甚至临阵脱逃，严重影响应急处置的效果。更有甚者，因为某些人员的组织纪律性差，不履行自身应承担的责任，不仅使有关责任单位陷入被动，有时还直接导致突发事件的扩大。因此，应急预案应对参加应急处置工作的单位和人员的组织纪律做出严格的规定，要求其服从命令、听从指挥，严格按指令行动，及时汇报和反映情况，防止擅离职守和违法违纪现象的发生。

(7) 保障通信联络　通信联络工作是制订应急预案时要特别予以重视的内容，它是现场指挥的信息神经系统，是快速处置的可靠保障。高度灵敏和迅捷的通信联络对现场指挥与决策具有决定成败的重要作用。因此，在应急预案中要制订一整套通信联络制度，具体包括：一是通信联络网，及上下级之间的纵向通信联络和平行单位之间的横向通信联络以及一线人员之间的通信联络。二是通信联络号码以及有关人员、有关单位的代号。三是通信联络的具体负责人员和工作人员。四是现场通信车辆装备和指挥中心（值班调度室）的工作任务。

(8) 其他应急措施　俗话说“防患于未然”，突发事件的一个显著特点就是不确定性，在突发事件的整个过程中，由于种种原因，难免发生意外情况和突发变化。因此，要尽可能对各种事件做出预测，并制订出相应的应急救援措施。

二、厂址及环境条件的安全要求

1. 释义

工厂建在固定的厂址，位置一经确定，就不能移动。厂址选择是否得当，对工业在各个地区的合理分布、城市和工业区的建设、自然资源的开发利用和环境保护，都具有深远的影响；同时也直接关系到拟建企业的建设投资、建设工期和投产后的经济效益。这是一项政策性强、技术性和经济性要求高的工作，对大型和特大型建设项目的厂址选择尤为重要。

2. 选址原则

一般应考虑：适合全国和地区工业布局以及产品供需安排的要求；符合城市规划或工业区域规划；尽可能节约占地面积，少占或不占良田、耕地；企业生产所需的资源能够落实，原料、燃料及辅助材料的供应经济合理；有充足可靠的水源和电源；交通运输条件比较方便、经济；不污染环境，不破坏文物古迹，不妨碍文化、旅游及其他精神文明建设；对拟建项目留有适当发展余地；地质条件较好，施工难度小，建设投资省；项目建成投产后，经济效益良好。除上述一般原则和要求外，还要根据不同工业部门、不同性质企业的技术经济特点，着重考虑不同的建设项目所选厂址必须具备的主要控制条件。如核电站的厂址必须具备良好的地质条件有，环境影响符合安全要求，具有充足可靠的水源。大型碱厂要靠近盐、石灰石等原料产地，运输便利，有适宜的排渣场地。铁路、公路的选线要根据沿线运量的发展前景、必须穿经连接的城镇、地形地质条件的好坏、土石方量多少、控制性工程大小难易来定，等等。

3. 选址方法

厂址选择可分两个阶段：首先确定建厂选址的范围，然后具体确定厂址最后位置的比较方案，提出选址报告。在中国，选厂工作可由筹建单位单独进行，通常则是按项目隶属关系，由主管部门组织有关规划、设计、地质、交通及地方有关单位联合进行。凡在城市辖区内选址的，要取得城市规划部门的同意，并且要有协议文件。不论单独选厂或联合选厂，都应对比选的各个地点，认真细致地收集有关的自然环境、社会经济情况，有关的厂矿企业的现状和发展规划等方面资料，经过实地查勘，综合研究，进行充分的论证，再比较确定。

4. 对安全生产的意义

厂址选择即新建项目具体位置的选择，是工业布局的最终环节和工业基本建设的前期工作，也是工业项目可行性研究的组成部分。它根据工业地区布局和新建项目设计任务书的各项要求，由规划与设计部门共同承担，在实地踏勘及区域性技术经济调查的基础上，对各地建设条件分析评价，并选择若干个能基本满足建厂要求的厂址方案做定性与定量相结合的技术经济综合论证，从而确定最优的建设地点和具体厂址。厂址选择通常分为两个阶段：

(1) 确定选址范围和建厂地点　侧重考虑厂址的外部区域经济技术条件，包括：距离原材料、燃料动力基地和消费地的远近；与各地联系的交通运输条件；当地的厂际生产协作条件；供水、排水及电源的保证程度；原有城镇基础和职工生活条件；有无可供工业进一步发展、工业成组布局和城镇发展的场地；是否与城镇规划及区域规划相协调；土地使用费用、建筑材料来源及施工力量等。

(2) 确定厂址最后具体位置　主要考虑项目设计任务书和厂区总平面布置的有关要求及投资约束条件，包括：厂址场地条件，如建设用地的面积与外形、地势坡度、工程地质与水文地质状况、地震烈度、灾害性威胁（如土石方量、洪水、泥石流等），土地征用的数量、质量及处理难度，厂址下有无矿藏等；距水源地的远近和给排水的扬程；修建铁路专用线、厂外公路等交通设施的工程量与投资；供电、供热设施的工程量及投资；距已有城镇生活区与公共服务设施的远近；“三废”排放对城镇和周围环境的影响及环保费用等。厂址一经选定，不仅对所在地区的经济发展、城镇建设和环境质量产生重要影响，而且直接关系到新建项目的基本建设投资和建厂速度，并长期影响企业的经营、管理等经济效果。

现代危险化学品生产具有不同于其他行业的特点，如危险化学品产品和生产方法多样，使用大量易燃易爆、有毒有害、有腐蚀性的危险化学品；装置的规模大型化；生产工艺采用高温、高压、深冷、负压等高参数；生产过程连续化、自动化、智能化等。这些特点决定了危险化学品生产具有易燃易爆、易中毒，高温、高压、多腐蚀的危险有害因素，也决定了安全生产在危险化学品生产中的重要地位。按照《中华人民共和国安全生产法》，用于生产、储存危险物品的建设项目，在可行性研究阶段应当分别按照国家有关规定进行安全条件论证和安全预评价。安全预评价从建设项目前期工作入手，预测、预防建设项目投产后可能出现的事故和危害，从而有效提高安全设计工作的质量和建设项目投产后的安全水平。按照国家规定，危险化学品生产、储存企业必须符合国家和省、自治区、直辖市的规划和布局，这就要求在安全预评价的时候，项目建设要符合厂址选择和总图布置方面的安全要求。

5. 厂址选择

危险化学品工厂厂址的选择不仅要考虑其经济性和技术合理性，还必须要符合国家法律法规和标准中有关安全、环保的要求。

（1）项目建设地点的工程地质、地形地貌、水文、气象条件等因素是建厂的首要前提条件。如果选择不适宜的工程地点或对这些条件的不利因素不加以处理，就不能保证生产的安全持久运行。建设地点地形构造要稳定，工程地质条件简单，地势开阔平坦。对于有强烈湿陷性的地层，必须做地基处理，否则不能作为建厂地点。场地地势如果处于低洼地段，场地内及周边要做排洪防涝工程，否则会存在洪涝灾害。场地若处在山地或周边环山，在暴风雨季节，周边山体斜坡如果发生崩塌、滑坡、泥石流等地质灾害，可能对厂址构成威胁。场地的地震设防烈度也是厂址选择的重要方面，场地尽量选在抗震有利地段，建（构）筑物地震设防烈度要满足规定的值。对于大陆性干旱气候，温差大、日照强、蒸发量大、气候干燥，对生产过程中和原材料、产品的储存，运输过程中的温湿度、通风、防晒、保暖等方面提出一定的要求。如果管理不当，极易引起易燃易爆、有毒物质的散发，积聚和包装容器内超温超压。

（2）从地理位置上讲，危险化学品企业应建在设区的市规划的专门用于危险化学品生产、储存的区域内，要符合国家和省、自治区、直辖市的规划和布局。厂址还要处在交通运输方便，社会经济状况较为优越的区域，以保证可靠的给排水、供配电和消防应急救援等依托条件，为企业安全运行提供社会保障。现在一些危险化学品重要地区和城市都设“化工工业园区”“化工城”等固定区域，对于加强环境保护和安全生产有实际的意义。

散发有害物质的危险化学品企业，应位于城镇、相邻工业企业和居住区全年最小频率风向的上风侧，不应位于窝风地段。

（3）由于危险化学品企业生产过程存在易燃易爆、有毒物质以及粉尘、噪声等危害，其与周边居住区、学校、医院和其他人口密集的区域要保持足够的防护距离，场地周边应该没有重要的建构筑物和设施，场地与周边居民区、企业、水源等的防护距离应符合规定要求。要有确定的废气、废水、废渣的排放点，否则会对周边区域造成影响，在事故状态下，影响程度会更大。同时，周边环境的活动也会对化工生产装置构成威胁。而对于生产和储存构成重大危险源的设施，国家规定了更加严格的监管措施，重大危险源与人口密集区、公共设施、水源保护区、车站、码头以及交通干线、基本农田保护区、畜牧区、风景区和自然保护区、军事管理区等场所和区域的距离必须满足国家相关规定的要求。厂址若选在城市建成区内，周边环境复杂，若厂址处于市区的上风向，对周边的影响会更大。如果城市发展后，更难保证与周边设施的安全距离。

三、安全性总平面布置

危险化学品工厂总平面布置是在总体规划的基础上，根据危险化学品工厂的生产流程及各组成部分的生产特点和火灾危险性，并结合场地条件、自然条件和周边环境，按功能分区集中布置，经方案比较后择优确定的。总平面布置不仅是一门学科，而且是一门艺术。只有对总平面布置中涉及的诸多因素加以慎重而周密的考虑和安排，才能为工厂创造安全、良好的生产管理环境。以下针对危险化学品企业的特点，对危险化学品工厂总平面布置从安全的角度加以论述。

由于危险化学品工厂的原料、成品或半成品大多是可燃气体、液化烃和可燃液体，生产大多是在高温、高压条件下进行的，可燃物质可能泄漏的概率大，火灾和爆炸危险性较大。而且工艺装置和全厂储运设施占地面积较大，是全厂防火、防爆的重点；水、电、蒸汽、压缩空气等公用设施，需靠近工艺装置；工厂管理及生活服务设施是全厂生产指挥中心，人员集中，要求安静、污染少等。应根据上述危险化学品企业的生产特点，为了安全生产，满足各类设施的不同要求，防止或减少火灾的发生及相互间的影响。因此，在总平面布置时，应结合地形、风向等条件，将上述工艺装置、各类设施等按其功能和不同的危险性，划分为不同的功能区，既有利于安全生产、安全防火，也有利于安全操作和安全管理。

1. 工艺装置

(1) 工艺装置无疑是危险化学品工厂的心脏部分。从安全角度考虑，工艺装置是一个易燃、易爆、有毒的特殊危险的地区，为了尽量减少其对危险化学品工厂外部的影响，一般都将它布置在厂区的中央部分。

(2) 工艺装置区宜布置在人员集中场所，及明火或散发火花地点的全年最小频率风向的上风侧；在山区或丘陵地区，应避免布置在窝风地带，以防止火灾、爆炸和毒物对人体的危害。

(3) 要求洁净的工艺装置应布置在大气含尘浓度较低、环境清洁的地段，并应位于散发有害气体、烟、雾、粉尘的污染源全年最小频率风向的下风侧。例如，空分装置，要求吸入的空气应洁净，若空气中含有乙炔、碳氢化合物等化合物气体，一旦被吸入空分装置，则有可能引起设备爆炸等事故。

(4) 生产装置一般不应靠近厂内铁路，但生产固体产品的焦化、沥青、石蜡等装置则允许将各类装置专用的铁路装车线设在该装置的仓库或储存场（池）的边缘，以便利运量大的固体产品的外运。

因此，工艺装置是危险化学品工厂的主要组成部分，在总平面布置上应优先考虑。并且，各个装置宜集中布置在一个区域内，以有利于它们之间在生产上的联系，并减少无关人员和车辆在工艺装置区的来往，从而提高生产安全程度。

2. 油罐区（罐区）

(1) 原油和成品油罐区、危险化学品储罐等应尽量布置在厂区边缘。有利于安全，且一旦扩建时有可能连成一片而不致分散。中间原料油罐区则靠近其所服务的装置，为装置自抽创造条件，但必须满足防火安全距离。

(2) 罐区不应毗邻布置在高于工艺装置、全厂性重要设施或人员集中场所的阶梯上。以防止可能泄漏的可燃气体漫流到下一个台阶，造成更大的事故。但受条件限制或有工艺要求时，中间原料油罐区可毗邻布置在高于工艺装置的阶梯上，但所处的阶梯间应有防止泄漏的可燃液体漫流的措施。

油罐区、危险化学品储罐区储量大，罐数多，占地比率高，又散发易燃易爆油气和可燃性气体，在布置上要力求远离火源，且在火源全年最小频率风向的下风侧，要设置在道路运输频繁地段之外和外来人员经常往来地区之外。

3. 公用工程设施

(1) 总变、配电所　采用架空电力线路进出厂区的总变、配电所，应布置在厂区边缘。并应位于有腐蚀性气体场所的全年最小频率风向下风侧。

总变、配电所是工厂的动力中心，必须保证安全供电。若架空电力线路引入厂区，一旦发生火灾，损坏高压架空电力线，将会影响全厂生产。而且也应防止电器设备受到烟尘污染或受到有害气体的腐蚀，造成短路事故。

(2) 锅炉房　危险化学品企业一般都要使用蒸汽锅炉，为的是节省能源和化学反应热的能量回收，一般要求锅炉宜布置在厂区全年最小频率风向的上风向，避免灰尘和有害气体对周围环境的污染。

(3) 空压站　应位于空气洁净的地段，避免靠近散发爆炸性、腐蚀性和有害气体及粉尘等的场所，并应位于上述场所全年最小频率风向的下风侧。以防污染，保证产品的质量。

(4) 循环水厂　不宜布置在室外变电所或配电所、铁路、主干道及露天生产装置的冬季最大频率风向的上风侧。防止在冬季寒冷地区，冷却塔扩散的水雾会在高压线、铁路、道路和露天设备上结冰，影响安全生产。当检修线路和设备时，容易造成人身事故。

由于水、电、蒸汽、空气压缩等公用设施是保证危险化学品厂安全连续生产的要害部门，水、电、蒸汽的供应中断，会造成工艺装置生产事故。因此，它们应布置在一旦危险化学品工厂其他部分发生火灾或爆炸时，不致遭到威胁或毁坏的安全地段，而与危险区保持适当距离。但同时还应尽可能接近负荷中心。

4. 厂前区

危险化学品工厂生产管理及生活服务设施一般布置在厂前区。厂前区是全厂生产管理中心，又是人员集中的场所和对外联系的枢纽，工厂主要人流出入口多设在厂前区。因此，从保障人员生命安全的角度看，厂前区要远离工艺装置和油罐区布置，特别是要布置在厂区全年最小频率风向的下风侧，且与城镇和较大居住区联系方便的地点。以便于管理、保持环境洁净。年最小频率风向的上风侧，且最好是在厂区边缘地带。

5. 厂内道路

（1）危险化学品工厂主要出入口不应少于两个，并宜设在不同方位。以保证即使在发生因汽车事故和火灾等原因使交通阻塞的情况下，消防车和急救车的进入和原料、成品的汽车运输仍不致中断。

（2）工艺装置区、液化烃储罐区、可燃液体的储罐区、装卸区及化学危险品仓库区应设环形消防车通道。便于消防车从不同方向迅速接近火场，并有利于消防车的调度。

（3）主干道应避免与调车频繁的厂内铁路平交。以避免交通事故的发生。因此，厂内道路布置应满足厂内交通运输、消防顺畅，车流、人行安全，维护厂区正常的生产秩序。

6. 厂内铁路

（1）厂内铁路应集中布置在厂区边缘。因为铁路机车或列车在启动、行驶或刹车时，均可能从排气筒、钢轨与车轮摩擦或闸瓦处散发明火或火花，若厂内铁路线穿行于散发可燃气体较多的地段，有可能被上述明火或火花引燃。因此，铁路线应尽量靠近厂区的边缘集中布置。这样布置也利于减少与道路的平交，缩短铁路线长度，减少占地。

（2）当液化烃、可燃液体或甲、乙类固体的铁路装卸线为尽头线时，其车挡至最后车位的距离，不应小于 20m。因为，当某车辆发生火灾时，便于将其他车辆与着火车辆分离，减少火灾影响及损失。并且，作为列车进行调车作业时的缓冲段，有利于安全。

（3）液化烃、可燃气体或甲、乙类固体的铁路装卸线停放车辆的线段，应为平直段。防止发生溜车事故。

因此，铁路线路布置应注意安全，保护环境，把主要作业线群和产生粉末、噪声、可燃、易爆、有毒和腐蚀等物品的装卸作业区、带布置在厂区全年最小频率风向的上风侧，且最好是在厂区边缘地带。

7. 汽车装卸设施

汽车装卸站、液化烃灌装站、甲类物品仓库等机动车辆频繁进出的设施，由于汽车来往频繁，汽车排气管有可能喷出火花，若穿行生产区极不安全，而且随车人员大多是外单位的，情况比较复杂。为了厂区的安全与防火，上述设施应布置在厂区边缘或厂区外，并宜设围墙独立成区。

8. 污水处理场

污水处理场宜设置在位于厂区边缘，且地势及地下水位较低处；并应布置在厂区全年最小频率风向的上风侧。使各类污水管线尽可能多地采用自流方式流入处理场，也可防止污水处理场经常散发的油气和有味气体对厂区环境造成污染。

9. 高架火炬

全厂性高架火炬，宜设置在位于生产区全年最小频率风向的上风侧。为了减少厂区占地，火炬可考虑设置在厂区围墙以外的独立地点。

由于全厂性高架火炬有的在事故排放时可能产生“火雨”，且在生产过程中，还会产生大量的热、烟雾、噪声和有害气体等。尤其在风的作用下，如吹向生产区，对生产区的安全有很大威胁。故全厂性高架火炬宜位于生产区全年最小频率风向的上风侧。

10. 消防站

消防站应布置在责任区的适中位置。即保证发生爆炸事故时，消防设备和消防人员的安全，也使消防车能迅速、安全、不受任何干扰地及时到达火灾现场。

四、生产工艺的基本安全要求

1. 化工企业生产系统的特点

（1）易燃易爆。危险化学品生产，从原料到产品，包括工艺过程中的半成品、中间体、溶剂、添加剂、催化剂、试剂等，绝大多数属于易燃易爆物质，还有爆炸性物质。它们又多以气体和液体状态存在，极易泄漏和挥发。尤其在生产过程中，工艺操作条件苛刻，有高温、深冷、高压、真空，许多加热温度都达到和超过了物质的自燃点，一旦操作失误或因设备失修，便极易发生火灾爆炸事故。

（2）毒害性。生产有毒物质普遍大量地存在于生产过程之中，其种类之多，数量之大，范围之广，超过其他任何行业。其中，有许多原料和产品本身即为毒物，在生产过程中添加的一些化学性物质也多属有毒的，在生产过程中因化学反应又生成一些新的有毒性物质，如氰化物、氟化物、硫化物、氮氧化物及烃类毒物等。

（3）腐蚀性强。生产过程中的腐蚀性主要来源于：其一，在生产工艺过程中使用一些强腐蚀性物质，如硫酸、硝酸、盐酸和烧碱等，它们不但对人有很强的化学性灼伤作用，而且对金属设备也有很强的腐蚀作用。其二，在生产过程中有些原料和产品本身具有较强的腐蚀作用，如原油中含有硫化物，常将设备管道腐蚀坏。其三，由于生产过程中的化学反应，生成许多新的具有不同腐蚀性的物质，如硫化氢、氯化氢、氮氧化物等。

（4）生产流程的连续性。危险化学品企业与一般制造企业的最大区别是，其生产流程是连续性的，自动化程度极高。整个企业的生产系统是一个有机整体。各个工序与设备之间相互组成一个复杂的串联系统，且相互关联。

2. 化工企业生产给安全生产带来的问题

（1）设备腐蚀严重，腐蚀使设备减薄、变脆，极大降低设备使用寿命。

（2）高温高压可能引起压力容器爆炸。如危险化学品工厂的合成氨装置中的合成塔，工作压力是30MPa，转化炉的温度是900℃以上。如果由于严重腐蚀而没有得到及时的检修和更换，或者操作失误，或者超负荷运行，都有可能引起压力容器爆炸。

（3）由于生产具有高度的连续性。任何一个环节或一道工序发生故障，都会影响到企业全局。

3. 全面加强企业的安全管理工作

（1）化工企业安全管理的重要性。安全管理是危险化学品企业管理中重要的一环，不仅关系到国家和人民生命财产的安全，而且直接影响企业的经济效益。安全生产及其管理是一项综合性的工作，就其范围而言，不仅涉及企业的每个部门和职工，同时也渗透到生产经营管理的全过程。采用系统的观点和系统工程的方法去处理安全问题，并对系统的安全性进行综合分析评价和相应的控制，就能使系统的安全程度达到较佳的状态，从而保证石化企业的安全生产。

（2）建立危险化学品企业安全保证体系。按从属关系及其生产特点来说，危险化学品企业安全生产保证体系的结构，一般由思想保证体系、组织保证体系、工作保证体系、监督保证体系四个子体系所构成。各子体系之间的相互关系表现为：思想保证体系是基础，组织保证体系是保障，工作保证体系是核心，监督保证体系是手段。四个子体系的基本内容如下：

① 思想保证体系，指对企业全体职工进行安全意识、安全知识、安全技能的教育，牢固树立“安全第一，预防为主”的观念，达到提高职工安全生产的责任心，严格遵守各项安全法规和制度的自觉性，增强自我保护能力，消除人的不安全行为，增强安全管理的科学性，提高对各类事故的预防能力，切实把安全工作放在企业一切工作的首位的目的。

② 组织保证体系，指建立健全以厂长（经理）为安全生产第一责任人，对安全工作全面负责的管理体制。把领导承诺与领导责任（6S的支撑点——领导重视、作好表率）紧密结合起来，实行分工管理、逐级负责、全面监督、层层考核。坚持全员、全过程、全方位、全天候的管理原则，突出系统管理的思维方法。

③ 工作保证体系，指企业围绕实现安全生产的奋斗目标所实施的各项管理工作。可分为安全检查和安全管理两个工作子体系。安全检查子体系的主要内容有：经常开展工艺纪律、设备纪律、劳动纪律、岗位责任制的大检查，开展季节性和节日安全大检查，定期进行专业安全技术检查和事故隐患整改检查，开展工业卫生、职业病防治、劳动保护设施检查，达到安全把关的目的。安全管理子体

系的主要内容有：制订并落实各级安全生产责任制，特别是各级领导的安全责任制，在全体职工中层层签订安全承诺书；建立健全各类安全技术标准、规章制度、安全台账和安全管理网络；定期开展安全活动，及时准确传递安全信息；开展新、改、扩建项目的劳动安全卫生预评价，在役装置的劳动安全卫生评价；组织安全技术攻关；对事故坚持“四不放过”原则，认真分析处理，及时总结。

④ 监督保证体系，指对企业贯彻执行安全生产方针、政策、规章制度和对安全生产技术等进行全面监督的保证体系。危险化学品企业的安全监督保证体系一般由方针政策监督体系、安全生产技术监督体系和职工民主管理监督体系三个子体系组成，其中最重要的是安全生产技术保证。企业要配备对安全技术工作熟悉的专业人员从事安全技术管理工作，对关键生产装置、重点生产部位进行重点监控，在关键装置、重点部位设置安全工程师，及时发现并督促整改各种隐患，预防各类事故发生，保证危险化学品企业的安全生产。

第二节　危险化学品企业应急预案编制

一、组织及职责的编写

危险化学品企业的应急管理是整个安全管理的一个重要环节，对于任何一个危险化学品企业，安全生产都是最基本最基础的工作要求。由于危险化学品企业所使用的原材料、生产工艺和生产过程以及安全管理规章制度等各方面的诸多要素，在生产过程中不可避免地会出现危险或不安全因素。因此，作为安全监管者或安全工程师，其基本职责在于帮助危险化学品企业辨识出系统存在的危险，评价其危险的程度，提出控制危险的方案措施。企业的决策者将根据其所面临的风险，确定是否接受该系统，是否接受该风险，当企业的决策者一旦确定接受该系统，就应根据所辨识出来的危险制订应急救援预案，使突发事件与危机出现时造成的损失降低到最低程度，或者说降低到可接受的程度。

1. 应急组织机构的类型及组成

根据应急机构的结构形式，可分为直线制、直线职能制、矩阵制等几种形式。每一种组织方式分别适用于不同的编写对象。例如，对于只有单一重大危险源的危险化学品企业，消防部门只负责这一预案的救火工作，直线制的形式是最合适的。而对于消防部门既参加火灾预案的救火工作，又参加危险化学品爆炸预案的救火工作，或者其他预案的任务，这就形成了矩阵式的组织结构。编写危险化学品企业事故应急救援预案应当根据具体的对象、环境、条件选用合适的形式。

（1）组织机构设置的原则　组织机构是为完成应急救援任务，实现应急救援目标而设置的，它是使各种职能得到落实的有力工具。通常组织机构的设计应遵循以下几个原则。

① 归口管理原则。由于企业各个部门均对自己所负责的业务较熟悉，对本业务范围内的事具有权威性，因此，应急救援应遵循归口管理的原则，这样才能便于人员的管理和业务上的指导。

② 统一指挥原则。统一领导、统一指挥的原则特别适应应急救援，尤其是在紧急情况下，多头指挥、政出多门会让一线的应急救援人员无所适从，以致贻误战机，失去事故或突发事件或危机应急救援的有利时机。

③ 高效率原则。现代管理要求组织尽量扁平化，即尽可能减少组织的层次。因为，较少的组织层次更有利于信息的快速传递，也能减少信息的失真和扭曲，从而提高应急救援的效率。

④ 责权对等原则。在设置组织机构时应明确规定各级救援组织的指挥权限、职责和任务。每一项任务都有对应的人员负责。根据任务类型设置相应的组织机构，且配备的人员数量与工作任务相匹配。

⑤ 灵活机动原则。当危险化学品企业危险源确定以后，首先应对应急救援任务进行分析，确定应急救援需要完成哪些任务，并对这些任务进行分解、归类，确定需要哪些单位、部门来完成，这样，就形成了一个组织框架。对应急救援的指挥人员，各专业救援队伍的成员须按照专业分工，本着专业对口、便于管理、快速集结和开展应急救援的原则去建立组织，落实人员及职责。应根据人员的变化和救援技术的改进及时调整人员。

（2）应急救援机构的组成　尽管存在各种各样的组织机构，其规模、组织形式、职责和水平各有差异，但作为执行应急救援预案的应急救援机构，一般应具备以下的组织机构。

① 应急救援和指挥机构　包括总指挥、指挥人员、通信联络人员等。

② 应急救援专家委员会。

③ 现场指挥组。

④ 应急救援专业队：由消防队、工程抢险队、救护队等组成。

⑤ 后勤保卫组。

（3）应急机构应具有的资源

① 通信设备　包括固定电话、移动电话、近距离对讲设备。

② 急救设备　包括急救药品、器具、设备。

③ 抢修设备　包括工程车辆、登高设备、维修工具、备品备件等。

④ 消防器材。

⑤ 防护用品　包括防护服、防护帽、防护眼镜、手套、呼吸器、防毒面

具等。

⑥ 测量设备。

⑦ 图表 包括组织机构图，通信、联络图，平面布置图等。

⑧ 有关名单 包括外部救援机构联系表、关键岗位人员名单、全体人员名单等。

⑨ 标志明显的服装或显著的标志、旗帜。图 4-2 为应急救援结构图。

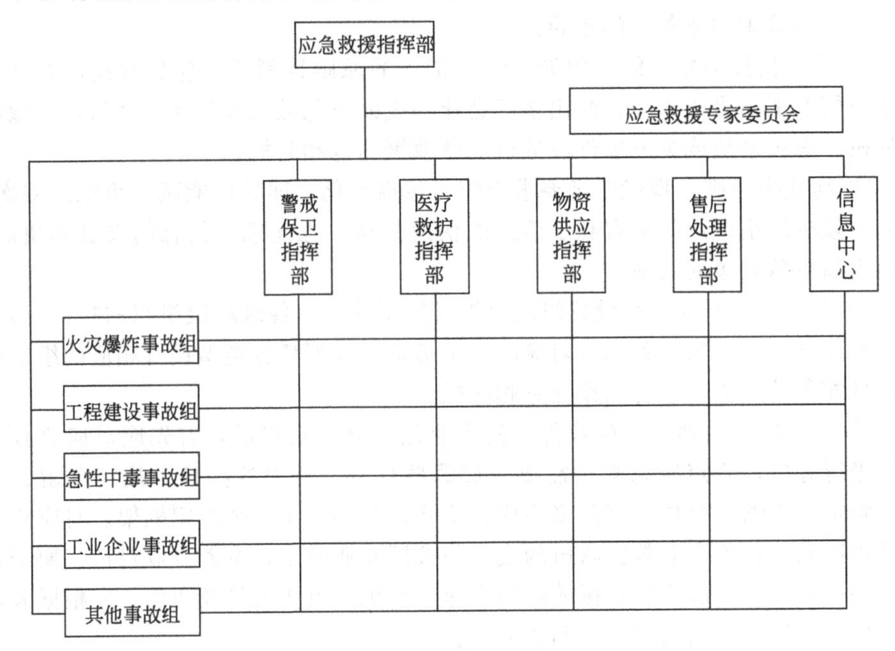

图 4-2 应急救援结构图

2. 部门人员选拔及职责

组织机构框架建立以后，应该选拔出合适的人员，组成应急组织。因为应急救援队各部分担负的任务不同，各部门人员的综合素质、专业知识方面的要求也不尽相同。指挥人员应具有统率全局或局部工作的能力，并具有一定的权威，熟悉地域情况或企业生产系统情况，还应有一定的经验，在危机、紧急时刻能够做出正确的判断和科学的决策。对于专业队伍的应急救援人员，须熟悉本岗位的各种操作规程和应急程序，熟悉掌握每种应急器材、应急设备、应急工具的使用方法，明白意外情况的处理方法。

应急组织机构确定以后，必须确定各部门及人员的职责，每项具体工作都要落实到相应的部门，最后落实到个人头上，因为有了明确的职责要求才能保障在应急救援中的行动迅速，才能避免互相推诿而延误救援行动。各部门的职责如下。

(1) 应急救援指挥中心 应急救援指挥中心是事故救援工作的指挥机构，是应急救援指令的传输中心，由总指挥、指挥、通信人员、办事人员组成。通常指挥中心的职责为：

① 执行国家有关事故应急救援工作的法规和政策。

② 分析突发事件和危机的灾情，确定应急救援方案，制订应急救援各阶段的对策措施。

③ 负责应急救援工作的组织、指挥，向救援部门发出各种响应行动指令。

④ 确定各部门的职责，协调各部门之间的关系。

⑤ 为应急救援提供物资保障及其他方面的保障条件。

⑥ 负责厂内、厂外信息的接收和发布，向上一级救援机构汇报应急救援情况。

⑦ 组织应急救援预案的学习、演练、改进。

⑧ 负责了解检查各救援部门的工作，及时提供指导意见和改进措施。

⑨ 适时调整各应急响应部门的人员组成，保证应急响应组织的正常运行。

⑩ 对应急预案的执行或演练情况进行总结；向有关新闻媒体发布事故应急救援的信息；负责向上级部门就事故应急救援的整个过程进行报告。

(2) 应急救援专家委员会　应急救援专家委员会应由各个专业、各个方面的专家组成，其主要职责如下：

① 负责对事故或突发事件或危机进行预测，对重大危害、重大危险源、重点工艺过程的控制系统进行安全评价。

② 协助企业建立重大危险源、主要危险设施、主要化学毒物数据库，向危险化学企业的各有关机构提供咨询服务。

③ 为危险化学品应急救援提供依据和方案，为事故应急救援预案的制订提供技术支援。

④ 对预案的编制人员进行培训，负责技术咨询和专业讲座。

⑤ 为编制好的应急救援预案进行评价，并提出改进意见。

⑥ 及时通报事故预案点的变化、及时通报最新救援技术的发展，为应急预案的修订提供支持。

(3) 救护队　由医务人员和志愿者及企业职工组成，其主要职责是：

① 突发事件的现场救护。

② 对转运受伤人员的过程进行医疗监护和安全防护。

③ 为现场应急救援人员提供医疗和救护咨询。

④ 对职工和群众进行自救与互救的宣传和教育。

(4) 应急救援专业队　应急救援专业队由企业的工程抢险人员、消防防火人员、安全救护人员等组成，主要职责有：

① 抢修被事故破坏的设备、设施或装置，道路交通设施，通信设备、设施等。

② 修复用电设施，或铺设、架设临时线路，保证应急响应的用电。

③ 扑灭已经发生的火灾，及时撤走易燃、易爆、有毒物质或物品。

④ 全力控制重大危险源、重点化工工艺、重点监控的危险化学品灾害的进一步发展。

⑤ 维修因突发事件造成损害的其他急用的设备和设施。

⑥ 设法使引发事故或致使事故扩大的设备、设施停止运行，必要时拉闸停车。

(5) 后勤保卫的职责

① 维持现场秩序，阻止无关人员进入应急救援现场。

② 进行人员疏散，保证应急救援现场的人员安全撤离。

③ 保证交通路线的畅通，保障救援物资安全、顺利到达指定地点。

④ 突发事件与危机发生后，控制无关人员进入现场，必要时实行“通行证”制度。

当应急救援部门的职责确定后，应将部门的任务落实到人，依据部门的职责和事故的可能规模，配备相应数量的人员和装备。例如，某危险化工企业以氨为原料生产一种化学品，危险性评价的结果是：氨储罐的重大危险源，该厂区有 3 个氨储罐，正常储量每个罐为 2000t，其中有一个储罐作为事故应急罐，平常为空罐，该氨罐区实有液氨 4000t，构成了重大危险源，它可能发生的事故为氨储罐的泄漏，由此确定，应急处置中液氨储罐泄漏事故最少需要 6 人，其中 1 人负责现场联络及服务工作，2 人负责固定夹具，2 人负责堵漏，1 人负责协助和监护。另外现场还需有消火栓、水源、洗眼器、空气呼吸器、防化服等装备。

二、工作制度的编写

危险化学品企业中的各种工作制度对应急救援行动做了各方面的规定，是应急救援队伍的行为规范和行动准则。只有健全的规章制度，才能保障应急救援工作的顺利开展。一般来说，在一个危险化学品企业，应急救援工作制度主要包括如下几类：

① 学习、培训制度；

② 绩效考核制度；

③ 值班制度；

④ 例会制度；

⑤ 救灾物资管理制度；

⑥ 财务管理制度；

⑦ 定期演练、检查制度；

⑧ 总结评比制度；

⑨ 应急设备器材管理制度。

为了更加深入地说明危险化学品企业应急工作制度的编写，笔者就其中的几类管理制度的编写举例加以说明。

（1）值班制度　值班人员不准擅自离岗，须定期做好值班检查及各种记录，保证报警、通信仪器、仪表、设备处于良好状态，做好交接班工作，在下一班无人接班时，应及时向领导汇报，做好安排后方可下班离开。

值班人员在接到事故或突发事件报警后，按照应急预案的规定，依照报警的程序向现场派出应急救援队伍，并及时向上级汇报。

（2）例会制度　危险化学品企业的应急工作，要定期召开会议，包括指挥人员和各救援专业队伍的负责人参加的各种层次、各种级别的会议，汇报应急工作中各个阶段的工作进展，及时解决存在的问题，布置下一阶段的工作，并提出意见和建议。

（3）应急设备、器材管理制度

① 应急设备、器材的保管必须指定专人负责；

② 做好使用登记记录，严禁装备、器材随意挪用、乱用；

③ 经常保持设备、器材的清洁；

④ 按规定定期进行检查、更新和维护保养，确保处于完好状态；

⑤ 设备、器材发生故障应立即报告，并及时维修、维护；

⑥ 不得随意拆除随机附件，必须做好设备、器材的各种记录。

（4）总结和评比制度　危险化学品企业在进行安全生产工作总结评比的同时，必须对应急救援工作进行总结评比。进行每次演练之后，应对演练结果进行总结、评比，以此发现不足项、改正项，使应急预案不断完善。

（5）学习培训制度　学习培训制度主要是指对应急预案的学习培训。在该制度中包括：应急救援培训的时间、内容、形式、达到的培训效果、参加培训的对象、培训的负责人、培训计划、注意事项等。

三、应急程序的编写

应急程序是危险化学品企业应急救援预案的重要组成部分。主要程序即当危险化学品企业发生突发事件、重大事故或危机时，对第一步先做什么，第二步应做什么，第三步再做什么所做出的明确规定。

突发事件或重大事故发生时，各有关部门应立即处于紧急状态，在指挥部（或指挥中心）的统一指挥下，根据对危险目标潜在危险的评估，按照处置方案有条不紊地处理和控制事故，既不能惊慌失措，也不能麻痹大意，应千方百计把事故控制在最小范围内，最大限度地减少人员伤亡和财产损失。实践证明，有效的应急程序可以使救援工作做到临危不惧，指挥有序。应急救援程序见图4-3。

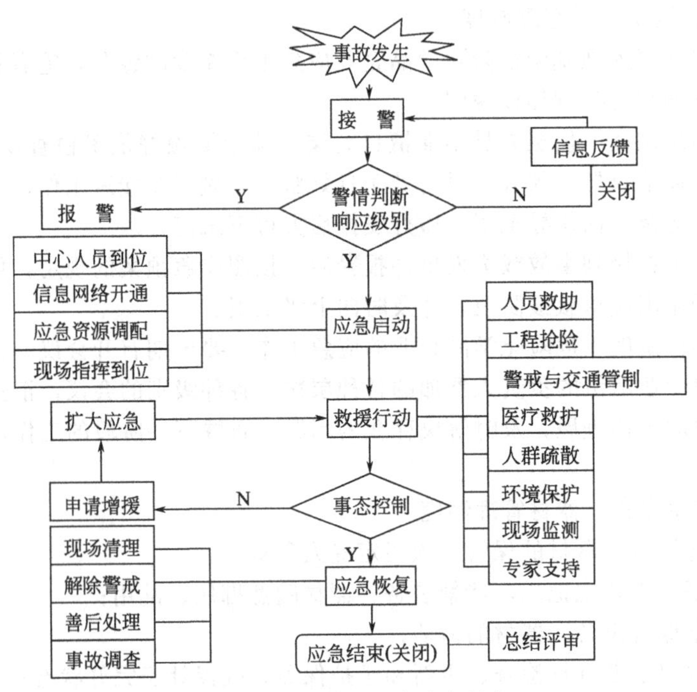

图 4-3 应急救援预案响应程序

1. 报警

发生事故报警是非常重要的，早期的报警可以使事故救援工作开始于事故初发期，能及时控制事故的蔓延和扩大。在事故的应急救援中，时间是最宝贵的，任何贻误时机的行为都可能带来灾难性的后果。

报警分为两种形式，即自动报警和人工报警。当发生事故时，自动报警系统会发生警报，否则，只能依靠人工的报警形式，见图 4-4。

(1) 报警程序的注意事项　必须在预案中制订出报警的程序，在报警程序中对其内容和要求做出规定，基本要求如下：

① 所有员工必须熟悉报警方法，如报警电话、报警信号等。

② 报警的内容应包括：发生事故的单位、详细地点、现场伤亡人员数量、事故的原因、性质、危害程度、事故的现状、其他相关情况。

③ 必须保证报警中每个环节的信息都能畅通。

(2) 制订报警程序的注意事项

① 制订措施，保证将任何突发事件、事故、危机或紧急情况通知给所有有关人员和非现场人员，并做出相应决策。

② 应急救援预案的执行机构应保证所有人员熟悉报警步骤，以确保在突发事件、事故发生时能尽快采取措施，控制事态的发展。

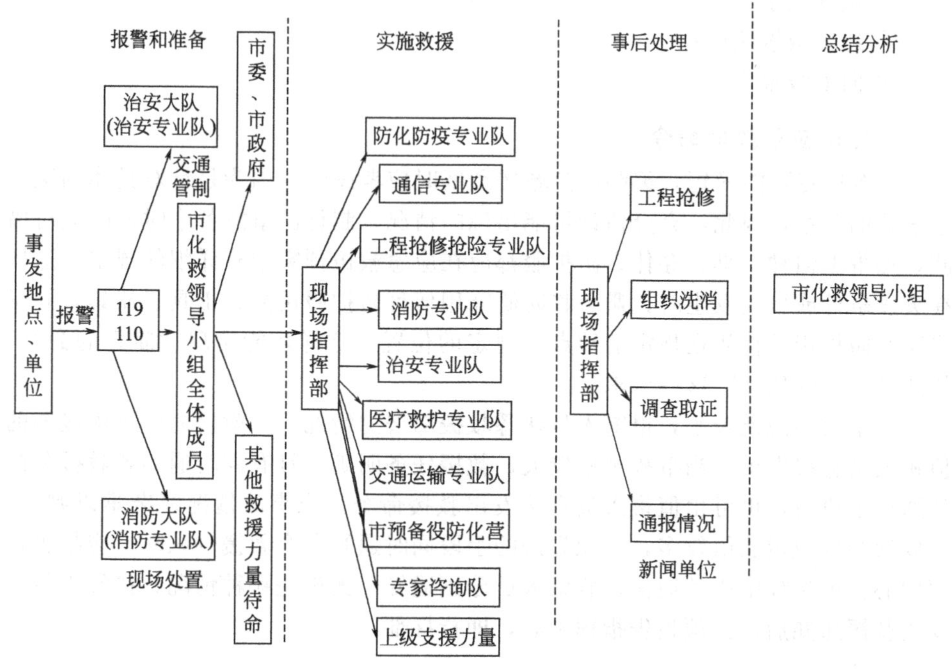

图 4-4　人工或自动报警应急行动流程

③ 区域的应急救援预案执行机构应根据危险化学品生产装置危险设施规模决定是否建立紧急报警系统。

④ 在危险化学品生产装置需要安装报警系统时，应当在多处安装报警装置，并达到一定的数量，以保证报警系统正常、有效工作。

⑤ 在噪声较为严重的区域，须考虑安装显示性报警装置，以提醒在现场的工作人员。

⑥ 在报警系统报警时，为能尽快通知场外应急救援、应急服务机构，危险化学品企业应保证建立一个可靠的通风系统。

2. 接警

接警人一般有值班人员担任，其任务如下：

(1) 如果接收到来自自动报警系统的警报，应指派现场操作人员核实，要求其反馈现场运行情况。同时，通知救援队伍做好救援准备。或根据危险化学品生产实际情况，做出符合实际的规定。

(2) 如果接到的是人工报警，要进行如下工作：

① 问清报警人姓名、单位或联系电话；

② 问清事故或突发事件发生的时间、地点、单位、事情的原因、事故的性质、危害程度、范围等；

③ 做好记录；

④ 通知救援队伍；

⑤ 向上级报告。

3. 发出应急救援命令

命令应尽可能简短，编制应急救援预案时应考虑到：因为是针对具体的某一个事故的预案，因此，充分估计可能出现的情况，制订出事故各个时期的应对措施，如带上何种工具、穿什么防护服都应在应急救援预案中有详细的规定。这样在突发事件或事故发生时，避免临时研究用何种防护服用品、工具、器具，并且将这些防护用品存放在规定的地点、规定的位置，这样才能实现“简短的命令”传达“完备的任务”这一要求。

当事故的规模较小，报警人员熟悉救援部署的情况下，救援命令可由接警的值班人员直接发出。当事故规模较大，救援任务明确，具有同时通知各救援分队的通信手段时，也可由值班人员直接发出救援命令。当事故情况复杂难以判断，需要通知的救援队伍较多，又无先进的手段同时通知各个救援分队时，应报告指挥中心，由指挥中心的通信、联络人员分别通知。无论是哪种情况，接警人员在发出救援通知后，必须报告指挥中心，即指挥部。

4. 应急救援行动

应急救援行动是事故应急救援的中心任务，它关系到整个应急救援工作的成败。事先已根据危险目标模拟事故状态制订出了各种事故状态下的应急处理方案，当接到应急命令后，各应急专业队伍按照专业队的应急方案进行应急行动。行动前应确定选择哪种专业应急方案，如大量毒气泄漏、多人中毒、燃烧、爆炸、停水、停电等，包括通信联络、抢险抢救、医疗救护、伤员转送、人员疏散、生产系统指挥、上报联系、救援行动方案等。

应急救援行动包括应急疏散、事故处置、现场救护、现场处置等。应急行动应遵循以下原则。

(1) 应急行动优先原则　企业员工和消防队员的安全优先；防止蔓延优先；保护环境优先。以火灾为例，首先要判断建立疏散和营救遇险者可以进入的安全区域，然后选择一个已有的应急方案，来防止火势的蔓延，在实施救援中，指挥人员一定记住第一优先的是人员的安全。然后是保护环境，如危险化学品液体燃烧，还应构建临时堤防，防止液体污染环境。

(2) 应急处理程序化　为了避免现场救援工作杂乱无章，可事先设计好不同类型的事故现场应急程序即专业应急方案。如群体性化学中毒事故，可采取如下步骤：先除去伤员污染的衣物→然后冲洗→共性处理→个性处理→转送医院。

(3) 制订具体、详细、可操作的应急方案　例如，危险化学品企业事故中控制管道泄漏时，选择远程关闭、流量控制或转移物料。在具体的应急方案中应明确规定：某段管路泄漏应关闭的阀门是哪个，在应急平面图中明确每一个关键阀门的编号和位置以及控制的管段。

现场应急行动的对策包括：

① 灾情的初始估计　这是突发事件与事故应急救援的第一步，它描述应急者在突发事件与事故发生后的几分钟内对现场情况的观察，包括条件扩展的可能性、人员伤亡、财产损失、是否需要外界增员等。并根据有效的信息迅速做出选择哪种应急救援方案的决策。

② 危险物质探察　确定事故的致因或有害物质，进而选择该有害物质的防护措施。

③ 建立现场工作区域　确定重点保护区域；确定重点保护的人员的范围，即可能危及的人员的范围；环境范围，对有毒有害物质敏感的土壤区域；财产范围，如油罐、产品、重要设施设备等；应急中对工作区域的保护；场外的保护，如水、电、通信等。

5. 现场处置，结束应急行动

现场组织是结束应急救援行动前的必要步骤。因为，第一，有些事故（如危险化学品泄漏事故）现场存在一定有毒有害物质，如不及时处置，扩散后会对环境造成污染，或造成其他长期的危害。第二，有些事故得到控制后，现场看起来已经没有危险，但是如果不及时做好后期的继续处置，很有可能引发二次事故。第三，无论何种类型的事故，发生后都会对现场造成一定程度的破坏，不进行现场处置就无法恢复正常的生产或生活秩序。

四、应急救援方案编制

在危险化学品企业，根据具体的救援工作，制订详细的应急方案。制订应急行动救援方案应划分级别，即局部应急救援方案、一般事故应急救援方案、大型事故应急行动、严重事故应急救援方案。对不同级别的事故制订不同的应急对策。应急救援方案是根据事故救援任务涉及的有关内容编写的，救援过程一般包括以下内容：报警、接警、救援指挥、工程抢险、事故处置、医疗救护、人员疏散和转移、交通管制和恢复、物质的调运和供应、现场的处置等。

1. 通信联络方案

通信联络在应急救援中非常重要，从报警直至应急行动的结束，通信联络都是必不可少的，在应急救援行动中，现场的指挥者与每个救援队伍的联系、指挥人员与现场人员的联系、指挥部与外部救援组织的联系都是通过通信手段进行的，尤其在大型救援活动中，通信是整个应急救援的行动的灵魂，是整个救援工作的中枢神经，保证通信联络的畅通和质量在整个救援行动中起着举足轻重的作用。因此，选择适用的通信方式进行通信联络是保证救援行动成功的关键。通常，通信联络的注意事项如下：

（1）选择合适的通信方式　例如，公安系统可通过自己的车载无线通信系统从现场传输救援现场的情况；井下采用专用泄漏式通信系统或对讲机等。

（2）选择合适的通信工具　在危险化学品生产企业进行应急救援，具有火灾、爆炸性粉尘，也具有燃烧爆炸性气体，应选择防爆型电话，不能使用一般手机等容易产生电火花的通信工具。

（3）选择多种通信方式　尤其在采用单独的通信系统时，尤为重要。

（4）随时保持联系　事故应急救援的通信联络关系到应急救援的成败，因为救援方案的选择和调整要根据事故的发展情况，而现场事故情况以及各救援队伍之间的情况的通报、指挥中心的命令都是通过各部分的不断联系实现的。如果联系中断，导致救援指挥中心无法掌握事故救援情况，无法了解救援发展状况，将会造成巨大的损失，因此，在危险化学品企业的应急救援中随时保持通信的畅通是十分重要的。

2. 事故处置方案

我们把事故处置方案定义为：对发生事故的具体部位或场所进行控制，直至消除事故危险的程序和方法。事故处置方案应根据可能发生的事故类型及规模而制订。

首先要确定事故的类型，如：火灾、爆炸、危险化学品泄漏、中毒等，然后对事故进行风险分析，分析发生事故的引发因素、事故发生源的部位、发生的过程情景等。然后确定事故处理的程序和具体的应急对策，即第一步做什么，第二部做什么，都应该有明确的规定。

根据危险化学品工厂的危险源模拟事故发生状态，制订出各种事故状态下的应急处置方案（或叫应急处置计划）。具体的救援方案可参照危险化学品行业的要求。下面举例说明事故处置方案的主要内容。

例：某危险化学品工厂发生“储罐泄漏事故”的处置方案。

① 发生泄漏后，开启备用的储罐，尽可能将发生泄漏的储罐内的物料向备用储罐转移，以降低液位和压力，确保事故不至于扩大。

② 在泄漏的储罐区划出防火、防爆警戒线。

③ 对泄漏储罐周围的其他储罐开启消防水进行喷淋，做好防火保护。

④ 命令有关人员做好堵漏的准备工作。准备好堵漏的人员和器具。

⑤ 通知消防队进行顶水作业。

⑥ 由储罐的操作人员操作控制进水阀门，注意观察液位和压力，严禁超压，配合消防队进行顶水作业。

⑦ 当顶水达到预期效果时，做好个人防护的堵漏人员携带相应的夹具、注胶器和密封胶进入现场储罐泄漏处开始堵漏。

⑧ 堵漏人员将与泄漏部位相匹配的堵漏夹具固定在泄漏部位，并用螺栓固定，待完全固定后，用事先填好密封胶的液压式注胶器向夹具的预留孔闪注入密封胶。

⑨ 当泄漏量逐渐减少直至消失后，检查夹具固定牢固有效，这时可以认为堵漏基本完成，此时应停止向泄漏点顶水，停止向其他储罐喷淋，并撤回器材，同时向上级汇报。

3. 应急疏散方案

危险化学品企业发生重大事故，可能对厂区、外部人群的安全构成威胁时，必须在应急救援指挥部的统一指挥下，紧急疏散与事故应急救援无关的人员。危险化学品生产企业应在厂区最高建筑物上设立“风向标”。在应急疏散方案中，应对疏散的方向、距离和集中地点做出具体的规定，总的原则是人员疏散的安全点应处于当时的上风方向。

(1) 应急疏散的指挥　发生事故时如果事故现场人员较多，由于人们对事故的惊慌、恐怖、冲动，往往会导致群体性的盲目流动，这种状态会严重干扰人们的正常思维，引起更大的混乱和恐慌。因此，事故现场有计划的疏散和冷静沉着的应急指挥能够避免以上情况的发生，防止因盲目流向造成的某一出口人流拥挤，相互踩踏而堵塞出口，造成更大的、不必要的伤亡。

① 疏散指挥人员首先应确认在此次事故中疏散的方向，然后按照疏散示意图标识的路线疏散人员。

② 如有可能威胁到周边地域，指挥部应当与当地有关部门联系，协助引导疏散。

③ 疏散人员在引导无关人员有序疏散时，应检查自己负责的区域，在确保无人员滞留后方可离开。

(2) 应急疏散标志

① 事故照明　由于事故停电，会给事故疏散造成很大障碍，所以疏散通道上必要位置、疏散楼梯、消防电梯及前室、配电室、消防控制室、水泵房、人员密集的公众聚集场所等处都应设置事故照明灯。事故照明灯一般设在墙面或顶棚上，其最低照度不低于0.5lx，以玻璃或其他非燃材料保护罩覆盖。当因事故停电时，应急照明灯会连续发光20min以上。

② 疏散指示标志　疏散指示标志一般用箭头或文字表示，在黑暗中发出醒目光亮，便于识别。疏散指示标志通常设在安全出口顶部、疏散走道及其路径转角处的墙面上。疏散中应按指示方向行进，方可顺利逃至安全地点，脱离危险。

(3) 应急疏散出口　事故应急处理预案中，应对生产人员较多和危险性较大的区域的安全通道和安全出口做统一设计并设置明显标志，每个生产者都应熟悉其位置，掌握通道门的开闭程序。严禁在安全通道堆放杂物，须保证其畅通无阻。对于安全通道和安全出口不符合要求的要及时整改。

① 建筑物的安全出口应符合以下安全要求。

a. 根据使用要求，结合防火防灾安全疏散的需要，设置足够数量的出口。一般认为，建筑物应设两个及两个以上的安全出口。当一个被堵住时，另一个应能够通行，这样有利于人们很快离开事故现场，以避免遭受更为严重的人身伤亡和经济损失。

b. 对于安全通道较曲折或生产场地较大的情况，事故应急处理预案中还应考虑设避灾间，避灾间中应布置足够的自救器材、自救器具。

c. 为保证公共场所的安全，对于人员密集的地方，如剧场、电影院、食堂等，即使设有两个出口也是不够的，还要根据需要增设安全出口。

d. 对于具有燃烧、爆炸、危险的生产厂房，安全出口应有两个以上。但对于每层面积不超过 $100m^2$ 的甲类生产厂房，且同一时间内生产人数不超过 5 人的，可根据实际情况设置一个出口，对于乙类生产厂房，每层面积不超过 $250m^2$，且同一时间内生产人数不超过 10 人的，允许设置一个出口。

e. 对于丙类生产厂房，每层面积不超过 $25m^2$，同一时间内生产人数不超过 20 人的，也允许设置一个出口。

f. 对于丁、戊类生产厂房，每层面积不超过 $400m^2$，同一时间内生产人数不超过 30 人的，也可只设置一个出口。

g. 地下室、半地下室的安全出口，数目也应不少于两个。但面积不超过 $50m^2$，人数不超过 10 人，可设一个安全出口。

h. 疏散出口的楼梯和楼板应用非燃烧材料制成。

i. 甲、乙类生产厂房和高层厂房疏散楼梯应采用封闭楼梯间。高度超过 32m 且每层人数超过 10 人的高层厂房宜采用防烟楼梯间或室外楼梯。

对安全疏散距离、疏散楼梯走道和门的宽度等指标及其他防火要求，应当按照国家标准《建筑设计防火规范》的有关规定执行。

② 安全出口还应考虑的安全注意事项

a. 为保证人身安全而设计的出口和其他安全措施，一定不能只依靠单一的安全措施，而要考虑到一旦发生火灾时，单一安全措施有可能失灵。所以应当设置辅助的安全措施。

b. 供防火用的安全出口，在任何时候、任何情况下都应保持畅通无阻。安全出口或楼梯间不能作为仓库堆放物品或进行其他用处。

c. 当一个安全出口被火截住时，要用另外的方法或路径予以疏通。

d. 在发生火灾或紧急突发情况下，要设置有发出警报的灵敏的报警设备和设施。

e. 在安全疏散出口或疏散路线上，应设置有足够的照明设施。

f. 对可能蔓延并危及正在疏散人群安全的火和烟雾，应设置控制设施和逸散区域。

g. 尽量减少建筑物内的复杂结构和陈设，以防止火势迅速扩大，阻止或影响人们迅速疏散。

h. 建筑物进出口的走廊要宽阔。

i. 安全出口的门应设置成向外开启。

j. 有消除人们心理上的惊恐情绪的措施。

（4）火灾应急疏散方案的编制

① 一般场所疏散方法　危险化学品企业的值班人员或其他人员确认发生火灾时，应立即报警，通知相关部门和人员。有关人员接到报警后，应按计划进入指定位置，立即组织疏散。按照预案的规定和平面图的指示，疏散指挥人员用最快的速度通知现场的无关人员疏散的方向和通道。现场中可能受到事故威胁到人身安全的人员，必须服从统一指挥，做到有组织有秩序地进行疏散。当消防队到达火场后，由消防指挥员组织指挥。着火企业的领导和工作人员应主动向消防队汇报火场情况，积极协助消防队，做好疏散抢救工作。

a. 正确通报、防止混乱。当人们还不知道发生火灾时，而且人员多、疏散条件差、火势发展比较缓慢的情况下，失火单位的领导和工作人员应首先通知出口附近或最不利区域的人员将他们先疏散出去，然后视情况公开通报，告诉其他人员疏散。防止不分先后，一拥而上，挤在一块影响顺利疏散。在火势猛烈，并且疏散条件较好时，可同时公开通报，让全部人员疏散。在火场上具体怎样通报，可根据火场具体情况确定，但必须保证迅速简便，使各种疏散通道得到及时充分利用，防止发生混乱。

b. 口头疏散引导。火灾中由于人们急于逃生的心理作用，可能会一起拥向有明显标志的出口，造成拥挤混乱。此时，应急救援人员要设法引导疏散，为人们指明各种疏散通道，同时要用镇定的语气呼喊，减轻人们临险后产生的恐慌心理，稳定情绪，坚定信心，使大家能够积极配合，按照指定路线有条不紊地疏散。

c. 广播引导疏散。广播引导人员疏散在疏散行动中起着重要的作用。在接到发生火灾的信号后，要立即开启事故广播系统，将指挥员的命令、火灾情况、疏散情况等由控制中心发出，以引导人们疏散。其使用语言的内容一般包括以下几点：第一，发生火灾的部位、目前蔓延的范围、燃烧的程度等；第二，需要疏散人员的区域，指明比较安全区域的方位和标志，以便使被控者确认自己是否到达安全区域；第三，指示疏散的路线和方向，说明利用哪条疏散通道和出口，安全指示标志的高低位置及颜色；第四，对已被烟火围困的人员，要告知他们救生器材的使用方法以及自制救生器材的方法，使其树立起自救逃生的信心。

d. 强行疏导疏散。如果火势较大，直接威胁人员安全，影响疏散时，救援工作人员及到达火场的消防队员，可利用各种灭火器材及水枪全力堵截火势，掩护被控人员疏散。由于惊慌混乱而造成疏散通路和出入口堵塞时，要组织疏导、向外拖拉。有人跌倒时，还要设法阻止人流，迅速扶起摔倒的人员，以及采取必要的手段强制疏导，防止出现伤亡事故。安全疏散时一定要维护好秩序，特别注意防止相互拥挤。在疏散通道的拐弯、岔道等容易走错方向的地方，应设立“哨位”指示方向，防止误入死胡同或进入危险区域。

e. 制止脱险者重返火场。对疏散出来的人员，要加强脱险后的管理。由于受灾的人员脱离危险后，随着对自己生命威胁程度的减少，转而对财产和未脱离危险区域的朋友、工友、师徒的生命担心程度增加了。此时，他们有可能重新返回火场内，去抢救财物和亲朋好友。因此，对已疏散到安全区域的人员，要加强管理，制止他们的危险行动，必要时应在建筑物内外的关键部位配备警戒人员。

② 地下建筑的安全疏散方法

a. 应制订区间（两个出入口之间的区域）疏散计划。计划应明确指出区间人员疏散路线和每条路线上的具体负责人。

b. 服务管理人员必须都熟悉计划，特别是要明确疏散路线，一旦发生紧急情况，能沿着它引导人流撤离起火场所。

c. 地下建筑内的走道两侧的宣传牌、装饰物不得突出于走道内，以免妨碍疏通。

d. 如果发生断电事故，应立即启用事故照明设施、应急灯、电池灯等照明器具，以引导疏通。安全管理人员在全部人员撤离后应清理现场，防止有人在慌乱中躲藏起来而发生中毒窒息或被烧伤烧死的事故。

③ 安全疏散注意事项

a. 保持安全疏散秩序。在引导疏散过程中，始终应把疏散秩序和安全作为重点，尤其要防止出现拥挤、践踏、摔倒的事故。遇到只顾自己逃生、不顾别人死活的不道德行为和相互践踏、前拥后挤的现象，要想方设法坚决制止。如看见前面的人倒下去，应立即扶起；及时地给予疏导或选择其他的辅助疏散方法给予分流，减轻单一疏散通道的压力。在无法分流时，应采取强硬手段坚决制止。同时要告诫和阻止逆向人流的出现，保持疏散通道畅通。制止逃生中乱跑乱窜、大喊大叫的行为，因为这种行为不但会消耗大量体力，吸入更多的烟气，还会妨碍别人的正常疏散和诱导混乱。尤其是前拥后挤的混乱状态出现时，决不能贸然加入，这是逃生过程中的大忌，也是扩大伤亡的缘由。

b. 应遵循的疏导顺序。疏散应以先着火层，然后以上各层，再下层的顺序进行，以安全疏散到地面为主要目标。优先安排受到火势威胁最严重及最危险区域内的人员疏散。此时若贻误时机，则极易产生惨重的伤亡后果。建筑物火灾中，一般是着火楼层内的人员遭受烟火危害的程度最重，会遭受高温和浓烟的伤害。如果疏散不及时，极易发生跳楼、中毒、昏迷、窒息等现象或症状。

当疏散通道狭窄或单一时，应首先救助和疏散着火层的人员。着火层以上各层是烟火蔓延将很快波及的区域，也应作为疏散重点尽快疏散。相对来说，下面各层较为安全，不仅疏散路径短，火势蔓延的速度也慢，能够容许留有一段安全疏散时间。分轻重缓急按楼层疏散，可大大减轻安全疏散通道压力，避免人流密度过大、路线交叉等原因所致的堵塞、践踏等恶果，保持通道畅通。

c. 发扬团结友爱的精神。火灾中善于保护自己顺利逃生是重要的，但也要发扬团结友爱的精神，尽力救助更多的人撤离火灾危险境地。据火灾疏散统计资料表明，孩子、老人、病人、残疾人和孕妇，在火灾伤亡者中占相当大的比例，这主要是由于他们的体质和智能不足，思维出现差错和行动迟缓。如能及时给予帮助，就能使他们得以逃生。逃生中要尽力控制自己的情绪，切勿大喊大叫，乱窜乱撞，以免引起疏散人员的拥挤和混乱，应尽力起到帮助疏导和稳定人们情绪的作用。

d. 疏散、控制火势和火场排烟，原则上应同步进行。组织力量利用楼内消火栓、防火门、防火卷帘等设施控制火势，启用通风和排烟系统降低烟雾浓度，防止烟火侵入疏散通道，及时关闭各种防火分隔设施等措施，均可为安全疏散创造有利条件，使疏散行动进行得更为顺利、安全。

e. 疏散中原则上禁止使用普通电梯运载人员。普通电梯由于缝隙多极易受到烟火的侵袭，而且电梯竖井又是烟火蔓延的主要通道，所以采用普通电梯为疏散工具是极不安全和相当危险的。曾有中途停电、窜入烟火和成为火势蔓延通道而引发多起悲剧的案例。因此，在火灾发生时，原则上首先关闭普通电梯。

f. 不要滞留在没有消防设施的场所。逃生有困难时，可将防烟楼梯间、前室、阳台等作为临时避难场所。千万不可滞留于走廊、普通楼梯间等烟火极易波及又没有消防设施的地方。

g. 逃生中注意自我保护。学会逃生中的自我保护的基本方法是保证自我逃生安全的重要组成部分。如在逃生中因中毒、撞伤等原因对身体造成伤害，不但延误逃生行动，还会遗留后患甚至危及生命。火场上烟气具有较高的温度，但安全通道的上方烟气浓度大于下部，贴近地面处烟浓度最低。所以疏散时穿过烟气弥漫区域时要以低姿行进为好，例如弯腰行走、蹲姿行走、爬姿走等。但当采用上述姿势逃离时速度不宜过猛过快，否则会增大烟气的吸入量，视线不清发生碰撞、跌倒等事故。

h. 注意观察安全疏散标志。在烟气弥漫能见度极差的环境中逃生疏散时，应低姿细心搜寻安全疏散指示标志和安全门的闪光标志，按其指引的方向稳妥行进，切忌只顾低头乱跑或盲目随从别人而跑错了方向、走错了道路。

i. 如果身上衣服着火，应迅速将衣服脱下，就地翻滚，将火压灭。如附近有浅水池、池塘等，可迅速跳入水中。如人身已被烧伤时，应注意不要跳入污水中，以防感染。

4. 现场清洁与净化

清洁净化是为防止危险化学品的传播，去除暴露于有毒、有害危险化学品环境所受的污染，对事故现场受暴露者及其个人防护装备进行清洁净化的过程。事故中可能涉及的危险化学品泄漏使现场人员受到污染和伤害，清洁净化是应急行动的一个环节，而不是紧急情况结束后的恢复和善后。

（1）对人的清洁净化 对事故现场人员的清洁净化是指现场中受暴露的人员和应急行动队员的清洁净化。清洁净化可分为两种情况。

① 紧急情况下的“粗”清洁净化。暴露于毒性物质污染的初期或开始阶段粗净化已足够；紧急情况下，用于毒物威胁生命时的抢救，采取粗净化以便快速治疗，防止受害者进一步的伤害。

② 治疗前彻底清洁净化。彻底的清洁净化用于没有生命危险的伤害，在可以延迟到更彻底的清洁净化之后，再进行第二次治疗。清洁净化主要采取多重冲洗，清洁净化时要采取严格的隔离和区域警戒。

在涉及危险化学品的事故中，由于外伤、化学品污染、燃烧和其他的原因引起的伤害，受伤人员可能会出现危急情况，紧急医疗必须在快速、有效但安全的环境中进行。在医疗前的净化时，应该选择的辨识净化区域和分类区域的位置，考虑到不同的风向条件，选择位置应基于下面的原则：

a. 所选择的位置应该在上风向以避免暴露于化学蒸气和烟气的影响；

b. 所选择的位置应该在上上坡以避免来自于消防和化学品的喷溅；

c. 所选择的位置应该是车辆易于到达的地方。

当地医院和政府的卫生部门应该参加对应急人员和紧急医疗人员的培训。这个培训应该包括对使用物质安全数据表和可能涉及的危险物质性质的确定，对暴露于危险化学品中的治疗、净化技术、污染控制技术和适当的防护水平的确认，并确定训练与演练程序。在一个涉及危险化学品的事故中要估计到三种类型的伤员：

a. 没有受到污染但受到物理伤害的伤员；

b. 没有或有很小的物理伤害，但已经受到化学品的污染；

c. 受到严重伤害以及化学品污染的伤员。

除了最初的分类评价外，根据化学品和暴露的方式，应急医疗服务人员应该经常地再评价那些等待治疗的伤员。没有快速、有效地对伤员治疗，伤员的情况可能会更糟。应急医疗服务人员应该对事故中所涉及的化学品的化学及物理特性和不同的暴露水平下的症状的确认。

化学品泄漏现场的分类必须与对伤员的治疗紧密地结合在一起进行。无论在什么情况下，采取抢救生命的措施应该优先与净化，除非净化对于保护伤员是必须的。在进一步的治疗和转移之前，必要的最低程度上的粗净化是对伤员的衣服和其他明显的污染的净化。伤员的彻底“净化”应该在伤员处于稳定状态时进行。在现场的应急医疗服务人员将负责这些操作。

(2) 环境的清洁净化 污染的类型和形式是由污染物的种类和状态（固体、液体、气体）决定的，见表4-3。

表4-3 污染物的种类和状态

污染的类型	污染潜在的形式		
	气体/蒸气/雾	液体	固体或粒状
化学品	√	√	√
活性物质	√	√	√
农药		√	√
重金属		√	√
多氧联苯(PCB)		√	
石棉			√

影响污染物扩散的关键的物理因素包括在水中的溶解度、凝固点等。污染物泄漏的多少将影响其危害性、对人的急性和慢性的毒性、对其他生物体的毒性及可燃性和反应性。

污染可能扩散到其他区域的环境中时，污染的程度和水平取决于接触的时间和其他因素，例如浓度、温度和污染物与接触物质的反应。当泄漏扩散到一个建筑物时，轻的或中等的飘浮的气体或蒸气云雾可能很快地扩散到其他的地方，而且不会沉淀大量的污染物，除了在泄漏源附近外。然而，比空气重的气体或空气悬浮物颗粒很可能与地面接触并且消散也比较慢，可能出现与重大火灾相关的危险物质的泄漏。救援人员应该掌握一定的知识，能够确定在不同的泄漏条件下污染的程度，对可能受到污染影响的区域进行很好的评估。如以液体方式泄漏的化学品能够以下列方式产生污染。

① 进入水泥地面的裂缝；

② 溅到设备或其他的表面；

③ 进入地表水中、进入到排水沟或下水道中。

以液态方式泄漏的危险化学品可能把污染扩散到不期望的位置，例如：

① 危险化学品能渗透到多孔的材料、绝缘材料、水泥、涂料的表面和土壤中；

② 进入到排水口或下水道；

③ 泄漏可能给附近区域内的处理设备带来麻烦，使处理设备不能去除或使处理设备受到污染。

当危险化学品以雾的方式泄漏时，它能进入到多孔的材料中，例如，绝缘材料、水泥、涂料的表面及土壤。由于较高的浓度和较长的接触时间，以液态物的方式的泄漏通常引起比以气体或蒸气方式泄漏更大的污染。更多的以液体方式的泄漏最终可能进入到地表水中，并引起更大的清除问题。

危险化学品也可以固态或微粒的方式泄漏。固态污染的程度通常明显小于其他形式的污染。虽然某一地方的污染水平要高于以气态或固态方式的泄漏。但是，严重的污染出现在离泄漏源比较近的地方。不像由雾、蒸气或气体引起的沉积，许多灰层或颗粒污染将沉积在物体表面上，这样污染形势能够很容易地被扰动并通过物理接触，风、雨和通风系统传播，在大多数条件下这种污染也是最容易清除的。

① 制订清洁净化行动计划　对危险化学品事故的所有其他的应急行动来说，制订行动计划对安全、有效地进行清洁净化是很重要的。所有的事故都各不相同并代表着不同的变化，在制订净化行动计划应考虑的因素包括：净化地点，应该确认一个容易获得的稳定水源。理想的位置是要能把供水能力与废水的积蓄能力很好地结合在一起。净化设备：为了净化需要，一系列的设备和供应物的配置应该预先准备好，包括：

a. 使用小直径的软管来输送净化池中的水，并使用水来擦洗和作为清洗液用。必须十分小心，防止过大的压力与流量伤害人员或使储水能力的负担过重。

b. 手握的、可调节的喷嘴，如同在草地和花园灌水中所使用的类型一样。它可以很好地调节喷洒水的流量。

c. 直接使用肥皂或清洗溶液的喷雾器。

d. 好用的短、硬毛刷子和用以清洗的海绵。

e. 储备的水及适当稀释的洗涤液。

f. 池、盒或其他的储水手段。

g. 简易的淋浴器。

h. 简易的帐篷、适当的屏障或其他的遮蔽工具。

i. 用完即丢弃的衣服。

考虑了所有方面的清除，根据进化的需要估计出在设备中所使用的化学品的类型的数量。

② 净化的方法　危险化学品企业应急救援者应该使用一个有效的、安全的、易于接受的净化方法。在选择净化方法时，事故管理者必须要考虑当前的状况，所涉及的化学品、污染的程度、位置、天气和被净化的人数。常用的净化方法有：

a. 稀释　用水、清洁剂、清洗溶液和稀释污染物。洗涤溶液可能包括清洁剂、肥皂和其他液体香皂。清洁液可能包括稀释的磷酸盐、小苏打等。

b. 处理　在事故区域中使用的衣服、工具、设备应该考虑处理。当应急人员从受污染区域撤出时，他们的衣服或其他的物品应储藏在合适的容器中，并作为危险的废物来进一步处理。虽然多层防护服有较高的防护水平，然而由于处理费用并不昂贵也应该考虑对它进行处理。

c. 物理法去除　使用刷子可以除去一些污物，吸尘器也可以吸收掉活性物质，较大的部分应该用大量的水和清洁剂来清除。

d. 中和　中和通常不直接应用于人的身上，它的使用通常仅限于衣服和设备。苏打粉、碳酸氢钠、碎的石灰石、醋、柠檬酸、家用漂白剂、次氯酸钙盐、矿物油都是一些获得广泛使用的中和材料。一个特别的中和剂——葡萄糖酸钙应用于皮肤与氟化氢接触的情况下更为合适。

e. 吸附　通常使危险产品直接黏附在吸附剂的表面上，因为吸附材料能吸附污染物，吸附剂使用后要处理。

f. 隔离　隔离需要全部隔离或把现场或设备全部围起来以免污染，污染的物质可能被处理或被永久地去除掉。

（3）设备的清除　在危险化学品企业事故发生后，被污染的仪器和设备清除是需考虑的事情，在发生危险化学品已经泄漏到装置或环境中的事故后，应该把注意力放到应急行动中受到污染的设备的清除上。指导恢复和清除的重要因素是时间，如果过多拖延时间，最后将导致费用会更高。

小范围的设备清除与净化的方法一样，通常用清洗的方法来完成。大范围设备的清除与净化是一个两阶段的操作过程。第一个阶段去除或降低在大范围面积上的基本水平的污染。这个过程可能由人工清除残骸、使用灭火软水管来清洁地面或使用真空吸尘器来收集微粒等组成。必须在粗清除后进行，通常用采样来决定下一步。第二个阶段是由前面所阐述的定位的小范围清除所组成，必须收集废液，并处理残骸和危险物质。表 4-4 列出了一些对于大范围的清除方法。

表 4-4　大范围的清除方法

方法	说　明
水洗	水必须收集并且处理。周围的电力设备或机械必须有良好的绝缘。 地面和墙面不能用多孔材料，以防渗透到这些表面
吸收	利用多孔表面或材料来吸收有害物质。从真空管（棒）中释放的气体也必须净化吸收或过滤
中和	酸、碱性的物质需要中和，当是放热反应时，应严格控制速度
吸收/吸附	较大的处理范围。如果物质是不相容的，可能有潜在的反应问题
刮除	当污染物是淤泥状时，应刮除尘的危害
蒸汽清洗	对于非多孔渗透的表面和污染物是非常有效的。废液必须收集起来，并处理掉
二氧化碳喷吹	对于大多数非多孔渗透的表面和污染物是非常有效的
高压清洗	对于非多孔渗透的表面和污染物是非常有效的。废液必须收集起来并处理掉
喷砂/防腐	对于非多孔渗水的表面是有效的

在许多情况下，对大范围扩散污染事故将需要外界承包商的帮助来进行清除净化。当寻找承包商的帮助来进行清除活动时，寻找的条件如下：

a. 清楚所需要技术的知识与技能；

b. 适当的设备；

c. 受过良好安全培训和教育的队员；

d. 能执行安全和健康的政策来保护企业的员工；

e. 安全的历史、违反规定的记录以及过去发生事故的教训；

f. 非常熟悉并注意观察相关的环境保护方面的政策法规；

g. 企业在金融方面的信誉。

5. 恢复与善后

当应急阶段结束后，从紧急情况恢复到正常状态将需要时间、人员、资金和指挥，对恢复能力的预先估计将是很重要的。例如已经预先评估的第一易发事故，因为制订了预先的恢复计划，使之在短短的数小时之内就能恢复到原来的水平而从中受益。

恢复在应急阶段结束时开始，而决定恢复时间长短的因素包括：破坏与损失的程度，完成恢复所需要的人员、财力、技术的支持，法规法律部门，其他的因素如天气、地形、地势等。

（1）主要恢复活动

① 管理的恢复；

② 现场警戒；

③ 对员工的帮助、对破坏的估计；

④ 工艺数据的收集与记录；

⑤ 事故的调查；

⑥ 安全和紧急系统的恢复；

⑦ 法律、法规的要求；

⑧ 保险与索赔事宜；

⑨ 公共关系问题。

（2）恢复阶段的管理　恢复意味着对特殊情况的管理，自从发生事故造成某个区域被破坏后，系统不可能立即恢复到正常的水平。恢复的成功在很大程度上取决于对它的管理水平。这里需要任命一位权威的管理人员来管理这个恢复过程，可能需要建立一个特别组织来执行恢复的活动。主要任务如下：

① 协调恢复，分配任务和责任；

② 指导对设备的检查和测试；

③ 监督所采用的清除方法；

④ 与来自内部组织和外部组织（媒体、公共关系）的代表的联系。

对于重大事故的恢复，需要成立恢复组织，其构成要以事故的大小来决定，通常包括以下的部分或全部人员：工程、维修、生产、采购、环保、安全、卫生、人力资源、公共关系、法律事务等。

预备期间对恢复人员的培训，使他们很快地在紧急事故发生后开始发挥作用。然后，如果不能提前决定恢复组织成员，恢复的管理者应快速任命成员，并确定成员花费在恢复上的时间是有效的。恢复管理者重要的职责是建立并协调重要的恢复职责。现场警戒和安全、消除、帮助员工、对破坏损失的评估、保险和金融、事故工艺数据的记录与收集、公共关系与通信、事故的调查等。

(3) 重要的恢复功能　危险化学品企业事故发生后，当应急响应救援完毕后，要立即进行恢复行动，主要过程如下：

① 现场警戒和安全　一旦应急阶段结束，由于下列原因，隔离事故现场仍有必要的：

a. 事故可能给这个区域的人员带来身体上的伤害；

b. 事故调查组需要确定事故的原因，因此，不能破坏和干扰现场的实物证据；

c. 如果已经发生了严重的伤害和事故，可能需要进行官方的调查；

d. 组织与部门也可能要进行调查；

e. 考虑天气对污染物扩散扩展的影响；

f. 在新的污染区域安装临时的探测设备；

g. 保险公司将决定损坏的程度；

h. 工艺工程师和安全工程师需要检查这个区域，确定被损坏的程度并确认可抢救的设备。

这个区域应该用明显的色彩、标志或其他装置设立警戒线，应该拒绝无关人员进入该区域。管理人员应该提供给警戒人员一个被允许进入该区域的人员名单。通知警戒人员如何进入规定的检查。安全监管和工业卫生人员应该决定存在的污染或物理危险，如果在这个区域将会给人员带来危险，应该采取有针对性的安全措施，包括个人的防护设备，通知所有的入口处的员工、承包商和客人对进入受破坏区域须受到安全限制。

② 对员工的帮助

a. 员工是公司最宝贵的财富，然而由于受到紧急情况的影响，可能使其失去生产能力而完全不能工作。因此，紧急情况发生后，员工可能需要公司的帮助。公司对员工的帮助将涉及：一是紧急情况发生后提供给员工必要的医疗和心理的帮助；二是确保伤员或死亡人员的家庭得到公司很好的照顾；三是如果紧急情况已经影响了员工的家庭或住处，为确保员工从私人损失中恢复过来，根据损失的大小和程度，社会应该考虑提供服务。

b. 在紧急情况发生后，在恢复阶段，管理者提供建议或其他的帮助，将会在很大的程度上降低员工的压力，并确保很快地恢复到正常水平。管理者应该注意员工行为的变化，如：慢性的，肠胃是否不舒服；当执行任务时，是否有发生事故的倾向；员工的睡眠是否失调；饮食习惯的改变；是否头痛、皮肤发疹、过敏性暴怒；吸烟或饮酒增加；心神不安，不能聚精会神；过度的发怒等。

c. 并非正式的讨论会，提供给员工一个机会来描述在紧急情况期间发生了什么，讨论他们的感受和认识。如果可取的话，安排心理学家与员工一起工作，帮助他们从紧急情况中恢复过来，安全管理者或类似的人应该确保对应急队员以询问的态度来关心他们的感情。

③ 通告　通告体现在如下形式：

a. 进行通告程序；b. 通知不当班的人员工作的形势；c. 通知保险公司和相关的政府部门；d. 向员工传到具体情况。

④ 调查　事故调查按如下程序进行：

a. 收集所有的与事故相关的工艺数据；b. 保存详细的记录、录音、对现场拍摄的录像；c. 估计财产破坏损失的价值；d. 估计对商务产生的影响；e. 按照国家有关规定进行调查和写出调查报告。

⑤ 运转　重新建立开始运转的机制；保护未受到破坏的财产；驱散烟、雾、水，消除事故残骸；保护企业整体财产；防止设备受损、变形、受潮、腐蚀；清理财产，并把破坏的物品保管起来，直到保险公司人员查看过现场，做了登记和照相、摄像；编写受损物品的清单。如果是一些可估计数量和价值的物品，由理财结算公司来完成。在受损物品的清单中说明已经被损坏物品的数量、类型和价值。

第三节　危险化学品企业应急管理信息系统建设

应急管理信息系统应该是构筑于社会公用信息设施（如通信网络和计算机网络）之上的，联系各个相关行业（如公安、气象、疾控、军队等等）业务信息系统的大集成系统。从系统观点来看，应急管理信息分为突发事件的前兆信息（如监测监控的传感数据、危险源数据等）、应急管理信息（如国家突发事件应急预案中列出的11类应急保障信息）、应急处置过程的信息、事后分析总结信息和基础信息五大类。应急管理信息系统就是提供这些信息的报送、采集、传输、变换、储存、组织以及知识和模型的管理，实现应急管理信息的高效获取、综合共享、快速反应以及辅助决策分析的服务。

一、应急管理信息系统的目标

(1) 完成基于空间地理信息的应急“平”“战”信息的整合。实现面向相关部门的应急综合信息浏览、查询、统计、分析等功能；实现面向公众的应急综合信息浏览、查询、统计等功能。

（2）实现信息系统标准化 应急管理信息系统建设如果没有统一的标准和规范，就很难避免低水平重复建设。因此，结合信息技术、电子政务及其他应急标准化工作，尽快开展应急信息系统标准的研制工作，以标准化来促进应急管理信息系统的建设。

（3）体现实效性 应急管理具有很强的紧迫性，需要应急部门在短暂的时间内迅速做出正确的决策，有效地实施各种应急措施。应急管理信息系统应当体现出协同应对，快速反应，为应急部门开展各种应急工作及时提供有效的信息。当面对突发事件与危机时，应急体系内的相关部门，不仅要加强本企业、本部门的应急管理，落实好自己负责的专项预案，还要按照总体应急预案的要求，做好纵向和横向的协同配合工作，能够有效组织、快速反应、高效运转，体现应急系统的时效性，保护人民的利益不受侵害。

（4）具备较强的扩展性 突发事件与危机具有不确定性，现有的应急管理信息系统可能在某些方面不能有效地应对突如其来的灾难性事件。在灾后的重建和总结过程中，需要对现有的系统进行改进，以便有效地应对今后的类似事件，所以，应急管理信息系统需要具备较强的扩展性。

（5）充分发挥联动性和集成性 在建设应急管理信息系统的时候，必须充分考虑应急管理信息系统的联动性。应急管理信息系统的五大平台应该是联动的，而不是孤立的。从技术的角度来看，不仅要把一个系统平台进行集成，更要把五大平台进行集成中的集成，形成能够在统一指挥下从各自部门的性质对事件进行单独处理。在现实中不只是建设一个应急指挥中心，而应该是在整合的基础上建设各级中心的协作群体，在建设的时候把公安、消防、急救等相关领域的各个应急分系统进行有效集成，形成社会应急联动系统，这样，在应对突发事件与危机时能够统一指挥，调度协同处理。

（6）以电子政务的基础设施平台为依托 应急管理信息系统是综合的大型系统，如果脱离现有的电子政务设施平台，单独建设应急管理信息系统将会浪费大量的资金。此外，应急管理信息系统本身就是电子政务的深度应用，离开电子政务平台，应急管理信息系统的作用将会受到限制，应急管理信息系统的建设应当以网络设备、无线通信设备为中心，而不是以业务需求为中心。所以，应急管理信息系统必须以当前电子政务的基础设施平台为依托来打造应急管理信息系统，系统建设重点围绕如何使用设备，而不是从需求出发。

二、应急管理信息系统的需求特点

1. 高效的实时性信息处理与共享

应急管理信息系统的目的是建立一个能迅速收集、处理、传递突发事件中的各种信息的指令的“一人一机”系统。信息资源是应急指挥的基础，应急预案的制订是基于丰富的、实时的、准确的信息资源的基础上进行的。一般的设备等支撑平台3～5年需要更新，应用系统5～10年需要更新，而信息资源是一直需要积累和使用的。信息资源比信息系统、支撑平台更为重要。因此，应急管理信息系统中，应重视信息资源的建设，特别是信息资源的实时更新与共享。

2. 动态组织人事管理

动态组织人事管理是基础。从一般意义上讲，信息系统的开发都是基于组织的，且为组织服务的，所以组织管理信息化是信息系统有效运行和持续发展的基础。应急管理信息系统不论是平时还是战时都必须要有严密的、职责明晰的、不审计问责的和可靠可信的组织信息化管理系统。它与一般信息系统中的用户管理不同，它是物质世界组织及组织管理在虚拟世界的映射。应急管理信息系统需要全社会的信息资源的共享和整合，需要多级多部门的业务协同和指挥联动，特别是事后评估和总结都需要组织管理信息化作为支撑保障。

由于突发事件的发生、发展都具有很强的不确定性，直接导致了应急管理的组织是动态变化的。因此，应急管理信息系统必须要支持组织结构的动态定义和管理对组织结构的定义，包括应急处理的参与者的规定，以及每个参与者的信息处理功能的指派。并且当应急指挥形势发生变化时，信息系统应该支持对各组织结构的信息处理功能的调整，具体来说，就是随着系统的运行，系统的用户、各用户的功能、用户间的信息关系，以及系统中信息的内容都会有所变化。

3. 信息安全、审计问责和绩效评估

信息安全、审计问责和绩效的评估是保障。突发事件与危机的应急处理大都是一种非常态的社会性活动，资源动用面广、经济社会利益重大，而又具有一定的急促紊乱性特征。有关突发事件与危机各种类型、各时各点事态的信息需要迅速通达，信息的准确性、时效性、责任性等至关重要。因此，通信及信息安全信息支撑环境是必须的。

应急管理中的各类人员的岗位职责具有临时性动态界定的特征。因此，如何利用信息技术手段，采用电子身份认证，跟踪审计各岗位人员的应急处理业务工作痕迹，可有效地实施科学问责和工作绩效评估。

4. 信息系统须与常态相关系统有效集成

突发事件的应急处理是一项社会活动，应急管理信息系统不可能凭空建立，必须以常态的经济社会运行系统为基础，必须与常态下的相关业务系统相集成。这里的业务系统指的是应急指挥相关部门的业务处理系统，如公安指挥信息系统、疾病预防控制系统、防汛和气象灾害指挥系统、战备指挥系统，等等。他们能进行专门的业务信息处理，并调动本业务系统的资源。在我国，这些业务系统还有个特点：许多业务系统都有自己专用的基础信息设施，如电话专网或专用计算机内部网。要进行大面积的指挥调度，必须借助这些业务系统。

应急管理信息系统与业务系统可能有两种方式的接口：一种是业务系统提供业务信息服务，应急指挥系统直接使用该业务信息服务；另一种是为业务系统增加一个标准化的信息处理单元，解决对业务系统信息的收集、处理和传输。

5. 信息系统需要标准化

标准化是应急管理资源共享、应急联动的准绳。应急管理的最大特点就是“急”字。突发事件事态信息需要迅速通达、快速理解和迅速反应。规范化的业务流程、标准化的信息、自律型的管理运行模式是应急信息资源共享的基础，是应急指挥、业务处理联动的准绳。

标准化有不同的层次。最彻底的标准化是信息的标准化。但信息标准的制订是一项漫长的过程，而且要求对大量存在的已有信息系统增加底层的改造工作，目前还不可能很快实施。最容易实现，也十分有效的标准化是功能的相对标准化，即利用 Intranet 技术将业务应用系统产生的信息进行发布。

三、信息管理系统的基本原理与方法

应用系统科学思想与方法，充分吸纳国内外突发事件应急管理的理论、经验和实践，依据现代管理科学方法论，集成应用现代通信及计算机网络信息技术，从应急管理组织、业务应用、信息资源和综合技术支撑体系的整体出发，采用大系统多级分布式、节点化可互联集群式体系架构。各级各部门应急管理信息系统可根据国家整体应急预案及相关标准规范体系，以应急管理子系统或节点式的模式进行逐步建设，本设计方案就是面向这一节点式应急管理信息系统而提出的。

信息技术的迅猛发展，特别是互联网技术的普及和应用，实现了信息、知识的更大范围共享和更快捷的传播，人们在知识、信息的共享和获取趋于平等地位；一个人对社会、经济系统的全局认识、视野也随着信息化的深入不断扩大；信息化的深入发展促进各领域各阶层结构的扁平化，借助信息技术将传统的金字塔式垂直结构的管理模式转变为错综复杂的、水平的网络结构。这简化了中间过分庞大、臃肿的管理层，减少了信息的中间传递环节，缩短信息传递时间，提高了办事效率和决策的科学性。信息化彻底改变了人们的工作、学习、生活的思维方式，引发了社会经济、政治、文化的一切变革。

信息化建设是一个复杂的系统工程，从底层到顶层分别是信息技术的选择与应用、业务系统的流程梳理与再造，伴随着业务应用而产生的信息资源开发及管理、系统的组织管理和顶层设计等。在系统工程的众多观点中，核心观点是整体性观点，它强调的是从整体出发，清楚地认识构成整体的各个部门间的联系机理，以便去协调和优化各种关系，从而达到系统的最佳运行状态。

1. 信息化建设系统分析

信息化建设是基于社会组织和一定的资源基础，依靠信息技术来实现组织的业务整合、流程再造、机构重组进而实现组织的管理创新，以便使组织更能有效地履行其职责。

信息化建设促进了组织的协同，加强了人与人的沟通联系，促使组织结构进一步扁平化；信息化建设促进了业务的集成，借助信息技术将社会经济活动联系起来，协同办公、供应链管理、集成制造等均是各组织为适应环境变化的需要，借助信息技术而实现的业务集成；信息化建设促进了资源的集约。

2. MART 模型的建立及整体性

组织与管理（M）、业务应用（A）、信息资源（R）与信息技术（T）是该系统的四大要素。其中信息技术是信息化建设的技术基础；信息化建设是网络、通信、数据库及信息安全等技术及系统软件、应用软件在大的技术体系架构下的融合与综合集成。信息技术支撑各业务应用的实现，同时基于信息技术开展业务流程的梳理，实现业务流程的优化与再造和业务协同与集成。伴随着业务应用产生了各类信息化表征的资源，即信息资源。运用信息技术实现信息资源的整合与共享，进一步促进了业务应用的深度协同与集成。业务应用都是要依附在组织中的，由于各组织在社会加工中的职能分工不同，导致不同的组织间业务不同，因分工产生了组织与组织间业务协同的需求。为了提升组织系统的效率，就要实施管理。信息化发展宏观模型如图 4-5 所示。

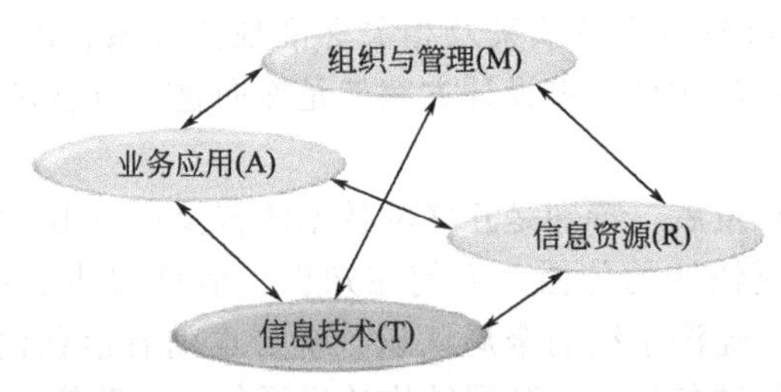

图 4-5　信息化发展宏观模型——MART 模型

在信息发展的四个要素中，信息技术是最活跃、变化最快的要素，而信息技术的发展促进了组织管理的变革与创新，组织管理的变革与创新又为业务应用提出了新的需求和变化，业务的变化又引起源于业务应用而产生的信息资源的相应变化。另外现实组织管理的需求推动了信息技术的发展。可见在信息化发展过程中，四大要素 M、A、R、T 呈现了其动态整体性，如图 4-6 所示。

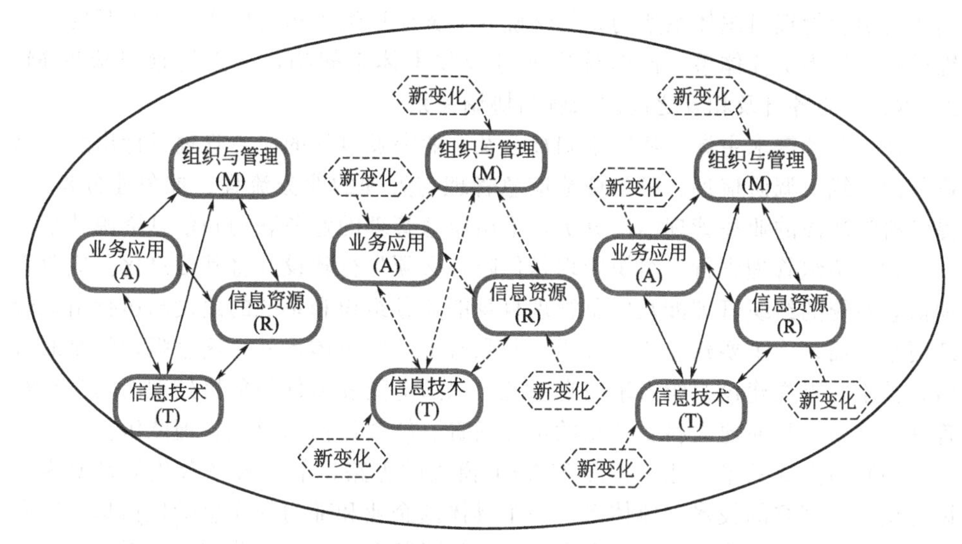

图 4-6 MART 模型的动态整体性

3. 应急管理信息系统的设计与建设原则

应急管理信息系统的设计与建设，以及持续协调发展的必要条件是系统的MART的均衡整体性。为此，应急管理信息系统的建设的重要策略可概括为：一个全局、两个重点。

全局策略是指从MART的静态和动态整体性出发，时时把握MART全面，因为MART是顶层设计本原性内核。在此前提下，以业务应用（A）为切入点进行T型思考，进而带动信息资源（R）和组织管理（M）的变革。

重点之一就是把握组织管理的整体性，实施求同存异策略。利用多元化和行为主体多元化使得一统天下、一家独裁变得不可能。况且全部大同将丧失活力，全然个性化将丧失共存整体。两个极端都会走向消亡。在这种环境下的信息化建设，采用求同多赢、维系整体、存异张扬个性以激励创新发展策略就成了明智之举。

重点之二是宽容的技术体系策略。信息技术日新月异，作为信息化发展基础的信息技术，必须有宽厚的底蕴，必须有容纳百川的胸襟；技术开发源于社会经济等客观系统的本体，采用组件化、平台化模式应用的技术体系就是一种宽容的体现，抓住本体才能以不变应技术上和需求上的万变。

根据MART模型基本思想，应急管理信息系统的设计与建设具体应遵循如下原则：

（1）强化顶层设计 突发事件与危机应急管理是一项庞大而复杂的巨系统工程，涉及组织管理、相关业务与应用处理、各种资源和技术支撑体系，这就是MART的整体。顶层设计就是把握应急管理信息系统宏观体系架构和整体性。

具体要明确管理组织体系架构，科学确立业务应用组织运行模式、技术开发及运维模式、行为责任体系。同时确定业务及技术体系架构，从系统顶层梳理 M、A、R、T 的各自及相互之间的依赖与协调关系。

（2）业务需求主导　从国家和社会及企业突发事件的应急管理目标出发，以业务的主线，调研梳理、科学规范应急管理与处理的业务流程、抽象业务模式，提供科学严谨的业务管理辅助分析，推出应急管理的业务联动和信息资源共享。

（3）组织管理先行　组织管理是保障，必须先行建设并将其信息化。应急管理信息系统的组织管理涉及应急管理自身的业务组织和系统的建设与运行组织管理两个层面，除了要建立职责分明、坚强有力的组织体系外，这里强调的是通过信息技术，首先建设组织人事信息系统，以适应突发事件与危机处理的动态组织管理的需要，从而建立科学公正的审计问责、绩效评估的组织管理队伍。

（4）节点式的平台化　按照 MART 模式的思路，节点式平台化就是要为建设提供一个宽容的技术支撑体系。一个具体的企业和部门的应急管理信息系统必然是国家和全社会应急管理信息大系统的组成部分，是多级分布式大系统的一个节点。节点化意味着一个应急管理信息系统必须是开放的，可互联集群式的体系架构。而应急管理最大的特点是突发、不确定和动态性，因此，应急信息管理系统与决策服务系统必须采用组件式平台化开发技术，这样才能以不变应万变，满足多层次多部门应急联动的快速集成与反应的实战需求。

（5）规范化标准化　要实现应急管理的快速反应、科学规范、有条不紊、职责分明、资源优化配置、多层次多部门应急信息资源共享和业务协同联动，系统设计必须要遵循应急管理法律法规、业务规范和相关技术标准。

四、应急管理信息系统体系架构

应急管理信息系统的体系架构如图 4-7 所示，从总体的角度自上而下包括技术支撑层、信息与知识层、服务支撑层和应用业务层四个层次。整个系统基于统一的技术标准规范和安全保障体系。基于应急组织管理与审计监察系统实现多层次、跨部门的应急管理信息系统互联以及授权与访问控制，及客观信息资源与服务的集成与互操作。最终，通过目录交换、综合应用集成与个性化目录服务，面向公众、政府决策中心、移动中心、相关专业指挥中心、应急办公室、值班室以及各备份中心等提供应急信息发布、应急信息管理以及决策支撑等服务。

其中，技术支撑层（主要包括网络通信平台、数据库服务、数据交换平台、网络通信平台）提供应急访问接入服务，包括计算机网络、有无线通信网络、视频监控、视频会议、卫星图像传输、GPS 通用定位服务等。

信息与知识层主要是存储与管理应急管理相关的信息、预案、案例、知识和模型等，包括基础类信息库，应急保障类信息库，突发事件及管理业务类信息库、预案库、案例库、知识库、模型库等。

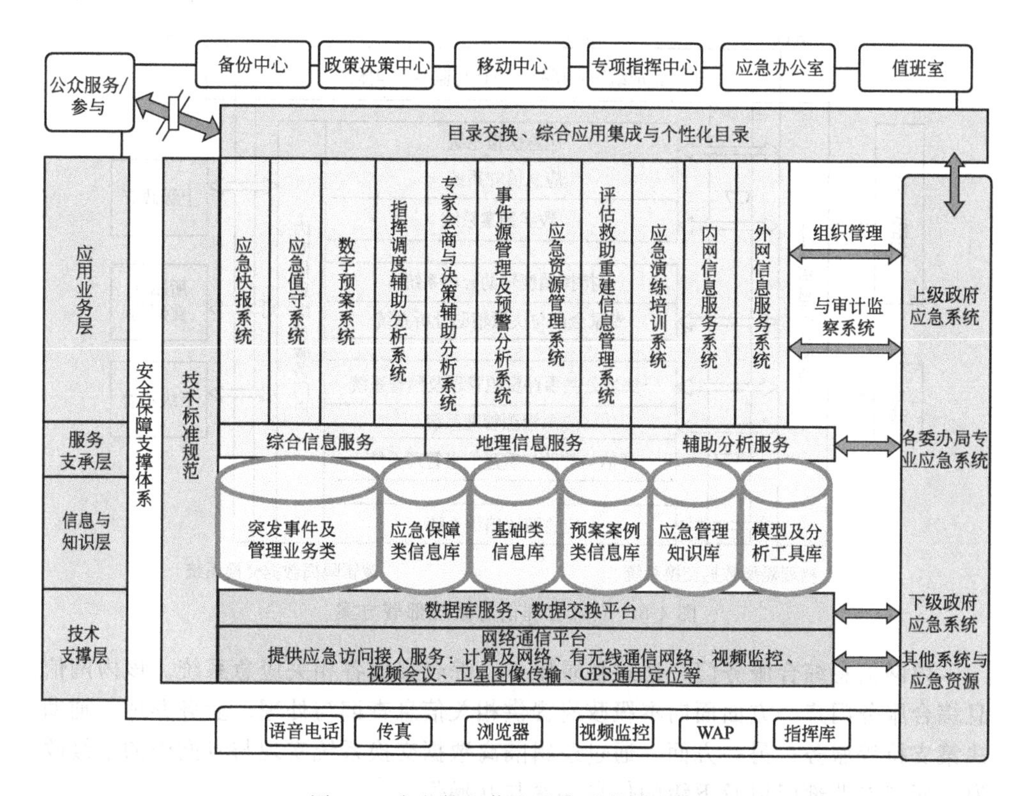

图 4-7　应急管理信息系统平台体系架构

服务支撑层是基于信息与知识层，为各项具体应用系统提供统一的支撑服务，以实现全局统一的基础支撑服务，并避免重复建设。该层主要包括综合信息服务、地理信息服务和辅助分析服务。

应用业务层基于服务支撑层，面向使用者提供各类业务应用功能。该层主要包括应急快报系统，应急值守系统，数字预案系统，应急指挥调度辅助分析系统，专家会商与决策辅助分析系统，突发事件源管理及预警系统，应急资源管理系统，突发事件与危机评估，救助与重建信息管理系统，应急演练培训系统，内网信息综合服务门户和外网信息综合服务门户。

1. 应急管理信息系统部署方案

在电子政务网络建设的基础上，应急管理信息系统的部署方案如图 4-8 所示。其中内网与 Internet 之间物理隔离，内网与专网之间逻辑隔离。

应急快报系统，应急值守系统，数字预案系统，指挥调度辅助分析系统，专家会商与决策辅助分析系统，突发公共事件源管理及预警系统，应急资源管理系统，突发事件与危机评估、救助与重建信息管理系统和应急演练培训系统，以及内网信息综合服务部署在内网中。

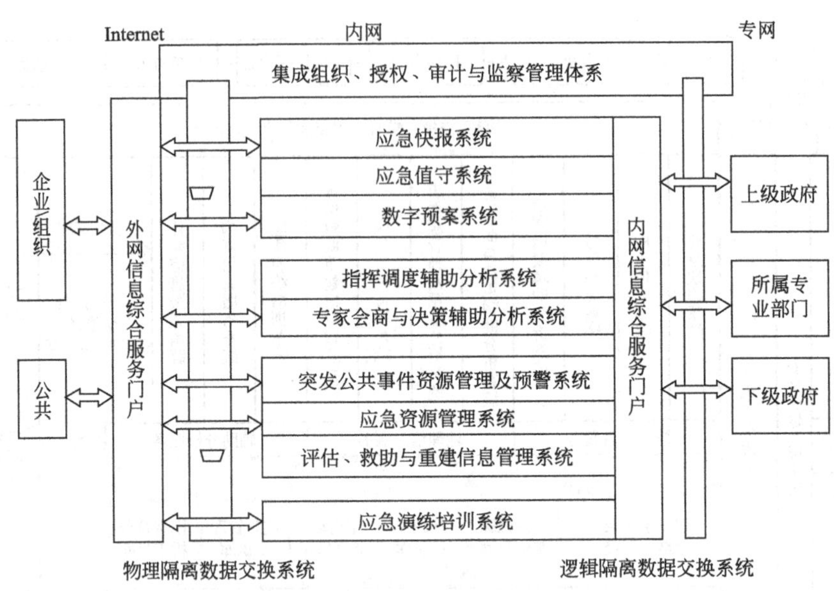

图 4-8 应急管理信息系统部署方案

内网信息综合服务门户通过目录服务，综合集成各相关应急系统。该内网信息综合服务门户一方面面向本级政府提供相关信息查询与处理、业务办理、辅助决策支持等服务；另一方面，通过逻辑隔离数据交换系统实现与专网中的上级政府、所属专业部门以及下级的信息共享与互操作。

外网信息服务门户部署在 Internet 中，通过物理隔离数据交换系统实现与内网中的数据库及相关应用系统的数据共享及互操作，并面向企业组织以及公众提供相关服务。

此外，通过集成组织、授权、审计与监察管理体系在应用层实现各应用系统的授权与访问控制，进一步提高系统的安全性。

2. 应急管理信息服务体系部署方案设计

应急管理信息服务体系方案如图 4-9 所示。以本级政府应急管理信息系统为中心节点，一方面实现与上级政府应急管理信息系统的互联互通；另一方面与分中心节点，即下一级应急管理信息系统以及本级政府所属部门的专项应急管理信息系统实现互联互通。而分中心节点又分别与各下级分中心节点实现互联互通，从而实现纵、横交错的应急联动体系。

3. 与其他管理信息系统的衔接

（1）各类信息采集、专业系统和新闻媒体系统　应急信息具有多来源、多渠道的特点，因此，应急管理信息系统需要与各类信息采集专业系统和新闻媒体系统进行衔接。应急信息除应急快报所包含的突发事件信息外，还包括各类监控采

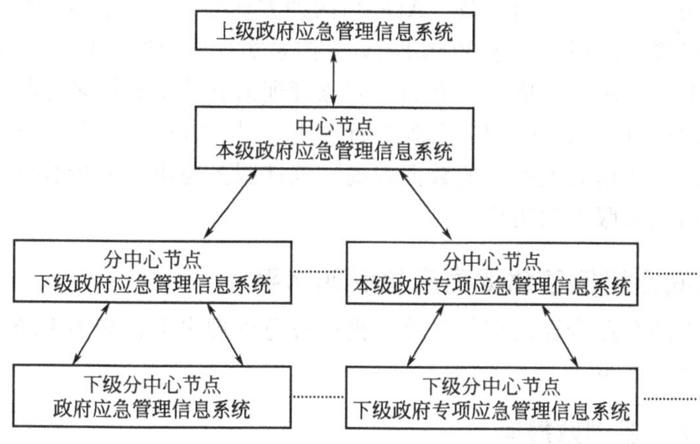

图 4-9 应急管理信息服务体系布置方案

集数据、各专业系统的分析处理结果数据以及新闻媒体采集的相关数据。应将这些数据采集、整合到应急管理信息系统中，进行信息融合与汇总分析，供应急决策机构指挥决策时参考。

(2) 应急研制系统　应急研制系统是应急指挥与管理的一个重要支撑系统，因此，应急管理信息系统需要与应急研制系统进行衔接。基于国土资源、水利、环保、卫生、林业、地震、气象等相关部门的监测网络，汇总分析监测结果数据，并会同有关部门结合相关应急分析模型，预测可能发生的突发事件，对事态发展进行模拟与仿真分析，对事件的影响范围、影响方式、持续时间、危害程度、人员伤亡、经济损失等进行综合研制，并根据预案进行预警分级，供应急决策机构指挥决策时参考。

(3) 其他电子政务业务系统　应急管理信息系统几乎涉及各个方面，是一个综合性的复杂系统。因此，应急管理信息系统需要与其他电子政务系统进行衔接，如政府办公系统等。

4. 与其他应急系统的衔接方式

考虑到相关应急系统的体系架构、数字存储方式、部署方式，以及系统间的网络状况不尽相同，应根据具体情况采用以下技术，对相关系统进行数据整合与服务集成。

(1) 基于数据库的数据交换　从数据库层面，实现应急管理信息系统与其他相关应急管理信息系统的相关数据的定时或定期同步交换。

(2) 直接访问相关系统的数据库　基于对相关应急管理信息系统数据的元数据描述，直接访问相关系统数据库中的数据。

(3) 基于 XML 等格式化文档的数据导入　针对人工拷贝或电子邮件等方式采集的含有相关系统数据的 XML. Excel、视频/音频文件、Word 文档等格式化文档，可采用人工或者自动加载（ADG）两种方式导入到应急管理信息系统中。

（4）服务接口调用　基于 Web Service 体系实现应急管理信息系统与其他应急系统的服务互调用与集成。一方面，应急管理信息系统提供多种数据查询或统计的服务调用接口，供其他相关系统进行调用。另一方面，应急管理信息系统也可方便、灵活地调用其他系统的数据查询、统计服务与决策分析服务等接口，进行应急管理信息和服务的集成。

五、全面运用信息化提高应急管理水平

危险化学品企业全面运用信息化来提高应急管理水平，必须系统考虑、全面实施的重要环节如下。

1. 建立健全基础数据库

基础数据库是危险化学品企业安全生产应急管理的根本和基石，只有把基础数据库建立健全，才能为应急救援系统做到“反应迅速、机动灵活、处置高效”提供信息支持。因此，必须系统考虑结合实际，建立健全各种基础数据库，如建立危险化学品危险特性数据库，为应急处置提供技术支持；建立应急预案数据库，为事故处置提供方案支持；建立物资装备数据库，为应急救援提供充分的硬件支持；建立事故案例数据库、应急救援专家数据库，为科学决策提供方案、技术支持等等。

2. 加强安全生产应急信息平台建设

现有的安全生产应急资源，如消防、危险化学品、援救与水上打捞等应急救援力量，分属不同的管理部门，部门之间缺乏有效的协调机制和协调手段，造成资源分割、信息不畅，如果面对跨行业、跨领域、跨地域的特大危险化学品事故灾难，难以实现资源共享，难以形成合力，难以协同应对。现在的状况是整个危险化学品安全生产应急管理信息化水平还不高，现代化信息系统从严格意义上说还没有建立起来，指挥通信信息手段和装备还比较落后，大部分危险化学品企业应急协调指挥机构和应急救援队伍仍然只有传统的电话、传真和普通移动电话，缺少专门的应急通信装备，且没有形成网络，不利于灵敏反应、快速响应、有力指挥和有效施救。

广大危险化学品企业应积极建立安全生产应急平台，尽快建设具备风险分析、监测监控、预测预警、信息报告、数据查询、辅助决策、应急指挥和总结评估等功能的安全生产应急管理信息系统。重点实现监测监控、信息报告、综合研制、指挥调度等功能，实时为上级管理部门及服务区域安全生产应急基地提供相关数据、图像、语言和资料。基层安全生产应急工作机构要建立应急终端，并与基层政府和有关部门及有关生产经营单位的应急平台和系统联络，做到上下级部门之间、同级相关部门之间、应急机构及有关救援队伍之间的信息平台系统的有

效对接，实现互联互通和信息共享，提高队伍的应急响应速度，做到及时施救、有序施救、安全施救、有效施救，最大限度地提高应急救援的效率。

3. 推进应急装备的技术进步

必须加强应急新技术、新装备的推广、应用，不断提高应急救援工作的科技水平，推动事故救援现场装备的信息化、安全化、高效化。危险化学品企业要按照有关规程和标准规范为安全生产应急队伍配备充足的、先进适用的应急救援装备器材。有条件的企业，应积极引进、消化国外先进的救援技术、装备，不断提高应急处置能力。

4. 搞好企业应急能力定量评价

危险化学品企业应急管理是一个多学体、多层次的复杂系统。只有系统整体应急能力可靠，才能满足应急救援的需要。要彻底改变用事故验证安全生产应急能力的传统做法，充分运用现代应急评价技术，从事前、事中、事后全过程，从组织、机构、预案、装备等方面对危险化学品企业的应急能力进行系统的定量评价，做到问题早发现、早改正、早完善，切实做到准备充分、战着能胜。

5. 应急管理信息化建设存在的问题及对策

安全问题是应急管理信息化建设中长期存在的问题，直接威胁着信息安全，对各项工作均有不同程度的影响，分析并解决应急管理信息化建设中存在的问题势在必行。

（1）物理性危害问题　安全管理信息化建设中面临的物理性危害主要是指雷击、静电、自然灾害以及各类生物活动造成的网络故障。其中静电威胁最常见，是发生最为平凡，也是最难消除的问题之一。各种原因产生的静电不仅容易造成计算机随机故障，还可能导致某些元器件受损。除此之外，静电还可能影响操作人员以及维护人员的身心健康以及日常生活。如果计算机系统出现运行故障，尤其是重大故障，将严重威胁安全生产信息化建设。

（2）网络安全技术问题　最常见的网络安全技术问题是网络病毒入侵以及黑客入侵等。从网络病毒入侵来讲，病毒可以在网络环境下按指数增长的模式在网络体系中传播。计算机系统一旦发生病毒入侵，将导致计算机的运行效率急剧下降，且将严重破坏系统资源，甚至在短时间内导致网络系统崩溃。因此，加强网络环境病毒防治是系统安全管理以及计算机反病毒管理的重点内容。

（3）网络信息管理问题　在应急管理信息化建设中，由于缺乏必要的网络信息安全防护，对网络安全问题的预控能力较弱。近年来，危险化学品企业网络信息化建设的覆盖率越来越广泛，尤其是互联网、电信网、广播电视网等网络间的互联关系日益紧密，大大促进了应急管理信息网络建设的发展，但同时也拓宽了网络信息安全问题的发生途径。各类信息病毒及网络安全破坏行为严重威胁着人们对计算机网络信息的安全和有效利用。

6. 解决应急管理信息化安全问题的对策

（1）加强静电危害防控措施

① 设置防静电装置　在各类计算机机房的建设和管理过程中，应根据实际情况深入分析静电对计算机系统运行的影响，并研究其故障的类型及特性，找出产生静电及引发故障的根源，并制订切实可行的减少或者消除静电的有效措施。目前，最为有效的方式是设置防静电装置，如铺设防静电地板等。

② 维护中佩戴防静电手环　在计算机设备及系统等的拆装及检修、维护过程中，为了避免静电以及人体在交流磁场中产生的感应电位等对于计算机系统的影响，拆装及维护人员应尽量在手腕上佩戴防静电手环，并通过柔软的导线将手环接地。同时，应严格限制无关人员进场，避免发生静电危害。

③ 避免穿着易感静电衣物　所有计算机机房工作人员应避免穿着化纤、塑料等制成的容易因摩擦而产生静电的衣物，如穿着了类似衣物，应在隔离区以外将其更换。尤其是领导、来宾检查、参观机房时，应当尽量在隔离区以外通过玻璃窗或者视频等观看。

（2）加强信息安全技术保障　在当今网络环境下，要确保网络应急管理信息安全，必须加强网络信息安全技术保障。充分利用信息加密技术、访问控制技术、病毒防治技术、防火墙技术以及信息泄漏防护技术等，从而保障网络信息的安全。

① 信息加密技术　信息加密技术可通过链路加密、节点加密以及端到端加密技术来保护网络环境下的文件、数据、口令以及控制信息等，从而维护网络信息安全。

② 访问控制技术　该技术需要明确合法用户对计算机系统资源的合法权限，从而防止非法用户入侵或者合法用户使用非自身权限内的资源，从而维护网络信息安全。主要包括网络、主机、微机型以及文件四个类型的网络访问控制技术。

③ 病毒防治技术　病毒防治技术主要包括以下几个方面：一是软件防治，即定期或者不定期地采用防病毒软件对计算机进行检测；二是服务器上安装有效的防病毒模块；三是在网络的接口处安装有效的防病毒芯片；四是在计算机上安装防病毒卡等。

④ 防火墙技术　防火墙技术是阻止网络黑客访问的一种重要屏障，通过控制进、出两个方面的通信来隔离内部和外部网络，从而阻挡外部不良信息及网络的入侵。目前常采用的防火墙技术有包过滤防火墙、代理防火墙两类。

⑤ 信息泄漏防护技术　计算机运行过程中会产生大量的电磁辐射信号，这些信号不仅具有丰富的频谱成分，且携带信息，对网络信息安全具有较大的威胁。因此，应尽量切除电磁辐射的信号源，并切断电磁信号的泄漏途径。可使用

低辐射设备，从根本上防止发生计算机辐射泄密。这类设备在设计生产时已经对可能会出现信有息辐射的集成电路、元器件以及连接线等进行了特殊处理，从而将计算机的电磁辐射降至最低，但这类设备的价格非常昂贵，推广应用局限性较大。此外，可以采用电磁屏蔽技术，根据计算机的辐射量等在计算机机房或者主机部件上添加屏蔽设施，可有效防治计算机电磁辐射泄密。此外，还可根据电子对抗原理采用电磁辐射干扰技术，以破坏电磁辐射中携带的秘密信息。

（3）健全网络信息安全相关的法律法规　网络信息化建设的安全实施需要健全的法律法规的保驾护航。通过法律法规的强制约束可抵制破坏网络信息的意识或者行为，并可根据法律法规严格打击恶意破坏计算机网络信息安全运营的各行为。因此，相关立法机关应设置专门的网络信息安全调查、分析队伍，并与相关的维护人员及技术人员建立紧密的沟通关系，及时阻止、控制破坏网络信息安全的行为。还应加强对网络信息行为的调查和预测，力争在不良行为产生之前，利用相关的法律法规对其进行约束和限制。同时，应根据网络实际情况，合理地进行立法分类，并将其落到实处，以实现法律对不良网络行为的处理。

（4）健全管理机制

① 规范管理流程　网络信息安全管理是网络信息化建设中的一项重要内容，为提高网络系统运行的稳定性以及网络信息的安全性，就应加强规范化管理，改善规范化管理的方法和手段。在网络信息化建设和运行过程中，合理有效的管理流程对确保网络信息安全具有重要作用。通过优化管理的过程、细化管理流程、强化管理基础、简化冗余的管理环节，并全面提高管理效率，方可在达到网络信息化目的的同时，顺利实现并完善网络信息安全建设。

② 加强组织机构及管理队伍的建设　应建立健全相关的管理机构，加强安全规划、应急计划、风险管理、安全知识教育培训、安全认证以及安全系统评估等方面的组织管理。同时，应组建高素质、高技术的管理团队，尤其应加强职业道德及社会公德的教育和培养，从源头上杜绝网络信息安全风险。

第五章 危险化学品企业专项应急救援预案

第一节 概　　述

专项应急预案是针对具体的事故类型（如危险化学品泄漏事故、危险化学品火灾、爆炸事故等）、危险源和应急保障而制订的计划或方案，是综合应急预案的组成部分，应按照综合应急预案的程序和要求组织制订，并作为综合应急预案的附件。

专项应急预案应制订明确的救援程序和具体的应急救援措施。专项应急预案的内容包括：事故类型和危害程度分析、应急处置基本原则、组织机构及职责、预防与预警、信息报告程序、应急处置。这些内容有的在第四章的第二节中“危险化学品企业应急预案编制”中已有详细的分析，下面主要分析专项应急救援预案编制中比综合应急救援预案具体化方面的内容和要求。

一、事故类型及危害程度分析

在危险化学品企业综合预案中对危险源风险进行了分析评估，专项预案要求在危险源评估的基础上，对危险源可能发生的事故类型和可能发生事故的规律以及事故的严重程度进行分析确定，以使专项应急救援预案更加具有针对性和操作性。这里以某企业危险化学品库为例，假如通过风险分析评估已得出其属于重大危险源，那么在编制专项应急救援预案时，还需要分析该危险化学品库可能发生的事故类型、时间规律、事故的严重程度，作为应急救援处置的依据，见表 5-1。

表 5-1　某危险化学品库的事故类型、时间规律、严重程度

序号	事故类型	事故主要原因	事故时间规律	严重程度
1	泄漏事故	自然灾害、勘测、设计缺陷、设备缺陷、违反操作规程、人为破坏	突发性强	危险的
2	火灾事故	电器起火、违章操作起火、吸烟起火、自燃起火	冬季火灾最多，每天 10～22 时起火高峰期	严重的
3	爆炸事故	物理爆炸或化学爆炸	突发性	严重的
4	中毒事故	生产条件差、缺少防护措施、发生泄漏、防毒知识欠缺	有一定的预兆	危险的

二、专项应急救援的基本原则

1. 以人为本的原则

以人为本的原则即生命至上的原则，指在事故应急救援处置过程中首先要保护人的安全，一是首先要想尽一切办法抢救事故中的受伤人员，将他们转移到安全地带，或迅速送到医院治疗；二是要做好未受伤人员的安全撤离，防止使受伤人员范围扩大；三是要保护好救援人员的自身安全，不能发生为救伤员而自身又受伤现象。

2. 有效、快速、经济的原则

在保证人员安全的前提下，专项处置方案应符合有效、快速、经济地控制事态发展的原则。这个原则要求危险化学品企业应急救援处置的人们要研究和掌握危险化学品事故发生的规律，并遵循这种规律，以最有效的措施快速地控制后事故，减少人员伤亡和财产损失。不同类型的危险化学品事故，其规律也不同，因此遵循的具体原则也是有差别的。

3. 统一指挥的原则

危险化学品事故具有意外性、突发性、扩展迅速、危害严重的特点，因此，事故应急救援处置工作必须坚持集中领导、统一指挥的原则。因为在紧急关头、危险状况下，多头领导会导致一线救援处置人员无所适从，导致贻误战机。

4. 自救和他救相结合的原则

在确保危险化学品企业人员安全的前提下，专项应急预案应当体现企业自救和社会救援相结合的原则。企业熟悉自身各方面的情况，又身处事故现场，有利于初起事故的救援，将事故消灭在初始状态、萌芽状态。企业救援人员即使不能完全控制事故的蔓延，也可以为外部的救援处置赢得时间。例如，救援油罐火灾时，从空间方面来考虑，应遵循如下原则：

（1）先外围、后中间　当油罐火灾引燃了周围的建筑物或其他物质时，应首先消灭油罐外围火灾，从外围向中间逐步推进，包围油罐，最后消灭油罐火灾。因为外围火灾消灭以后，才能创造消灭油罐火灾的有利条件，同时减少了外围火灾重新引燃油罐火灾的可能性，如果灭火力量比较雄厚，能够满足两方面同时灭火需要时，可以分头展开战斗。

（2）先上风、后下风　当火场上有几个相邻的开口油池同时发生燃烧，或出现大面积地面油火时，灭火行动应施行从上风方面开始扑救，并逐步向下风方向推进，最后将火扑灭。上风方向可以避开浓烟，视线清楚，火焰对人的烘烤也小些，有利于接近火源，可以提高灭火效率，缩短灭火时间，减少复燃的可能性。

（3）先地面、后油罐　由于油罐爆炸、沸溢、喷溅或罐壁坍塌使大量燃烧着的油品从罐内流出，造成大面积流淌火时，必须首先扑灭地面上的流淌火。只有先扑灭地面上的流淌火，才有条件接近着火的油罐，组织实施大的扑灭油罐的进攻战斗，另外，地面火对相邻罐和建筑会造成严重的威胁。

从扑救油罐火灾的时间顺序来考虑，可采用先冷却、后灭火；边冷却、边灭火；只灭火、不冷却三种形式，下面进行简单阐述：

（1）先冷却、后灭火　油罐燃烧时间长，油品和管壁温度比较高时，就采用先冷却、后灭火的战术步骤。先冷却是为了防止油罐爆炸、沸溢或管壁变形倒塌，同时油面温度超过147℃，对泡沫的破坏性大，只有将油品表面的温度降低到90℃以下时，才能使泡沫（或干粉）达到良好的灭火效果。

（2）边冷却、边灭火　油罐发生火灾以后，时间不长，油品温度不高，可采取边冷却、边灭火的战术步骤，因为油品温度不高，可以施放泡沫进行灭火，同时，为了提高泡沫灭火效果，应对油罐罐壁进行适当冷却，而且油罐火扑灭以后还必须适当延长冷却时间，防止出现复燃现象。

（3）只灭火、不冷却　对于小型油罐、油池或油罐的某一局部发生初起火灾，且燃烧时间不长，油品温度不高时，通过施放泡沫、喷雾水等灭火剂，既可把火灭掉，又不会出现复燃现象。

三、组织机构及职责

明确应急组织形式、构成单位或人员。根据事故类型，明确应急救援指挥部总指挥、副总指挥以及各成员单位和人员的具体职责。危险化学品企业专项应急救援指挥机构可以设置相应的应急救援工作小组，明确各小组的工作任务及主要负责人职责。

四、预防与预警

主要是要明确本企业对危险源监测监控的方式、方法，以及采取的预防措施；明确具体事故预警的条件、方式、方法和信息的发布程序。

五、信息报告程序

在危险化学品企业专项应急预案中，信息报告程序主要包括：

（1）确定报警系统程序；

（2）确定现场报警方式，如电话、报警器等；

（3）确定24h与相关部门的通信、联络方式；

（4）明确相互认可的通告、报警形式和内容；

（5）明确应急反应人员向外求援的方式。

六、应急处置

1. 响应分级

响应分级是启动应急预案的标准，需要针对事故危害程度、影响范围和企业控制事态的能力，将事故分为不同的等级。按照分级负责的原则，明确应急响应级别。如石化企业火灾爆炸应急专项预案响应分级如下：

(1) 符合下列条件之一的，为Ⅰ级事件：

① 一次造成10人及以上死亡，或50人及以上受伤，或1000万元以上直接经济损失；

② 对社会安全、环境造成重大影响，需要紧急转移安置50000人以上；

③ 火势长时间（≥24h）未能有效控制，并造成周边生产设施大面积停产，可能引发重大次生灾害事件；

④ 油气运输船舶发生火灾爆炸，致使重要港口严重损毁，或油品泄漏导致水面火灾，致使主要航道封航12h以上；

⑤ 油气运输火车火灾爆炸，致使铁路设施严重损毁，主干线行车中断24h以上。

(2) 符合下列条件之一的，为Ⅱ级事件：

① 一次造成3～9人死亡，或10～49人受伤，或大于500万元直接经济损失；

② 对社会安全、环境造成重大影响，需要紧急转移安置5000～50000人；

③ 火势长时间（≥24h）未能有效控制，可能造成周边生产设施大面积停产；

④ 油气运输船舶火灾爆炸，致使重要港口严重损毁，或油品泄漏导致水面火灾，致使主要航道封航6～12h；

⑤ 油气运输火车火灾爆炸，致使铁路设施严重损毁，主干线行车中断12～24h；

⑥ 直属企业风险评估确认的Ⅱ级事件。

2. 响应程序

根据事故的大小和发展态势，明确应急指挥、应急行动、资源调配、应急避险、扩大应急等响应程序，见图5-1。

(1) 应急指挥中心办公室的响应行动　处置响应从接到事故报告开始，应急指挥中心办公室的响应行动如下：

① 接到报告后立即向企业应急指挥中心报告，并落实指令；

② 连续收集现场应急处置动态资料，向应急指挥中心报告，并及时传达应急指挥中心的指令；

③ 按照应急指挥中心指令，通知应急专家到达指定地点；

④ 按照应急指挥中心指令，向上级应急管理部门或地方政府报告和求援；

⑤ 负责对外新闻发布材料的起草工作。

(2) 企业应急指挥中心的响应行动　企业应急指挥中心的响应行动如下：

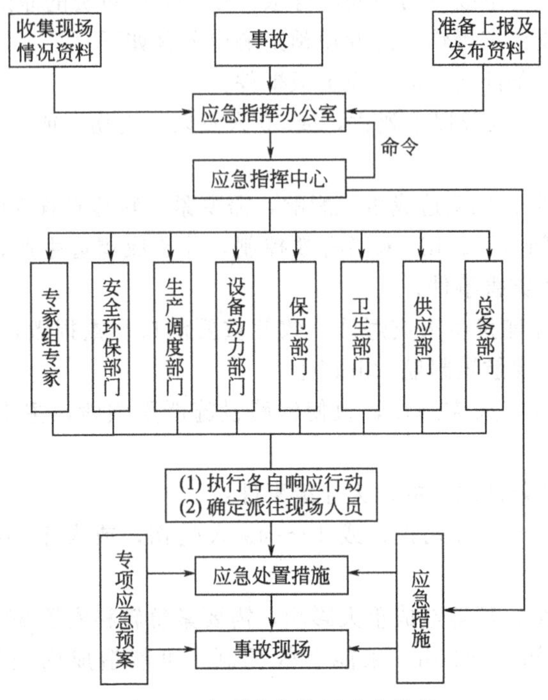

图 5-1　专项应急处置响应程序

① 迅速派出现场指挥人员赶往现场；

② 根据现场需要，组织、调动协调各方应急救援力量到达现场；

③ 在现场应急指挥部人员到达现场之前，指导发生事故的企业进行抢险工作。

(3) 企业各部门的响应行动　企业各管理部门特别是和应急救援相关联的部门接到命令后，应立即执行响应行动并确定派往现场的人员。如安全、环保管理部门的应急响应行动为：

① 跟踪并详细了解事故现场应急处置情况，及时向应急指挥中心汇报，请示并落实指令；

② 派出现场指挥部的组成人员，参与现场应急处置工作；

③ 组织调动和协调消防、气防、急救、医疗救护等救援力量赶赴现场；

④ 按照应急指挥中心指令，向政府主管部门求援；

⑤ 指导现场环境监测。

再如，生产经营管理部门的应急响应行动为：

① 跟踪并详细了解事故现场组织情况，及时向应急指挥中心办公室汇报，请示并落实指令；

② 制订并落实生产经营计划调整方案；

③ 派出现场指挥部的组成人员，参与现场应急处置工作。

3. 处置措施

针对本企业事故类别和可能发生的事故特点、危险性，制订专项应急处置措施（如危险化学品火灾、爆炸、中毒、泄漏等事故应急处置措施）。不同类别的事故，其专项处置的措施各异，应根据具体的事故进行有针对性的编制。

例如，在危险化学品企业，若储罐泄漏发生事故，其处置的一般措施如下：

① 发生泄漏后，开启备用储罐，尽可能将发生泄漏的储罐内的物料向备用储罐转移（现场工人称之为“倒罐”），以降低液体和压力；

② 立即划出防火、防爆警戒线；

③ 对泄漏储罐周围的其他储罐开启消防用水喷淋，做好现场防火保护；

④ 命令有关部门和人员准备好堵漏器具，做好现场堵漏准备；

⑤ 通知企业消防队顶水作业；

⑥ 由储罐的操作人员控制进水阀门，特别注意液位和压力，严禁超压，操作工配合消防队做好顶水作业；

⑦ 当顶水达到预期效果时，做好个人防护的堵漏人员携带相应夹具、注胶器和密封胶进入现场储罐泄漏处开始堵漏；

⑧ 堵漏人员将与泄漏部位相匹配的堵漏夹具固定在泄漏部位，并用螺栓固定，待完全固定好后，用事先填好密封胶的液压式注胶器向夹具的预留孔内注入密封胶；

⑨ 当泄漏量逐渐减少直至消失，检查夹具固定妥善有效，可以确定堵漏基本完成，此时应停止向泄漏点顶水，也应停止向相邻其他储罐喷淋，并撤回器材，向上级报告堵漏成功。

第二节　危化品企业消防专项应急预案

一、消防专项应急预案应注意的几个问题

危险化学品企业的专项应急预案是在发生火灾、爆炸或危险化学品泄漏的紧急情况下，如何正确调动内部力量、运用工艺和外部措施，安全疏散现场人员，最大限度地减少人员伤亡和财产损失的方案。每个危险化学品企业在制订专项预案时，可在国家安全生产监督管理局下发的《危险化学品事故应急救援预案编制导则（单位版）》基础上，结合消防需求和单位实际，进行制订。

1. 主要内容

专项应急预案总体上讲，要具备以下内容：对紧急情况或灾害的辨识评价，

对人力、物资和工具、工艺的确认与准备，现场内外合理有效的应急组织指挥，应急行动措施，事故后的现场消除、整理及恢复措施等。从消防角度来说，一份完整有效的应急救援预案应该包含以下几方面。

（1）方位图　含距本单位外墙300～500m的有关毗邻建筑地形地物、道路、水源等情况，若有可能，也可对厂址的工程地质、地形、自然灾害、周围环境、气象条件、交通运输等进行分析，并在图上简单标出加以体现。

（2）总平面图　要体现功能分区的布置，如生产、管理、辅助生活区；高温、有害物质、易燃易爆危险品设施布置，数量较大的危险品品名、储量、位置；常年主导风向、运输路线及码头、厂区内外道路、铁路、危险品装卸区、厂区码头等。建议用不同的颜色标明不同的危险区域，并注明单位内外消火栓的流量和压力、主要消防设施。

（3）单位基本概况　除常规的单位名称、地址、使用功能、建筑面积、主要原料与产品等情况外，要标明人员情况（白天人数、夜间人数）；生产能力；重大危险源；主工艺单元；使用的危险物质；厂区基本情况；如建筑物的结构、生产辅助设施、生产工艺流程；生产设备及装置，如化工设备及装置、机械设备、电气设备、特殊单体设备、主要储罐的形式、高度、直径等；并要结合方位图和总平面图，注明消防通道；单位内外的消防水源情况，可用的天然水源的常年蓄水量、取水方式（手抬泵或消防车吸水）、消火栓、消防水池、屋顶水箱的信息、消防泵、接合器消防设施的信息等。实际上，对单位基本概况，可列表说明。

（4）重点部位　主要通过危险源的辨识和风险评估，确定一些危险性相对较大的工段、车间或仓库、储罐等为重点部位，主要内容有该部位在单位中的大体位置、建筑结构、建筑面积、高度、储罐形式、储罐容量、操作人数、进攻疏散通道耐火等级等，可列表说明。

在进行危险源辨识时，既要考虑正常生产过程，也要考虑生产不正常的情况，尤其要注意以下工艺设备的危险性；烷基取代、烷（烃）化作用、胺化、氨基化、羰基化、冷凝、缩聚、脱氢、酯化、卤化、氢化、加氢、水解、氧化、聚合、脱硫、硝化、干燥、蒸馏等。

考虑到危险化学品企业内单一单元多存有多种危险物质，其危险源的辨识可根据国家标准《危险化学品重大危险源辨识》（GB 18218—2014）的要求进行计算：

$$q_1/Q_1+q_2/Q_2+\cdots+q_n/Q_n$$

式中，q_1、q_2、q_n 为每种危险品的实际存在量，t；Q_1、Q_2、Q_n 为各危险品相对应的生产场所或储存区的临界值，t；具体参考（GB 18218—2014），若计算结果≥1，则可定为重大危险源。

2.情况设定与应急措施

对危害范围要进行评估，如物质泄漏，应描述出泄漏后果，物质是否可燃、蒸气云是否存在及危害、泄漏危及范围分析、是否存在火源及火源的位置。情况设定要有具体的部位、危害和蔓延趋势分析，有事故车间或工段各人员的任务分配，本厂专职消防队的力量部署，有蔓延趋势，水枪、分水器等标注。这块内容还要考虑包含的方面：迅速了解燃烧或泄漏物质、事故部位和被困人员的数量、位置；火势蔓延的途径、范围、进攻路线和堵截阵地的设置位置；燃烧物质有无爆炸可能；建筑物倒塌的可能性分析；本单位积极抢救、疏散人员与物资的措施；消防部门到场后建议可用的灭火剂、水源信息；其他物资的保障措施，如雨具、个人防护器具的筹措，照明灯具的使用，沙包的运输方案等。

本企业有专职消防队和消防车辆等设施的，要绘制力量部署示意图，包括停车位置、进攻路线、人员疏散路线、任务分配、救护车停靠位置等。

3. 组织机构

要明确应急指挥中心（EOC）、企业应急总指挥（SEC）等相关人员、组织机构和职责分工，明确相应情况下指挥部的设置，确保在通风地带，有足够的安全距离，有良好的观察事故视线等。

4. 注意事项

预案要规定灭火剂的选择方案，如何做好个人防护，空气呼吸器和防毒面罩的使用，处置人员对建筑物的变形情况和化工装置爆炸前兆的观察，清理火场时防止复燃、复爆的措施，进攻与撤退信号的明确，工艺处置程序的操作。

事故应急救援工作是一项科学性很强的工作，制订消防专项预案必须以科学的态度，在全面调查研究的基础上，开展科学分析和论证，制订出严密、统一、完整的专项应急反应预案。情况设定总体上要把握重点部位和多种情况两个要点。

① 重点部位　要对多个部位的危险源进行确定，确认可能发生的事故类型和地点，确定事故影响范围、可能影响的人数。其内容要按风险评价进行事故严重性的划分，收集相关资料，了解设备、设施或工艺的生产和事故情况，结合对象的地理、气象条件和周围社会环境；根据所评价的设备、设施或场所的地理，气象条件，工程建设方案，工艺流程，装置布置，主要设备和仪表，原材料、中间体、产品的理化性质等，辨识和分析可能发生的事故类型，事故发生的原因和机制，进行具体的情况设定。考虑到火点是不确定的，而不是特定性的，也就是说火灾有其突发性，是随时随地都有可能发生的，这就决定了事故发生的地点是不确定的。但大部分单位的预案中，往往把起火点加以特定，特定于单位的消防安全重点部位，并注重于部位的消防演练，这样的物定对象固然有其针对性，但缺乏灵活性，当其他部位发生紧急事故时，岗位人员无法灵活应变操作。所以在预案的制订中，不能硬性地规定重点部位为事故地点，而应在演练时根据演练目的的不同来假设不同的部位为事故点，这样，就可以提高参与人员的积极性、灵

活性和创造性。

② 多种情况 危险化学品企业对各部位制订消防应急预案要考虑多种情况的发生，如中毒事故，生产装置区、原料及产品储存区发生毒物（中间体）泄漏或事故性溢出，危险化学品在厂区内的运输事故，全厂性和局部性停电、停水（包括冷却水、消防用水及其他生产用水）、停气（包括仪表空气、惰性气体、蒸汽等），生产装置工艺条件失常（包括温度、压力、液位、流量、配比、副反应等），自然灾害（洪水、台风或局部龙卷风等强风暴袭击，高温季节针对危险源的应急、雷击等），火灾、爆炸或中毒等综合性事故，生产装置控制系统故障，工人操作失误等。在对多种情况进行分类设定的基础上，还要对各类情况按危害范围、程度进行事故分级，以便采取相应的应急措施。

专项应急预案应符合单位现场和当地的客观情况，具备适用性和实用性，便于操作。首先，预案的实施对象应以岗位为中心，而不能以具体的人为中心，单位都有人员增减，调动现象，如果在专项应急预案中的责任实施对象是单位中具体的人，则该人员调动时，就不能发挥其职责作用；相反，如果把实施对象的责任划分为以岗位为中心，那么预案的实施就有相对的明确性和稳定性，实现岗位与岗位相互配合，有序地进行应急救援。其次，要涉及人员疏散、工艺和外部灭火措施、图例、任务分工等；救援组织应明确救援工作的管理体系、救援行动的组织指挥权限和各级救援组织的职责和任务、指挥机构的设置和职责等；明确应急反应组织机构、参加人员及作用；确定应急反应总负责人，每一具体行动的负责人；规定本单位以外其他相关行业和单位能提供援助的有关机构；明确其他救援部门（如消防、环保等）与企业自身在事故应急中各自的职责，外接引导消防车的人员、给消防部门提供技术参考的技术人员等；说明疏散的操作步骤及注意事项，确定由谁决定疏散范围，是小部分还是全部的，明确被疏散人员疏散区域或所使用的标识与具体的疏散路线。

二、考虑的要素

(1) 要考虑电力、自来水、救护、安监等相关单位的联系人及电话，以便应急指挥和疏散人员；确定现场24h的通告、报警方式；确定预防事故的措施，具体情况、部位用什么防护手段和工具；明确可用于救援的设施，如应急物资、特种灭火剂的储存，空气呼吸器、防化服等防护用具的储存使用，可用的检测设备。

(2) 要考虑事故后的恢复措施，明确决定终止应急，恢复正常秩序的程序、方法，连续检测受影响区域的方法。

(3) 要通过演练逐步完善，平时要对应急人员进行培训，确保处置能力；每年要组织人员对预案进行演练；定期检查预案的情况；明确每项计划更新、维护的负责人；将有关预案的修改情况及时上报给消防、安监等部门。

(4) 要考虑预案制作的规范性。如封面要有预案制订人、制作单位、审核人、批准人等；预案的着色符合规定，水用蓝色轮廓线、重点部位用红色框线、本单位车辆和进攻路线用黄色标明；注明单位固定和半固定泡沫装置的发泡倍数等有关情况；有关图示要有指北针和相对合适的比例，关键部位可用照片附加说明。

(5) 要充分借鉴现代计算机技术。现在计算机技术、网络技术、数字技术已在全社会得到发展和普及，为探索和形成新的灭火救援预案制订模式创造了条件，为我们开发信息量大、查询方便、反应快捷的灭火救援预案应用软件，提供了技术上的可能。可使用配置较高的计算机和 AutoCAD 软件进行图的处理和编辑，对有关储存和使用的危险化学品链接到其理化性质、处置方案等内容上，可制作多媒体应急预案，可使用扫描仪进行扫描，还可用彩色打印机进行图纸输出，制成消防应急预案。

(6) 要根据各单位的实际，考虑应急预案的形式。除电脑制作预案外，采用档案的形式制作预案，用文字和彩色图表进行表达。每份预案可根据火灾、化学污染和抢险救援 3 种事故类型确定不同类型的四级出动方案，分别用黄色、橙色、褐色、红色代表一般危险、中等危险、高危险、特危险四种区域，每种类型的事故发生在不同区域、不同级别就有不同的出动力量。

三、危化品企业火灾事故处置对策

1. 危化品企业火灾事故成因

危险化学品企业的火灾事故，一般是有毒有害气体（或液体）的大量流失，由于其大都具有毒性大、易扩散和易燃烧爆炸特点，因而极易造成事故地域大面积污染和大量人员伤亡。究其原因，危险化学品企业火灾事故的发生主要有以下三种情况：①操作人员违章操作。危险化学品生产和储运有着严格的操作程序，一旦违章，就有可能发生事故。②危险化学品企业设备本身的故障。危险化学品的生产需要高温高压，加上许多原料和产品具有很强的腐蚀性，容易造成各种管路、阀门、塔器的腐蚀而产生有毒有害物质的跑、冒、滴、漏等事故隐患。③危险化学品生产过程中还有不可预知的意外因素。这类事故是生产过程中因突然停电、停水使化学反应失去控制而发生事故，以及有毒有害、易燃易爆物品在运输过程中发生撞翻、爆炸而发生火灾和大量泄漏事故。

2. 正确辨别危险化学品企业火灾的类型

一般来说，危险化学品企业火灾有三种形式。

(1) 稳定燃烧型火灾　即可燃气体或易燃液体在其密闭容器的泄漏口或敞开口处呈现一种扩散式燃烧形态，火焰无明显起伏现象，就像点燃的火炬。如轻质油罐、液化石油气罐、LNG 罐顶部呼吸阀、测量孔、安全阀液化石油气的燃烧火灾，其火焰垂直向上，燃烧范围也只局限于较小的开口部位。

(2) 爆炸型火灾　这类火灾爆炸的特性是：有的是先爆炸，后燃烧；有的是先燃烧，后爆炸；有的是只爆炸，不燃烧。

(3) 沸溢型火灾　一般是形成巨大的火柱，有时可高达 70～80m，顺风向喷出的油火雨可达 120m 左右。这种火灾容易造成扑救人员的伤亡，同时容易形成大面积立体燃烧，它的危害和扑救难度是最大的。

3. 危险化学品企业火灾事故的特点

在危险化学品企业发生的火灾不同于一般的火灾事故，它有以下特点：

(1) 爆炸的危险性大　首先是危险化学品生产储存场所的设备、管道存有大量可燃性原料或产品，发生泄漏爆炸或受热后膨胀易形成物理性爆炸；其次是生产装置的高度连续性，易形成连续爆炸；最后是在火灾扑救程序不对的情况下，可能造成二次爆炸或多次爆炸。

(2) 火势发展快　根据火场扑救实际计算，危险化学品发生火灾时，其喷出的火焰直线蔓延速度可达 2～3m/s。与此同时，其燃烧速度也很快。比如，汽油火灾可达 80.9kg/(m^2·h)，苯可达 165.4kg/(m^2·h)。燃烧和爆炸速度之快，防不胜防。

(3) 易形成立体大面积燃烧　当危险化学品生产储存易燃易爆液体和气体的建筑物或构筑物发生火灾时，由于建筑、构筑物之间的相互关联影响，易使火灾造成立体燃烧；在气体火灾中，密度大于空气的气体自上而下扩散，遇到火源也会形成立体燃烧；易燃易爆液体受高温和热辐射的影响，挥发出的蒸气可能随风自下而上漂流、扩散、遇火源发生流淌或溅落火灾，也易形成立体燃烧现象。

(4) 易出现复燃复爆　在危险化学品火灾中，气体或油类火扑灭后，如若未能及时地进行适当的处置，残余的仍会再次燃烧或爆炸，这一点在扑救火灾中必须引起高度的重视。

(5) 伤害巨大　危险化学品火灾燃烧速度快、热值高、火场的热辐射强，易造成扑救人员受伤。此外，有毒有害物质的泄漏扩散和易燃易爆物料的喷溅流淌，会形成大面积、立体或多火点燃，扩大和加重了灾害的范围与程度，其有毒气体还容易造成救灾人员的中毒伤亡。

4. 抢险救援预案的制订

制订准确、详细的消防专项救援预案，可以为危险化学品事故的处置提供可靠的理论依据，为从现场搜集有关资料节省大量时间。一份完整的专项应急预案，首先制订抢险救援的依据，主要有抢险救援组织系统情况、有关法律条文和行业规定等。其次明确抢险救援组织机构的组成、职责、任务分工、联络方式、行动要求等。最后细划危险化学品事故单元名称、部位、规模，生产、储存、使用化学物品种类，危险特性、工艺流程、技术要求及安全防护措施等，危险化学品事故源的位置，有毒有害物质名称、特性，可能释放的毒源，以及危害方向、危害区域划分等，相应的消毒、堵漏、防护、侦检等方面的技术要求，附近地域人员的分布、交通、建筑、水源、气象等条件，消防部队抢险救援能力和社会救援力量的分布、协调、调动等。

一份好的专项消防应急救援预案，就像消防部队配备了先进的武器装备，再结合危险化学品事故抢险救援特点，开展科学的、技术的、专业的演练练兵，就能大大提高消防部队的抢险救援能力，也能极大地提高危险化学品企业员工的消防救火能力。

(1) 扎实学习消防理论基础　组织消防队官兵学习有关化学知识、燃烧知识和危险化学品知识，尤其对企业生产和储存、运输、经销单位涉及的危险化学品的危险特性、燃烧、爆炸特点要熟练掌握。

(2) 详细拟定训练课目　针对危险化学品的特点，拟定一些处置、防护等方面的重点课目，以提高消防队或消防部队抢险救援实战的适应能力，突出消防部队救生等方面的训练。学习危化品消防常识，学会防护器材的使用，进行穿越事故区、事故区作业的训练，进行危险化学品工艺处置、进攻与撤离的训练，熟悉防护动作及掌握消毒、急救方法。

(3) 认真周密地进行灭火救援演练　演练是按设定的事故情况对参与抢险救援行动的组织和人员进行近似实战的训练。演练可以体现组织体系间的协调能力；可以检验消防专项应急救援预案的针对性和可操作性；检验各支救援力量和技术力量是否适应实战需要。消防队或消防部队及危险化学品企业业余消防队员在危险化学品抢险救援工作中往往承担着抢险、灭火任务，必须经常开展专业性演练。

5. 危险化学品火灾扑救的方法

危险化学品火灾，都具有火势发展蔓延快和燃烧面积大的特点。因此，在组织指挥扑救火灾时，必须根据其火灾特点，贯彻执行先控制、后消灭的原则，灵活运用灭火战术，有效地扑灭火灾。并根据不同的燃烧物质和火势情况，还要采取相应的战术措施，做到迅速而安全地扑灭火灾。

(1) 科学计划，以快制快　卓有成效地扑救危险化学品企业火灾的关键在于计划性，即按科学的计划进行灭火指挥。对危险化学品企业的重点部位，必须在调查研究、战术演练的基础上，制订切实可行的灭火作战计划，而计划参战的单位又能做到指挥员对作战方案清楚；司机对行车路线和停车位置清楚；战斗员对自己的作战任务清楚；供水员对水源情况路线清楚。当危险化学品企业生产单元或部位发生火灾时，就可以按计划行动。首先，调度力量实施计划指挥，按计划规定，可一次把所有需要的灭火力量全部调派到火场；其次，出动的各级指挥员可根据计划的规定，各自指挥本单位的行车路线和到场后的作战行动，并针对火情，积极主动地进行临时指挥，搞好协同作战，共同完成各项战斗任务。这样，就能做到调派力量快、到达火场快、火情侦察快和战斗展开快，有条不紊地投入战斗，同危险化学品火势发展快的特点针锋相对，以快制快，就能取得明显的效果。对于危险化学品企业火灾的扑救来说，具有快速的作战指挥和战斗行动，尤为重要。扑救危险化学品火灾，只有按照计划进行指挥，才能从根本上克服调派灭火力量上的被动局面；才能充分发挥各级灭火指挥员的积极性和主动性，自觉地指挥本单位的作战行动，防止那种火场总指挥员临时忙乱、顾此失彼，大队指挥员被动听令，现场紊乱、贻误战机等现象的发生。只有实施计划指挥，才能快而不乱，赢得时间，抓住有利战机，以有计划地快速行动，来制服危险化学品火灾的快速发展，做到速战速决。

(2) 堵截火种，防止蔓延　危险化学品火灾，多数情况是物料、生产设备和建筑物某一部位起火。扑救这种火灾时，首先的任务是控制火势发展，消除火势的蔓延扩大，就是在火势蔓延的主要方面，部署精干的力量，堵截火势，防止蔓延。如果危险化学品在生产储存设备中的物料起火，要设法冷却建筑或罐体、容器的结构，或降低燃烧强度，防止引燃建筑物，扩大火势。同样，当建筑物或油罐和容器起火，火势对生产设备及其内部的物料又有直接威胁，遇到这种情况，应集中力量，消灭火势对生产、储存设备的威胁，制止火势蔓延扩大。此外，在危险化学品火灾中，往往由于储罐、容器和管道受高温或爆炸的作用，发生断裂时，都会出现大量的易燃、可燃液体流散燃烧，使火势迅速扩大蔓延。为制止燃烧的流散，可采取断绝燃烧液体来源、筑堤或导流等方法，堵截火势发展，为扑灭火灾创造有利条件。

(3) 抓住重点，排除险情　根据危险化学品火灾容易发生爆炸的特点，消防队到达后必须迅速查明情况，对于正在发生爆炸的火场，要选择有利的地形地物，强性突破；组织好掩护力量，使进攻力量接近爆炸点，根据爆炸物的性质，用强大水流或其他灭火剂，消灭正在引起爆炸的火源，同时冷却尚未爆炸的物质或设备，排除爆炸危险；由于火势的影响爆炸物质或设备可能爆炸时，必须组织突击力量，采取重点突破的技术，突破烟火的封锁，控制火势，消灭火势对爆炸物质或设备的威胁，同时对受到威胁的物质，应设法进行冷却疏散，为扑救火灾创造安全条件，而后组织力量扑救火灾。

(4) 分割包围，速战速决　危险化学品生产企业中的储罐、反应器、管道发生火灾，都是先在一个罐或某一段燃烧，随着燃烧的发展，火势向邻近罐或设备蔓延。针对这种燃烧特点，应采取分割包围战术，集中力量包围燃烧罐或反应器，保护邻近罐、反应器、设备管道阀门等。如果几个罐或反应器都在燃烧，必须根据灭火力量和火场具体情况，把燃烧的罐或反应器分割包围，同时灭火，速战速决。在扑救原料储罐、反应器或管道上燃烧的火炬时，火场指挥员在部署力量对设备进行冷却的同时，必须做好灭火的各项准备工作。首先要组织好火厂的供水工作，选拔精干的水枪手，负责灭火和掩护工作，形成对每个火炬进行包围的态势。当水枪手进入灭火阵地试水以后，再由指挥员统一下达命令，进行灭火。灭火有以下几种具体方法：

① 在水枪手用水掩护下，战斗员或操作工人关闭气体管道的阀门；

② 组织覆盖窒息；

③ 用密集水流切断火焰，使可燃气体与火焰分离，扑灭火炬形成的燃烧。

在灭火过程中，要一直坚持冷却被加热的设备，防止危险化学品生产储罐设备受破坏，造成火势蔓延扩大。

四、八种危险化学品火灾扑救对策

危险化学品很容易发生火灾、爆炸事故，而且不同的化学品以及在不同的情况下发生火灾时，其扑救方法有很大差异，若处置不当，不仅不能有效扑救，反而会使灾情进一步扩大。此外，由于化学品本身及其燃烧产物大多具有较强的毒害性和腐蚀性，极易造成人员的中毒、灼伤等。因此，扑救危险化学品火灾事故是一项极其重要又非常危险的工作。

在现实工作中，从事化学品生产、使用、储存、运输的人员应熟悉和掌握化学品的主要危险特性，一旦发生火灾，每个职工都应清楚地知道他们的作用和职责，熟练掌握发生火灾时相应的扑救对策是非常必要的。一般来讲，扑救化学品火灾时，首先应注意以下几点：

(1) 灭火人员不应单独行动；

(2) 事故现场进出口应始终保持清洁和畅通；

(3) 要选择正确的灭火剂和合适的灭火器材；

(4) 灭火时应始终考虑人员的安全。

扑救危险化学品火灾决不可盲目行事，应针对每一类化学品，选择正确的灭火剂和合适的灭火器材来安全地控制火灾。化学品火灾的扑救必须由专业消防队来进行。其他人员不可盲目行动，待专业消防队到达后，配合扑救。

1. 扑救危险化学品火灾的总体要求

从事危险化学品生产、经营、储存运输、装卸、包装、使用的人员和处置废弃危险化学品的人员以及消防、救护人员，平时应熟悉和掌握这类物品的主要危险性特性及其相应的灭火方法。只有做到知己知彼，防患于未然，才能在扑救各类危险化学品火灾中取胜。扑救危险化学品火灾的总体要求是：

(1) 先控制，后消灭。针对危险化学品火灾的火势发展蔓延和燃烧面积大的特点，积极采取统一指挥、以快制快、堵截火势防止蔓延、重点突破、排除险情、分割包围、速战速决的灭火战术。

(2) 扑救人员应占领上风或侧风位置，以免遭受有毒有害气体的侵害。

(3) 进行火情侦察、火灾扑救及火场疏散的人员应有针对性地采取自我防护措施，如佩戴防护面具、穿戴专用防护服等。

(4) 应迅速查明燃烧范围、燃烧物品及其周围物品的品名和主要危险特性、火势蔓延的主要途径。

(5) 正确选择最适应的灭火剂和灭火方法。火势较大时，应先堵截火势防止蔓延，控制燃烧范围，然后逐步扑灭火势。

(6) 对有可能发生爆炸、破裂、喷溅等特别危险需紧急撤退的情况，应按照统一的撤退信号和撤退方法及时撤退（撤退信号应格外醒目，能使现场所有人员都看到或听到，并经常预先演练）。

(7) 火灾扑灭后，起火单位应当保护现场，接受事故调查，协助公安消防监督部门和安全监督管理部门调查火灾的原因，核定火灾损失，查明火灾责任，未经公安监督部门和安全监督管理部门的同意，不得擅自清理火灾现场。

2. 扑救压缩或液化气体火灾的基本对策

液化气体一般是储存在不同的容器内，或通过管道输送。发生火灾时应采取以下基本对策：扑救气体火灾切忌盲目扑灭，在没有采取堵漏措施的情况下，必须保持其稳定燃烧。否则，可燃气体泄漏出来与空气混合，遇火源发生爆炸，后果不堪设想。

首先应扑灭外围被火源引燃的可燃物大火，切断火势蔓延途径，控制燃烧范围，并立即抢救受伤和被困人员。

如果大火中有压力容器或有受到火焰辐射热威胁的压力容器，能疏散的应尽量在水枪的掩护下疏散到安全地带。

如果是输气管道泄漏着火，应设法找到气源阀门。确认阀门完好的，关闭阀门，火焰就会自动熄灭。

储罐或管道泄漏阀门无效时，应根据火势判断气体压力和泄漏口的大小及位置，准备好相应的堵漏材料（如软木塞、橡皮塞、气囊塞、黏合剂、弯管工具等）。

堵漏工作准备就绪后，可采取有效措施灭火，火被扑灭后，应立即用堵漏材料进行堵漏，同时用雾状水稀释和驱散泄漏出来的气体。若泄漏口很大，根本无法堵住，这时可采取措施冷却着火容器及周围容器和可燃物，控制着火范围，直到燃气燃尽，火焰就会自动熄灭。

现场指挥应密切注意各种危险征兆，一旦事态恶化，指挥员必须做出准确判断，及时下达撤退命令。

3. 扑救易燃液体火灾的基本对策

易燃液体通常储存在不同的容器内，或通过管道输送。与气体不同的是，液体容器有的密封，有的是敞开的。一般是常压，只有反应釜（炉、锅）及输送管道内的液体压力较高。易燃液体有相对密度和水溶性等涉及能否用水和普通泡沫扑救的问题以及危险性很大的沸溢和喷溅问题。因此，扑救易燃液体火灾是一场非常艰难的战斗。一般采取以下基本对策：

切断火势蔓延的途径，冷却和疏散受火势威胁的压力及密闭容器和可燃物，控制燃烧范围。如有液体流淌时，应筑堤（或用围油栏）拦截或挖沟导流。及时了解和掌握着火液体的品名、相对密度、可溶性以及有无毒害、腐蚀、沸溢、喷溅等危险，以便采取相应的灭火和防护措施。

对较大的储罐或流淌火灾，应准确判断着火面积。

(1) 小面积（一般 $50m^2$ 以内）液体火灾，一般可用雾状水扑灭。用泡沫、干粉、二氧化碳、卤代烷（1211、1301）灭火一般更有效。

(2) 大面积液体火灾必须根据其相对密度、水溶性和燃烧面积大小，选择正确的灭火剂扑救。相对密度小又不溶于水的液体（如汽油、苯等）用直流水、雾状水扑救往往无效。一般使用普通蛋白泡沫或轻水泡沫灭火。比水重又不溶于水的液体起火时可用水扑救，泡沫也可以。用干粉、卤代烷灭火要视燃烧面积大小和燃烧条件而定。具有水溶性的液体（如醇类、酮类等），从理论上讲可用水稀释扑救，但用这种方法要使液体闪点消失，水必须在溶液内占有较大比例。因此，一般使用抗溶性泡沫扑救。

扑救毒害性、腐蚀性或燃烧产物毒害较强的易燃液体火灾，扑救人员必须携带防护面具，采取防护措施。

扑救原油和重油等具有沸溢和喷溅危险的液体火灾时，如有条件，可采用放水搅拌、冷却等防止发生沸溢和喷溅的措施。

遇易燃液体管道或储罐泄漏着火，在切断蔓延把火势限制在一定范围内的同时，对输送管道应设法找到进出阀门并关闭。若输送管道进出阀门损坏或是储罐泄漏，应迅速准备好堵漏材料，然后有效扑灭地上流淌的火焰，为堵漏扫清障碍，最后再扑灭泄漏口的火焰，并迅速采取堵漏措施。

4. 扑救爆炸物品火灾的基本对策

爆炸品着火可用水、空气泡沫（高倍数泡沫较好）、二氧化碳、干粉等扑灭剂施救，最好的灭火剂是水。因为水能够渗透到爆炸品内部，在爆炸品的结晶表面形成一层可塑性的柔软薄膜，将结晶包围起来使其钝感。爆炸品着火时首要的就是用大量的水进行冷却，禁止用沙土覆盖，也不可用蒸汽和酸碱泡沫灭火剂灭火。在房间内或在车厢、船舱内着火时要迅速将门窗、厢门、船舱打开，向内射水冷却，万万不可关闭门窗、厢门、舱盖窒息灭火。要注意利用掩体，在火场上可利用墙体、低洼处、树干等掩护，防止人员受伤。

由于有的爆炸品不仅本身有毒，而且燃烧产物也有毒，所以灭火时应注意防毒：有毒爆炸品着火时应戴隔绝式氧气或空气呼吸器，以防中毒。

爆炸物品一般有专门或临时的储存仓库。这类物品由于内部结构含有爆炸性因素，受摩擦、撞击、震动、高温等外界因素激发，极易发生爆炸，遇到明火更危险。遇爆炸物品火灾时，一般采取以下基本对策：

迅速判断和查明再次发生爆炸的可能性和危险性，紧紧抓住爆炸后和再次发生爆炸之前的有利时机，采取一切可能的措施，全力制止再次爆炸的发生。切忌用沙土盖压，以免增加爆炸物品的爆炸威力。

如果有疏散可能，人身安全确有可靠保障，应迅速组织力量及时疏散着火区域周围的爆炸物品，使周围形成一个隔离带。

扑救爆炸物品堆垛时，水流应采取吊射，避免强力水流直接冲击堆垛，以免堆垛倒塌引起再次爆炸。

灭火人员应尽量利用现场的掩蔽体或采取卧式等低姿射水，注意自我保护措施。

灭火人员发现有再次发生爆炸的危险时，应立即向现场指挥报告，经现场指挥确认后，应立即下达撤退命令。

5. 扑救氧化剂和有机过氧化物火灾的基本对策

氧化剂和有机过氧化物从灭火角度讲是一个杂类，既有固体、液体，也有气体。有些氧化物本身不燃，但遇可燃物品或酸碱能着火或爆炸。有些过氧化物（如过氧化二苯甲酰等）本身就能着火、爆炸，危险性特别大。扑救时要注意人员防护。不同的氧化剂和有机过氧化物有的可用水或泡沫扑救，有的则不能；有的不能用二氧化碳扑救，酸碱灭火剂则几乎都不能适用。遇到氧化剂和有机过氧化物火灾应采取以下基本对策：

迅速查明着火或反应的氧化剂和有机过氧化物以及其他燃烧物的品名、数量、危险性、燃烧范围、火势蔓延途径，能否用水或泡沫扑救。

能用水或泡沫扑救时，应尽一切可能控制火势蔓延，使着火区孤立，限制燃烧范围。不能用水、泡沫、二氧化碳扑救时，应用干粉或水泥、干沙覆盖。

（1）泄漏处理　氧化剂和有机过氧化物在运输过程中如有泄漏，应小心地收集起来或使用惰性材料作为吸收剂将其吸收起来，然后在尽可能远的地方用大量的水冲洗残留物。严禁使用锯末、废棉纱等可燃料作为吸收材料，以免发生氧化反应而着火。

对收集起来的泄漏物，切不可重新装入原包装或装入完好的包件内，以免杂质混入而引起危险。应针对其特性用安全可行的办法处理或考虑埋入地下。

（2）着火处理

① 氧化剂着火或被卷入火中时，会放出氧而加剧火势，即使在惰性气体中，火仍然会进行燃烧：无论将货舱、容器、仓房封死，或者用蒸汽、二氧化碳及其他惰性气体灭火都是无效的；如果用少量的水灭火也是无效的；如果用少量的水灭火，还会引起物品中过氧化物的剧烈反应。因此应使用大量的水或用水淹浸的方法灭火，这是控制氧化剂火灾的最为有效的方法。

② 氧化物着火或被卷入火中时，可能导致爆炸。所以，应迅速将这些包件从火场移开，人员应尽可能远离火场，并在有防护的位置用大量的水灭火。任何曾卷入火中或暴露于高温下的有机过氧化物包件，即使火已扑灭，在包件未完全冷却时随时会发生剧烈分解。如有可能，应在专业人员技术指导下，对这些包件进行处理；如果没有这种可能，在水上运输时，情况紧急时应考虑将其投弃水中。

6. 扑救毒害品、腐蚀品火灾的基本对策

毒害品和腐蚀品对人体都有一定的危害。毒害品主要经口或吸入蒸气或通过皮肤接触引起人体中毒。腐蚀品是通过皮肤接触使人体形成化学灼伤。毒害品、腐蚀品有些本身能着火，有的本身并不着火，但与其他可燃物品接触后能着火。这类物品发生火灾一般应采取以下基本对策：

灭火人员必须穿防护服，佩戴防护面具。对有特殊物品火灾，应使用专业防护服。在扑救毒害品火灾时应尽量使用隔绝式氧气或防毒面具。

首先限制燃烧范围。毒害品、腐蚀品火灾极易造成人员伤亡，灭火人员在采取防护措施后，应立即投入抢救受伤和被困人员的工作中，以减少人员伤害。

扑救时应尽量使用低压水流或雾状水，避免毒害品、腐蚀品溅出。遇酸碱类腐蚀品最好调制相应的中和剂稀释中和。

遇毒害品、腐蚀品容器泄漏，在扑灭火势后应立即采取堵漏措施。腐蚀品需用防腐材料堵漏。浓硫酸、硝酸遇水能放出大量的热，会导致沸腾飞溅，需特别注意防护。

(1) 毒害品着火应急措施　因为绝大部分有机毒害品都是可燃物，且燃烧时能产生大量的有毒或剧毒的气体，所以，做好毒害品着火时的应急灭火措施是十分重要的。在一般情况下，如果是液体毒害品，可根据液体的性质（有无水溶性和相对密度的大小）选用抗溶性泡沫或机械泡沫及化学泡沫灭火，或用沙土、干粉、石粉等措施；如果是固体毒害品着火，可根据其性质分别采用水、雾状水或沙土、干粉、石粉扑救。

(2) 腐蚀品着火时应急措施　腐蚀品着火，一般可用雾状水或干沙、泡沫、干粉等扑救，不宜用高压水，以防酸液四溅，伤害扑救人员；硫酸、卤化物、强碱等遇水发热、分解或遇水产生酸性烟雾的物品着火时，不能用水施救，可用干沙、泡沫、干粉等扑救。灭火人员要注意防腐蚀、防毒气，应戴防毒口罩、防毒眼镜或防毒面具，穿橡胶雨衣和长筒胶鞋，戴防腐蚀手套等。灭火时人应站在上风处，发现中毒者，应立即送往医院抢救，并说明中毒品的品名，以便医生救治。

7. 扑救放射性物品火灾的基本对策

放射性物品是一类发射出人类肉眼看不见但却能严重损害人类生命和健康的

α射线、β射线、γ射线和中子流的特殊物品。扑救这类物品火灾必须采取特殊的能防护射线照射的措施。首先派出精干人员携带放射性测试仪器，测试辐射（剂）量和范围。测试人员必须采取防护措施。

（1）对辐射（剂）量超过0.0387C/kg的区域，应设置“危及生命，禁止进入”字样的警告标志牌。

（2）对辐射（剂）量小于0.0387C/kg的区域，应设置“危及生命，请勿进入”字样的警告标志牌。

对燃烧现场包装没有损坏的放射性物品，可在水枪的掩护下佩戴防护装备，设法疏散。无法疏散时，应就地冷却保护，防止造成新的破损，增加辐射（剂）量。

对已破损的容器切忌搬动或用水流冲击，以防止放射性沾染范围扩大。

8. 扑救易燃固体、自燃物品火灾的基本对策

部分易燃固体、自燃物品除遇空气、水、酸易燃外，而且还具有一定的毒害性，其燃烧产物也大多是剧毒的，如赤磷、黄磷、磷化钙等金属的磷化物本身毒性都很强，其燃烧产物五氧化二磷、遇湿产生的易燃气体磷化氢等都具有剧毒，磷化氢气体有类似大蒜的气味，当空气中含有0.01mg/L时，吸入即可引起中毒。所以，在扑救易燃固体、自燃物品和遇湿易燃物品火灾时，应特别注意防毒、防腐蚀，要佩戴一定的防护用品，确保人身安全。

（1）易燃固体　易燃固体着火时绝大多数可以用水扑救，尤其是湿的爆炸品和通过摩擦可能起火或促成起火的固体以及丙类易燃固体等均可用水扑救，对就近可取的泡沫灭火器，二氧化碳、干粉等灭火器也可用来应急。

对脂肪族偶氮化合物、芳香族硫代酰肼化合物、亚硝基类化合物和重氮盐类化合物等自然反应物质（如偶氮二异丁腈、苯磺酰肼等），由于此类物质燃烧时不需要外部空气中氧的参与，所以着火时不可用窒息法，最好用大量的水冷却灭火。镁粉、铝粉、钛粉、锆粉等金属元素的粉末类火灾，不可用水也不可用二氧化碳等施救。因为这类物质着火时，有相当高的温度，高温可使水分子或二氧化碳分子分解，从而引起爆炸或使燃烧更加猛烈，如金属镁燃烧时可产生2500℃的高温，将烧着的镁条放在二氧化碳气体中时，镁和二氧化碳中的氧反应生成氧化镁，同时产生无定形的碳。所以，金属元素物质着火不可用水和二氧化碳扑救。由于三硫化四磷、五硫化二磷等磷化物遇水或潮湿空气，可分解产生易燃有毒的硫化氢气体，所以也不可用水扑救。

（2）自燃物品　黄磷可用水施救，且最好浸于水中；潮湿的棉花、油纸、油绸、油布、赛璐珞碎屑等有积热自燃危险的物品着火时，一般都可以用水扑救。

9. 扑救遇湿易燃物品火灾的基本方法

遇湿易燃物品着火绝对不可用水和含水的灭火剂施救，二氧化碳、氮气、卤代烷等不含水的灭火剂也是不可用的。因为遇湿易燃物品绝大多数都是碱金属、碱土金属以及这些金属的化合物，他们不仅遇水易燃，而且在燃烧时温度很高，在高温下这些物质大部分可与二氧化碳、卤代烷反应，故不能用其扑救遇湿易燃品火灾。

例如，用四氯化碳与燃烧着的钠接触，会立即生成一团碳雾，使燃烧更加猛烈；氮气不燃、无毒、不含水，用来扑救遇湿易燃品火灾应该说是可以的，但是因为氮能与金属锂直接化合物生成氮化锂，氮与金属钙在500℃时可生成氮化钙，也不能用，从目前研究成果看，遇湿易燃物品着火最好的灭火剂是偏硼酸三甲酯，用干沙、黄土、干粉、石粉也可以：对金属钾、钠火灾，用干燥的食盐碱面、石墨铁粉等效果也很好。

但注意金属锂着火时，如用含有 SiO_2 的干沙扑救，其燃烧产物 Li_2O 能与 SiO_2 起反应；若用碳酸钠或食盐扑救，其燃烧的高温能使碳酸钠和氯化钠分解放出比锂更危险的钠。故金属锂着火，不可用干沙、碳酸钠干粉和食盐扑救。另外，由于金属铯能与石墨反应生成铯碳化物，故金属铯着火不可用石墨扑救。

第三节 危险化学品泄漏应急专项预案

危险化学品生产过程中的泄漏，主要包括易挥发物料的逸散性泄漏和各种物料的源设备泄漏两种形式。逸散性泄漏，主要是易挥发的物料从装置的阀门、法兰、机泵、人孔、压力管道焊接处等密封系统密封处发生非预期或隐蔽泄漏。源设备泄漏主要是物料非计划，不受控制地以泼溅、渗漏、溢出等形式从储罐、管道、容器、槽车及其他用于转移物料的设备进入周围空间，产生无组织形式排放，见图5-2。

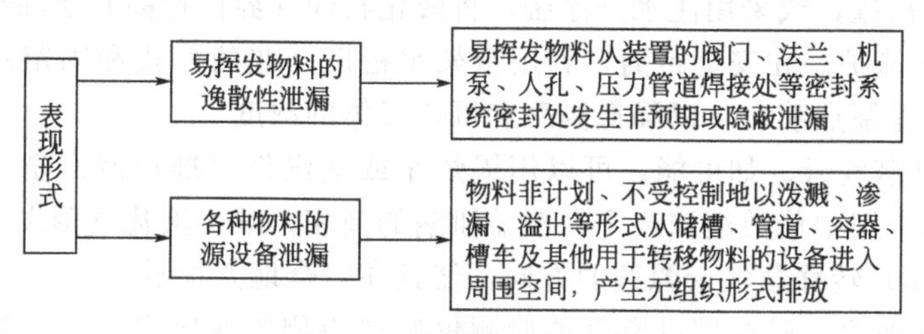

图5-2 泄漏的表现形式

所谓危险化学品是指具有爆炸性、易燃性、毒害性、腐蚀性、放射性等危险性质，在运输、装卸、使用、储存、保管过程中，在一定条件下容易发生导致人身伤亡或财产损失事故的化学品。危险化学品泄漏后，如果处理不当，不但对周围环境造成长期的严重污染，引起人体中毒害甚至死亡，而且可燃物、易燃物引发的火灾、爆炸会造成周围大面积毁灭性的破坏。因此，对泄漏物及时进行安全处理尤为重要。

一、常用的危险化学品泄漏安全处理方法

危险化学品一般都具有易燃易爆、有毒有害等特点，在应急处理时必须要了解其特性，采取相应的措施正确及时地进行处理。

1. 液化石油气

(1) 基本情况　液化石油气是一种广泛应用于工业生产和居民日常生活的燃料，主要由丙烷、丙烯、丁烷、丁烯等烃类介质组成，还含有少量 H_2S、CO、CO_2 等杂质，由石油加工过程产生的低碳分子烃类气体（裂解气）压缩而成。外观与性状：无色气体或黄棕色油状液体，有特殊臭味；闪点－74℃；沸点－0.5～－42℃；引燃温度 426～537℃；爆炸下限（%，体积分数）2.5；爆炸上限（%，体积分数）9.65；相对于空气的密度 1.5～2.0；不溶于水。

(2) 泄漏处置

① 建立警戒区。立即根据地形、气象等，在距离泄漏点至少 800m 范围内实行全面戒严。划出警戒线，设立明显标志，以各种方式和手段通知警戒区内和周边人员迅速撤离，禁止一切车辆和无关人员进入警戒区。

② 消除所有火种。立即在警戒区内停电、停火，灭绝一切可能引发火灾和爆炸的火种。进入危险区前用水枪将地面喷湿，以防止摩擦、撞击产生火花，作业时设备应确保接地。

③ 控制泄漏源。在保证安全的情况下堵漏或翻转容器，避免液体漏出。如管道破裂，可用木楔子、堵漏器堵漏或卡箍法堵漏，随后用高标号速冻水泥覆盖法暂时封堵。

④ 导流泄压。若各流程管线完好，可通过出液管线、排污管线，将液态烃导入紧急事故罐，或采用注水升浮法，将液化石油气界位抬高到泄漏部位以上。

⑤ 罐体掩护。在安全距离，利用带架水枪以开花的形式和固定式喷雾水枪对准罐壁和泄漏点喷射，以降低温度和可燃气体的浓度。

⑥ 控制蒸气云。如可能，可以用锅炉车或蒸汽带对准泄漏点送气，用来冲散可燃气体；用中倍数泡沫或干粉覆盖泄漏的液相，减少液化气蒸发；用喷雾水（或强制通风）转移蒸气云飘逸的方向，使其在安全地方扩散掉。

⑦ 现场监测。随时用可燃气体检测仪监视检测警戒区内的气体浓度，人员随时做好撤离准备。

⑧ 注意事项：禁止用水直接冲击泄漏物或泄漏源；防止泄漏物向下水道、通风系统和密闭性空间扩散；隔离警戒区直至液化石油气浓度达到爆炸下限25%以下方可撤除。

2. 氯气

（1）基本情况 氯气属剧毒品，室温下为黄绿色不燃气体，有刺激性，加压液化或冷冻液化后，为黄绿色油状液体。氯气易溶于二硫化碳和四氯化碳等有机溶剂，微溶于水。溶于水后，生成次氯酸（HClO）和盐酸，不稳定的次氯酸迅速分解生成活性氧自由基，因此水会加强氯的氧化作用和腐蚀作用。氯气能和碱液（如氢氧化钠和氢氧化钾溶液）发生反应，生成氯化物和次氯酸盐。氯气在高温下与一氧化碳作用，生成毒性更大的光气。氯气能与可燃气体形成爆炸性混合物，液氯与许多有机物如烃、醇、醚等发生爆炸性反应。氯作为强氧化剂，是一种基本有机化工原料，用途极为广泛，一般用于纺织、造纸、医药、农药、冶金、自来水杀菌剂和漂白剂等。

（2）泄漏处置 迅速撤离泄漏污染区人员至上风处，并立即进行隔离，根据现场的检测结果和可能产生的危害，确定隔离区的范围，严格限制出入。一般地，少量泄漏的初始隔离半径为150m，大量泄漏的初始隔离半径为450m。应急处理人员应佩戴正压自给式空气呼吸器，穿防毒服。尽可能切断泄漏源。泄漏现场应去除或消除所有可燃和易燃物质，所使用的工具严禁粘有油污，防止发生爆炸事故。防止泄漏的液氯进入下水道。合理通风，加速扩散。喷雾状碱液吸收已经挥发到空气中的氯气，防止其大面积扩散，导致隔离区外人员中毒。严禁在泄漏的液氯钢瓶上喷水。构筑围堤或挖坑收容所产生的大量废水。如有可能，用铜管将泄漏的氯气导至碱液池，彻底消除氯气造成的潜在危害。可以将泄漏的液氯钢瓶投入碱液池，碱液池应足够大，碱量一般为理论消耗量的1.5倍。实时检测空气中的氯气含量，当氯气含量超标时，可用喷雾状碱液吸收。

3. 液氨

（1）基本情况 液氨，又称为无水氨，是一种无色液体。为运输及储存便利，通常将气态的氨气通过加压或冷却得到液态氨。氨易溶于水，溶于水后形成氢氧化铵的碱性溶液。具有腐蚀性，且容易挥发。气氨相对密度（空气＝1）为0.59，液氨相对密度（水＝1）为0.7067（25℃），自燃点为651.11℃，沸点为－33.4℃。

（2）泄漏处置

① 少量泄漏 撤退区域内所有人员。防止吸入蒸气，防止接触液体或气体。处置人员应使用呼吸器。禁止进入氨气可能汇集的局限空间，并加强通风。只能在保证安全的情况下堵漏。泄漏的容器应转移到安全地带，并且仅在确保安全的情况下才能打开阀门泄压。可用砂土、蛭石等惰性吸收材料收集和吸附泄漏物。收集的泄漏物应放在贴有相应标签的密闭容器中，以便废弃处理。

② 大量泄漏 疏散场所内所有未防护人员，并向上风向转移。泄漏处置人员应穿全身防护服，戴呼吸设备。消除附近火源。

禁止接触或跨越泄漏的液氨，防止泄漏物进入阴沟和排水道，增强通风。场所内禁止吸烟和明火。在保证安全的情况下，要堵漏或翻转泄漏的容器以避免液氨漏出。要喷雾状水，以抑制蒸气或改变蒸气云的流向，但禁止用水直接冲击泄漏的液氨或泄漏源。防止泄漏物进入水体、下水道、地下室或密闭性空间。禁止进入氨气可能汇集的受限空间。清洗以后，在储存和再使用前要将所有的保护性服装和设备洗消。

4. 汽油

(1) 基本状况　汽油，主要成分为 C_4～C_{12} 脂肪烃和环烷烃，无色或淡黄色易挥发液体，具有特殊臭味。不溶于水，易溶于苯、二硫化碳、醇、脂肪。主要用作汽油机的燃料，用于橡胶、制鞋、印刷、制革、颜料等行业，也可用作机械零件的去污剂。相对蒸气密度（空气＝1）为 3.5，液体相对密度（水＝1）为 0.70～0.79，熔点小于－60℃，沸点为 40～200℃，闪点为－50℃，引燃温度为 415～530℃，爆炸上限（体积分数）为 1.3%～6.0%。

(2) 泄漏处理　迅速撤离泄漏污染区人员至安全区，并进行隔离，严格限制出入，切断火源。建议应急处理人员戴自给正压式呼吸器，穿防静电工作服。尽可能切断泄漏源。防止流入下水道、排洪沟等限制性空间。少量泄漏用砂土、蛭石或其他惰性材料吸收。或在保证安全情况下，就地焚烧。大量泄漏需构筑围堤或挖坑收容。用泡沫覆盖，降低蒸气灾害。用防爆泵转移至槽车或专用收集器内，回收或运至废物处理场所处置。

5. 溶于水的剧毒物氰化钠、氰化钾的泄漏处置

若固体物质泄入路面，可用铲子小心收集于干燥、洁净、有盖的容器中，尽可能地全部收集；再在泄入路面喷洒过量漂白粉或次氯酸钠溶液，清除残留的泄漏物。

若氰化物溶液泄入路面，可在泄入路面喷洒过量漂白粉或次氯酸钠溶液，清除泄漏物。注意对周围地表水及地下水的监控。

若泄入水体，对少量泄漏，可在泄入水体中喷洒过量漂白粉或次氯酸钠溶液，清除泄漏物；对大量泄漏，必要时，应在江河下游一定距离构筑堤坝，控制污染范围扩大，同时严密监控，直到监测达标。

6. 微溶于水的剧毒物三氧化二砷（砒霜）的泄漏处置

若泄入路面，可用铲子小心收集于干燥、洁净、有盖容器中，尽可能地全部收集。

若泄入水体，可对水体喷洒硫化钠溶液，使溶于水的三氧化二砷与硫化钠反应生成不溶于水的硫化砷沉淀，经监测水体达标后，还应对沉积于河床的三氧化二砷和硫化砷沉淀进行彻底清除，以消除隐患。过后，在水体中喷洒漂白粉或次氯酸钠溶液，以消除喷洒硫化钠溶液时过量的硫化物对水体的影响，并测定水体中的硫化物至达标。

7. 无机酸（如盐酸、硫酸、硝酸、磷酸、氢氟酸、氯磺酸、高氯酸）**的泄漏处置**

若泄入路面，对少量泄漏，用干燥沙、土等惰性材料撒到泄入路面，吸附泄漏物，收集吸附泄漏物的沙、土；再用干燥石灰或苏打灰撒到泄入路面，中和可能残留的酸。对大量泄漏，一开始应避免用水直接冲洗，可在泄入路面周围构筑围堤或挖坑收容，用耐酸泵转移至槽车或专用收集器中，回收或运至废物处理场所处置；再用干燥石灰或苏打灰撒到泄入路面，中和可能残留的酸。

若泄入水体，在泄入水体中撒入大量石灰（对江、河应逆流喷撒），进行中和，至水体监测达标。同时应注意对氟离子的监测。

8. 碱（如氢氧化钠、氢氧化钾等）**的泄漏处置**

若固体泄入路面，可用铲子收集于干燥、洁净、有盖的容器中，尽可能地全部收集。若液碱泄入路面，对少量泄漏，先用干燥沙、土等惰性材料撒到泄入路面、吸附泄漏物，收集吸附泄漏物的沙、土；再用稀乙酸溶液喷洒路面，中和残留的碱液；对大量泄漏，可在泄入路面周围构筑围堤或挖坑收容，用泵转移至槽车或专用收集器中，回收或运至废物处理场所处置；再用稀乙酸溶液喷洒路面，中和残留的碱液。

若泄入水体，可在泄入水体中喷洒稀酸（如盐酸）以中和碱液，至水体监测达标。

9. 相对密度（水＝1）**小于 1，不溶于水的有机物**（液体）（如苯、甲苯等）**的泄漏处置**

若泄入路面，对少量泄漏，用活性炭或其他惰性材料或就地取材用如木屑、干燥稻草等吸附；对大量泄漏，构筑围堤或挖坑收容，用防爆泵转移至槽车或专用收集器中，回收或运至废物处理场所处理。

若泄入水体，应立即用隔栅将其限制在一定范围，小心收集浮于水面上的泄漏物，回收或运至废物处理场所处理。

10. 相对密度（水＝1）**大于 1，不溶于水的有机物**（液体）（如氯仿等）**的泄漏处置**

若泄入路面，对少量泄漏，用活性炭或其他惰性材料或就地取材用如木屑、干燥稻草等吸附；对大量泄漏，构筑围堤或挖坑收容，用防爆泵转移至槽车或专用收集器中，回收或运至废物处理场所处理。注意因向下渗透而造成对地下水的污染。

若泄入水体，由于比水重、沉入水底，尽可能用防爆泵将水下的泄漏物进行收集，消除污染及安全隐患。

11. 有毒、有害气体及易挥发性有毒、有害液体（如液氯、液溴）**的泄漏处置**

根据事故现场的风向，迅速划定安全区域范围，转移下风向人员至安全处。

如对液氯的泄漏，由于泄漏后即成气态，在保证安全情况下，尽可能切断泄漏源，同时，向泄漏源及上空喷含2%～3%硫代硫酸钠（大苏打）的雾状水进行稀释、反应。

对液溴的泄漏，若泄入路面，少量泄漏，向泄入路面及上空喷含2%～3%硫代硫酸钠（大苏打）的雾状水进行稀释、反应；大量泄漏，构筑围堤或挖坑收容，用耐腐蚀泵转移至槽车或专用收集器中，回收或运至废物处理场所处置，然后对泄入路面喷含2%～3%硫代硫酸钠（大苏打）的雾状水进行稀释、反应，清除泄漏物。

二、注意的问题

处理危险品泄漏的过程中应注意以下几点：

(1) 所有进入泄漏现场者必须配备必要的个人防护用品。处理中，高毒类的危险化学品泄漏必须佩戴防毒用品；处理具有腐蚀性的危险化学品泄漏时，必须穿防酸碱服，戴防飞溅罩。

(2) 参与处理者最少要有2人以上共同行动，严禁单独行动，避免不能互救，但也不能多人围观现场，造成泄漏物周围通风不畅。

(3) 如果危险化学品泄漏物具有易燃易爆性，参与处理者应禁止携带火种，以降低发生火灾爆炸的危险性。

(4) 处理人员应从上风、上坡处接近现场，严禁盲目进入。

(5) 泄漏物周围一定范围应划分隔离地带，进出口应保证通畅。

(6) 注意并考虑天气状况和周围环境对处理泄漏危险化学品带来的不利因素。

因此，处理危险化学品泄漏时除了要选择正确的处理方法，严格遵守需要注意的事项外，同时应密切注意环境的变化并采取相应急措施。只有安全地控制好危险化学品，才能使危险化学品更好地为人类服务。

① 最后一次化验分析合格应在动火作业前30min以内完成。在作业过程中至少每2h分析1次，观察容器内可燃物含量的变化，以便采取措施。动火中断后，再次点火（焊）前必须重新化验分析。

② 如在容器内进行动火作业，还需进行氧含量分析，氧含量应为18%～21%，毒物含量应符合《工业企业设计卫生标准》的规定。

③ 根据物料的化学性质，容器内的取样应有代表性，以防产生区域内“死角”。

④ 使用可燃气体检测仪进行检测时，应保证该检测仪定期进行调试，与其

他分析方法做比较，确保灵敏准确。

(7) 对一些没有火灾爆炸危险性的化工容器，应根据物料的性质，在条件变化时，特别是施焊过程中，区别对待，以防由于外界条件的变化而存在火灾爆炸的危险。

如硫酸储罐的动火作业，在常温下，浓硫酸与铁不反应，但在较高温度下会发生反应，温度越高，反应越快。在补焊作业时，由于温度升高，使受热的钢板与罐内剩余浓硫酸反应生成氢气；

(8) 危险化学品企业容器内动火作业，还可以根据实际的工艺条件和环境采取水封切断气源；待容器注入清水，使爆炸性混合物空间最小，以及对保温层的防火和严禁补焊未开孔的密闭容器等措施，做到隔离可靠，确保作业万无一失。

三、管理措施

(1) 严格执行国家质检总局和标准化管理委员会颁发的《化学品生产单位特殊作业安全规范》(GB 30871—2014)(第5.2条：作业基本要求进行)。办理动火证，是防止发生事故的关键一环，是落实各项安全措施的重要保障，不仅要在动火证上填写分析和数据、分析人、动火时间和地点、动火人、批准人等内容，而且还要注明动火的安全措施及落实情况；在确认的前提下，逐级审批。

(2) 容器内的动火作业应履行监护人制度，落实监护人责任，做好应急救援准备，同时要正确佩戴和使用防护器具，杜绝其他事故的发生。

(3) 除补焊检修作业外，使用砂轮磨削也视为动火作业，也应办理有关作业票。

(4) 动火期间距动火点30m内不应排放可燃气体；距动火点15m内不应排放可燃液体；在动火点10m范围内及动火点下方不应同时进行可燃溶剂清洗或喷漆等作业。

四、不停车带压堵漏的安全操作

1. 堵漏前的准备工作

确定泄漏部位，选择合适的密封剂。确定密封剂的填充范围，准确测量有关尺寸，以选择或设计夹具及堵漏方案。安装夹具时，操作人员要穿戴好保护用具，站在上风方向。安装时要避免机具的激烈敲击，绝对禁止出现火花。夹具上应预先接好注射接头，其旋塞阀应处在“开”的位置，泄漏点附近要有注射接头，以利于泄漏气体的排放。

2. 密封剂的注入

注射时先从远离泄漏点开始，如果有两点泄漏，则从其中间开始，逐步向泄漏点移动。一个注射点注射完毕，立即关闭该注射点上的阀门，把注射枪移至下一个注射点上，直至泄漏被消除为止。注射后，要保持一定的注射压力。对高压

（4MPa 以上）系统堵漏时，则应采用高压注射枪，用油泵升压，使油压大于介质压力。注射完毕后保持 15min，即可完成堵漏。

3. 带压堵漏的安全措施

为了保证带压堵漏的安全性，应严格遵守下列安全措施：

（1）严格执行防火、防爆、防毒、防蚀、防辐射等安全技术规范。

（2）堵漏人员应由责任心强、实践经验丰富、熟悉设备工作状况的人担任，并配有监护人员 1～2 人，人员应少而精。

（3）按规定穿戴好适应介质工况条件的劳动保护用品，备齐所需安全用具和设备。

（4）清理堵漏现场，对危险性介质视其性质做好通风、疏散、引流、遮盖防护措施。

（5）对易燃易爆介质的堵漏，尽量避免焊接堵漏法，不允许采用有可能引起火花的工具和操作方法。应用铜制工具、风枪、风钻，不使用电器设备和电器工具。

（6）松、紧螺栓，活接头等部位，应用煤油、除锈剂等清洗干净后，涂敷石墨、二硫化钼润滑螺纹处，方能慢而轻地操作，以免螺栓、丝扣断裂。用煤油时要注意防火。

（7）高空作业应设置平台，或采用升降机、吊车做平台。用标志、口令、步话机联系。

（8）水下堵漏应遵守水下操作规程，穿不透水的潜水服，保证通气管完好无损，水下水上信息相通，安全措施可靠。从事水下焊堵时，应注意预防电击。

（9）在室内、地沟、井下、容器内操作时，注意防毒、防窒息，并应有抢救措施。下井、进容器前，应取样化验，合格后方能进行。

（10）堵漏时，操作人员应按事先确定好的方案进行，要慎重果断，边干边观察，发现异常现象应及时反映，共同研究解决，严禁主观蛮干。

4. 带压堵漏的现场管理

堵漏现场应有一个统一的指挥机构，它由领导、工程技术人员和有实践经验的工人组成。实施堵漏前，必须充分掌握泄漏部位介质特性及温度、压力等技术数据，分析泄漏原因，制订一套完整的堵漏方案。对可能发生的意外情况，要有所防范，采取相应的对策。

堵漏工作应统一领导，分工明确，相互协调，可根据情况安排堵漏人员、监护人员、消防救护人员、后勤人员等，车间操作人员应配合这项工作。现场操作时，除堵漏人员和监护人员外，其他人员应站在警戒线外待命。堵漏人员严格按操作规程和既定方案进行，出现新的情况应及时向现场指挥人员汇报，以便及时采取措施解决。堵漏结束后，应及时清理现场，恢复正常生产。

五、防泄漏专项应急措施

为加强对危化品生产和装卸过程中泄漏事故的控制，最大限度降低事故危险程度，保证公司和员工的生命、财产安全，检验和提高操作人员在生产和装卸过程中发生泄漏事故时的应急反应能力，锻炼操作人员在发生危化品泄漏事故后的处置能力和环保意识，结合实际情况，特制订防泄漏专项应急预案。

1. 预案适用范围

本预案适用于危险化学品生产作业过程中出现的各危险化学品泄漏事故，主要针对危化品生产过程中软管破损、阀门设备出现故障、人员误操作发生的各类泄漏事故，如何处理危化品泄漏，防止危化品泄漏，如何确保企业的安全而制订。

2. 最初应急程序的启动

一旦发现紧急情况，值班操作人员发现泄漏后，按照预案汇报程序，迅速报告值班调度和班组长，由调度通知船方关泵，同时关闭阀门，利用应急物资和堵漏工具，对泄漏处进行堵漏自救。

值班调度接到报警后，及时向救护队领导、公司应急指挥中心汇报，启动救护队防泄漏事故应急预案。

（1）班组、部门行动　向当班值班长汇报或报警后立即做好应急准备，抢险人员戴好防毒面具，穿戴好防护用品、防护鞋等。不准无任何防护的人员进入码头泄漏区域。

（2）相关班组行动　当班值班长立即赶赴现场，在抢险人员到来前，指挥下列应急行动：如发现人员中毒，应立即转移中毒人员至无毒通风处，拨打职工医院电话；进行紧急生产调度，采取切断进口、出口阀门，释放管内压力，放置接液盆，用专用工具排堵等方法，尽量减少外泄；立即疏散附近施工、作业人员，就地停运施工机械与机动车辆。

（3）危险化学品事故处置

① 报警，报警时应明确发生事故的单位名称、地址、危险化学品种类、事故简要情况、人员伤亡情况等。

② 隔离事故现场，建立警戒区。事故发生后，启动应急预案，根据化学品泄漏的扩散情况、泄漏点涉及的范围建立警戒区，并在通往事故现场的主要干道上实行交通管制。

③ 人员疏散，包括撤离和就地保护两种。撤离是指所有可能受到威胁人员从危险区域转移到安全区域。在有足够的时间向群众示警、进行准备的情况下，撤离是最佳保护措施，一般是从上风侧离开，必须有组织、有秩序地进行。

（4）危化品泄漏处置

① 最早发现者应立即向当班值班长报告，在保证自身安全的前提下，采取

一切手段切断事故源。

② 值班长接到报警后，应迅速通知化工队有关部门、班组、应急指挥小组，及时查明泄漏部位（电动阀门）和原因，做好救援前的一切准备工作，同时发出警报，通知救护队和义务消防队、各应急救援小组迅速赶往事故现场。

③ 救援队应急指挥小组接到报警后，应迅速启动救援预案，下达应急救援预案处理的指令，按现场情况调配各班组专业救援小组实施救援，并迅速向公安、消防、调度室、公司领导报告事故情况。

④ 发生事故的班组值班人员应迅速查明事故源、泄漏部位和原因，用如迅速切断电源、用手动方法关闭电动阀等处理措施消除事故，以自救为主。不能自行控制的，应向应急救援指挥小组及时报告并提出抢修的具体措施。

⑤ 应急抢险人员到达事故发生地后，要按规定佩戴好自给式呼吸器、穿好防化服，迅速查明现场有无人员受伤、中毒，并以最快的速度将伤者抢救出事故现场。

⑥ 应急指挥小组组长到达事故现场后，根据事故态势及危害程度，迅速做出相应的救援方案，组织调整好各应急救援小组的协调抢险救援工作，下达抢险指令，如事故救援小组受阻或进一步扩大时，应向地方消防大队请求支援。

⑦ 抢险小组到达事故现场后，会同事故发生当班值班人员，迅速查明电动阀门泄漏点、范围、危害程度及原因，并想尽一切办法，控制和切断险源，采取局部或全部停止装卸流程，及时将查明的事故现场情况报告指挥小组长，以便做出正确的救援指令。

⑧ 保卫小组到达事故现场后，会同操作班，担负事故周围治安和交通指挥，在事故现场周围设岗，划分禁区，加强警戒和巡逻检查，并指挥施工人员和周边人员的疏散工作。

⑨ 抢险抢修队到达现场后，根据指挥中心下达的指令，迅速抢修设备设施，消除隐患，控制险源，避免事故的进一步扩大。

3. 应急救援组织机构及职责

（1）现场组长　职责为全面指挥事故应急救援，决定是否需要地方公安消防大队给予救援，向上级有关部门报告事故情况，待应急结束后，下达结束指令。

（2）现场副组长　职责为协助指挥组长履行职责，为指挥组长现场决策提供参考意见，指挥组长出差无法履行职责时，代行指挥组长职责。

（3）现场指挥　由当班值班长担任，接受现场组长的指令，负责事故现场的指挥调度。

（4）现场副指挥　由当班调度担任，协助现场指挥履行职责，当现场指挥出差无法履行职责时，代行现场指挥职责。

（5）应急抢险小组

① 第一组：抢险抢修组（6人） 负责管道电动阀门的紧急情况处理及其他紧急事项的处理。

② 第二组：消防组（8人） 负责现场泄漏点的喷淋冷却、现场掩护和伤员转移，动用消防设备和器材；固定水幕出水水系统、移动灭火器等。

③ 第三组：保卫组（8人） 负责现场警戒、疏散场内人员、维护秩序、疏导区域内交通。

④ 第四组：通信联络组（2人） 负责现场指挥组同外界联络，现场事故处置信息的及时通报工作。

⑤ 第五组：污染货物处置小组（3人） 负责出水孔堵塞，以及泄漏点危化品残液回收，污水收集和处理工作。污水处理厂操作人员3人。

4. 危化品泄漏处理措施

假设操作人员误操作，将已经开启的进口电动阀门关闭，造成瞬间管道压力过高致使软管处泄漏，泄漏点随着压力逐渐升高，造成连续点垫片冲破，危化品大量从连接处成喷溅状泄漏出来。值班人员发现后立即用高频（救护队频道）向调度室和班长报告。调度首先通知泵房停泵，同时立即按救护队泄漏应急预案报告程序进行处理，报告相关部门和人员，做临时现场防护和自救工作。

（1）抢险抢修组　负责在接到报警后迅速赶赴出事点，因电动阀门被误动作使限位失灵，电动阀门不起作用，采用手动方法缓缓开启阀门，卸掉管道内压力，抢险抢修小组人员接警后迅速穿戴好个人防护用品、自供式呼吸器等防护用品，用吸油布先将泄漏地方盖住，防止危化品飞溅，电工检查电动阀门的电源是否断电，并关闭电源，根据危险程度、实际情况制订处理方法，然后用工具拆除泄漏连接处螺钉，重新更换垫片，泄漏处下方应放置接液盆。

① 将管道内压力释放后，可以进行更换垫片作业。

② 非动火类操作要求必须使用铜制合金工具，操作人员要求穿戴防静电服装，操作过程中要求动作稳重缓慢，并处理现场，由防护站人员检测周围危化品浓度。

③ 更换垫片后，逐渐将压力升至正常，恢复正常生产作业。

（2）消防组　负责打开泄漏事故区域附近的固定消火栓阀门，用消防箱内水带、雾状水枪向泄漏点进行喷射，对金属软管和周围进行冷却降温。

（3）保卫组　负责出入口现场警戒，禁止施工单位或无关人员进入演练区域，并拉好警戒线。等待指挥组下达疏散命令后，及时疏散区域内人员（如果请求公安消防大队增援，为消防车引路）。

（4）通信联络小组　负责应急指挥小组信息上报传达，现场由班长负责现场处置情况的上传下达，向公司应急指挥中心报警时需要说明事故发生的地点、位置、性质，说明危化品的品名与事故处理进程。

(5) 污染货物小组　负责在周边下水孔用木塞堵住，防止危化品流出，用配置的木屑、黄沙铺于泄漏物周围吸收泄漏物，堵住泄漏污染源。结束后及时清除回收泄漏污染货物，妥善处理用过的应急物品，将泄漏物装桶，避免造成二次污染。

5. 训练器材及工具

(1) 通信器材对讲机 10 只，每组配置 1 只对讲机。

(2) 接液盆 2 只、三轮车 1 辆、铲子 2 把、畚箕 2 只、空柴油桶 1 只。

(3) 配置 35kg 干粉灭火器 2 具。

(4) 消防 13 型水带 1 根、雾状水枪 1 支、扳手 1 把。

(5) 金属软管 1 根。

(6) 石棉垫片若干片。

(7) 防泄漏应急工具（吸油棉、黄沙箱、木屑、木塞）若干。

6. 注意事项及要求

(1) 参训的对讲机一定要保持良好，电池要充好电，通话时要简单扼要。参训人员必须高度重视这次演习的重要性，要有饱满的精神状态。

(2) 处置事件能力要强，各参加训练人员统一穿着淡蓝色防静电夏服和必要的防护用品，演练过程中要求严肃紧张，报警人员统一讲普通话，处置人员要跑步前进，把整个演练当成真的事故来处置，结束后将所有器材和应急物资就位。

(3) 演练结束后，演练人员列队，请领导或安环部领导进行点评。

第四节　全厂大面积停电专项应急预案

一、事故类型和危害程度分析

1. 事故类型

事故类型：停电。

事故发生的部位：110kV 高压架空线路、10kV 电力电缆、0.4kV 低压电力电缆，110kV 变电站、10kV 开闭所、低压变电所，事故柴油发电机及事故母线。

事故原因：分为人为操作失误、人为破坏、设备缺陷或严重自然灾害等因素。

2. 危害程度分析

化工企业多是连续性生产单位，一旦发生大面积停电事件，首先将直接影响全厂连续性生产，导致全系列停车；其次，由于化工生产中使用各种压力容器、压力管道，当生产突然中断时极易导致压力异常损坏生产设备，间接影响到企业的后续生产；最后，化工生产过程中压力容器和管道内具有多种有毒、有害气体，在容器和管道压力异常时可能发生气体泄漏，甚至爆炸，从而对工作人员的人身安全构成严重威胁和构成严重的污染大气环境，影响周边地区居民的生活。

二、应急救援基本原则

1. 预防为主

坚持“安全第一、预防为主、综合治理”的方针，加强电力安全管理，落实事故预防和隐患控制措施，有效防止重大停电事故发生；加强电力设施保护宣传工作，提高全厂员工保护电力设施的意识；开展全公司大面积停电恢复控制研究，制订科学有效的电网恢复预案；开展停电救援和紧急处置演习，提高对全公司大面积停电事件处理和应急救援综合处置能力。

2. 统一指挥

在公司领导的统一指挥和协调下，通过应急指挥机构和公司电力调度，组织开展事故处理、事故抢险、供电恢复、应急救援、恢复生产等各项应急工作。

3. 分工负责

按照分层分区、统一协调、各负其责的原则建立事故应急处理体系。各工艺车间和部门根据重要程度，自备必要的保安措施应急预案，避免在突然停电情况下发生次生灾害。各部门按各自职责，组织做好全公司大面积停电事件应急准备和处置工作。

4. 保证重点

在停电事故处理和控制中，将总降压站110kV、10kV及各开闭站的10kV、0.4kV系统的安全放在第一位，采取各种必要手段，防止事故范围进一步扩大。在供电恢复中，优先考虑对重要装置、重要部门恢复供电，尽快恢复全公司正常生产。

三、组织机构及职责

1. 应急组织体系

组长：机电副总经理。

副组长：生产副总经理、总工程师。

成员：机械动力管理部门负责人、电气车间主任、副主任、生产调度主任、各工艺车间主任、仪表车间主任、当值调度长、当值电力调度员及相关部门第一负责人。

2. 指挥机构及职责

（1）应急领导小组　公司成立全公司大面积停电应急处理领导小组（以下简称应急领导小组），统一领导指挥大面积停电事故应急处置工作。

应急领导小组主要职责：统一协调各部门应急指挥机构之间的关系，协助指挥应急救援工作；接受集团公司应急指挥机构的领导，请示应急援助；研究重大应急决策和部署；宣布进入和解除应急状态；宣布实施和终止应急预案；负责新闻发布。

应急领导小组下设办公室，主要职责：及时了解大面积停电情况，申请应急领导小组决定进入和解除应急状态，实施和终止应急预案；落实应急领导小组下达的应急指令；监督应急预案的执行情况；掌握应急处理和供电恢复情况，及时协调解决应急过程中的重大问题。

（2）电力调度机构　电力调度机构是停电事故处理的指挥中心，值班调度员是停电事故处理的指挥员，统一指挥调度管辖范围内的停电事故处理。

电力调度机构在大面积停电应急处理中的主要职责：掌握电网运行状态，根据故障现象判断事故发生性质及其影响范围；正确下达调度命令，指挥停电事故处理，控制事故范围，有效防止事故进一步扩大；采取一切必要手段，保证公司主干电网安全和重用装置区、重用部门的电力供应；协调公司各装置区和其他部门的供电恢复，提出合理可行的恢复方案和恢复步骤；指挥电网操作，恢复电网供电和电网运行方式，使其尽快恢复正常；及时将大面积停电有关情况向本公司应急领导小组汇报。

四、预防与预警

1. 危险源监控

建立危险源管理制度，落实监控措施；每年按计划进行设备调试；各班组对危险源定期安全检查，特殊时期实施专项检查；制订日常巡检制度，做好巡检记录；设备设施定期保养并保持完好；制订切实可行的安全教育培训计划，教育职工不断提高安全意识，开展安全教育和安全生产技能培训，切实提高职工自我保护能力和规避事故风险的能力；每年定期举行应急演练，使职工熟悉应急工作过程，掌握应急工作要领，通过演练发现应急准备工作方面存在的问题，及时整改。

2. 预警行动

应急救援指挥机构接到可能导致全厂停电事故的信息后，应按照分级响应的原则及时研究确定应对方案，并通知有关部门、单位采取有效措施预防事故发生；当应急救援指挥机构认为事故有可能造成停车和重大伤亡时，研究相关方案，采取预警行动。

应急领导小组办公室负责对事故信息统一对外发布，并负责拟定信息发布方案，及时采用适当方式发布信息，组织报道。

五、信息报告程序

事故发生后，相关人员应立即向本单位主要部门及负责人报告。报告内容包括：事故发生的时间、事故类别、简要经过、伤亡人数、设备财产损失以及现场救援所需的专业人员和抢险设备等。

报告程序规定如下：公司电力调度向地方电力调度机构、应急小组办公室、生产调度、车间领导报告；应急小组办公室向公司主要部门及领导报告；公司电力调度向各开闭所下达相关命令，展开现场自救，缩小事故范围，减少事故损失。

六、应急响应

1. 响应分级

按照公司内电网停电范围和事故严重程度，将大面积停电分为Ⅰ级状态（特别严重）和Ⅱ级状态（严重）两个等级。

（1）Ⅰ级状态　发生下列情况之一，进入Ⅰ级状态：

① 110kV变电站重要的变电设备、配电设备遭受严重破坏，对公司主干电网安全稳定运行构成威胁时；

② 110kV变电站、10kV开闭所发生火灾，造成110kV变电站、10kV开闭所全部停电，短期不能恢复时；

③ 因地区电网发生重特大事故，公司减负荷达到正常值的40%以上，并且对公司正常电力供应造成严重影响时；

④ 10kV开闭所及低压变电所等主要设备烧损，母线故障，短期内不能恢复；

⑤ 因严重自然灾害引起110kV变电站、10kV开闭所的电力设施大范围破坏，造成公司大面积停电。

（2）Ⅱ级状态　发生下列情况之一，进入Ⅱ级状态：

① 因地区电网重大事故，造成公司减负荷达到事故前总负荷的20%～30%；

② 当公司内部电网构成一般性事故，可能造成事故扩大趋势时；

③ 根据气象预报，电网设施处在地震、飓风、暴雨、洪水等严重自然灾害影响范围内，对电网安全运行构成威胁时；

④ 110kV变电站通信全部中断；

⑤ 上级应急机构下达应急指令时。

2. 响应程序

（1）事件报告

① 发生应急事件时，公司应急指挥机构应将停电范围、停电负荷、发展趋

势等有关情况立即报告应急领导小组办公室。

② 应急领导小组组长主持召开紧急会议，就有关重大应急问题做出决策和部署，并将有关情况向集团公司汇报，同时宣布启动预案。

（2）事件通告　发生停电事件后，应急领导小组办公室负责召集有关部门，就事故影响范围、发展过程、抢险进度、预计恢复时间等内容及时通报，使有关部门和各装置区对停电情况有客观的认识和了解。在停电事件应急状态宣布解除后，及时向有关部门和各装置区通报信息。

3. 处置措施

（1）供电恢复　发生大面积停电事件后，公司电力调度要尽快恢复电网运行和电力供应。在电网恢复过程中，公司电力调度负责协调各装置区的电气操作、设备启动、供电恢复，保证总降压站 10kV 及各开闭站 10kV 系统安全稳定。在条件具备时优先恢复重用装置区、重点部门的电力供应。

在供电恢复过程中，各开闭所严格按照公司电力调度计划分时分步地恢复供电。

（2）各部门应急　发生大面积停电事件后，受影响或受波及的装置和部门要按职责分工立即行动，组织开展停电应急救援与处置工作。

对停电后易造成重大影响和生命财产损失的车间和部门，按照有关技术要求迅速启动事故电源，避免造成更大影响和损失。

中控室、锅炉中控室、气化炉 1～7 层、合成中控室及各开闭所等重要控制室及各界区，停电后应迅速启用应急照明，组织人员有秩序、有组织地进行停电事故的紧急处置，并确保所有人员人身的安全。

公安、保卫等部门在发生停电的区域要加强对公司的安全保卫工作，加强巡逻防范工作，严密防范和严厉打击违法活动，维护生产稳定。

消防部门做好各项灭火救援应急准备工作，及时扑灭大面积停电期间发生的各类火灾。

交通管理部门组织力量，加强停电路段道路交通指挥和疏导，缓解交通堵塞，避免出现厂区交通混乱，保障各项应急工作的正常进行。

物资供应部门和后勤部门要迅速组织有关应急物资的运输，保证在停电期间有关应急物资和员工的基本生活资料供给。

停电装置区要及时启动相应停电预案，有效防止各种次生灾害的发生。

七、应急物资与装备保障

1. 物资保障

注重对应急备品备件的储备，对抢修工器具、应急发电机、应急照明工具等设备进行认真检查，确保状态良好。

2. 技术保障

全面加强技术支持部门的应急基础保障工作。公司应认真分析和研究化工企业电网大面积停电可能造成的社会危害和环境污染等损失，增加技术投入，研究、学习国内外先进经验，不断完善化工企业电网大面积停电应急技术保障体系。

3. 装备保障

各装置区和有关部门在积极利用现有装备的基础上，根据应急工作需要，建立和完善救援装备和调用制度。应急指挥机构应掌握各部门的应急救援装备的储备情况，并保证救援装备始终处在随时可正常使用的状态。

4. 人员保障

加强公司的电力调度、运行值班、抢修维护、生产管理、事故救援队伍建设，通过日常技能培训和模拟演练等手段提高各类人员的业务素质、技术水平和应急处置能力。

5. 其他保障

应急救援指挥部和其他有关部门应根据各自职责和应急处置工作需要，做好人力、物力、财力、交通运输、医疗卫生、通信保障等工作。

第五节 汛期“三防”专项应急预案

一、灾害类型与危害程度分析

1. 汛期灾害类型

雷电灾害，雨季雷雨天气较多，容易对工业建筑物、电力设施以及通信设施造成一定的危害，进而可能影响工业安全生产。

2. 危害程度分析

(1) 雷电流高压效应 会产生高达数万伏甚至数十万伏的冲击电压，如此巨大的电压瞬间冲击电气设备，足以击穿绝缘使设备发生短路，导致燃烧、爆炸等直接灾害。

(2) 雷电流高热效应 会放出几十至上千安的强大电流，并产生大量热能，在雷击点的热量会很高，可导致金属熔化，引发火灾和爆炸。

(3) 雷电流机械效应 主要表现为被雷击物体发生爆炸、扭曲、崩溃、撕裂等现象，导致财产损失和人员伤亡。

(4) 雷电流静电感应　可使被击物导体感生出与雷电性质相反的大量电荷，当雷电消失来不及流散时，即会产生很高电压发生放电现象从而导致火灾。

(5) 雷电流电磁感应　会在雷击点周围产生强大的交变电磁场，其感生出的电流可引起变电器局部过热而导致火灾。

(6) 雷电波的侵入和防雷　装置上的高电压对建筑物的反击作用也会引起配电装置或电气线路断路而燃烧，导致火灾。

二、应急指挥原则

1. 以人为本的原则

救援指挥的各种命令都应该建立在以人为本的原则上，体现在两个方面：第一应该以抢救现场伤亡人员为基本原则，另一方面体现在应充分保护救援人员的生命，不能盲目救援。

2. 分级指挥原则

事故救援现场比较混乱，各救援队伍应坚持分级指挥原则，各救援队伍指挥对总指挥负责。

三、组织体系与职责

1. 应急指挥中心

总指挥：总经理。

副总指挥：各副总经理。

成员：各生产单位和辅助单位，各部门主要负责人就是事故应急第一责任人。

联系电话：×××。

三防办：×××。

生产技术部：×××。

应急联动电话：120（医院急救）、110（快速出警）、119（火警）。

2. 成员单位职责

调度室：负责将灾情及各种相关信息及时传达到相关部门，搞好协调工作。

消防队：负责处灾期间现场的治安保卫工作。

公司办：负责处灾期间通信线路的维护，并保持通信线路畅通。

供销部：日常工作做好三防物资的采购、调配工作。处灾期间负责所需物资的筹集调运，保证救灾物资充足。

机械动力部：负责灾后受灾设备的维护、检测或更换工作的管理，同时负责处灾期间所需大型设备的租赁调运。

电气车间：负责处灾期间各种电器设备的维护及正常运行，做好防雷设备的安装、检修、检测。处灾期间负责供电线路的维护，并保证供电线路畅通。

医务所：负责在现场对被救人员进行积极而有效的医疗救护，最大限度的让生命延续。

生技部：负责处灾结束后恢复生产的组织安排工作。

后勤部：负责安排抢险人员的生活、住宿及其他协调工作。

四、预防与预警

1. 危险源监控

在防汛期间必须与所在地区的气象台（站）签订气象服务协议，气象台（站）每天向本公司定时发布气象信息；对防洪排涝、防雷工程每旬检查一次。发现险情及时向集团公司调度室及地质处等部门进行汇报；调度室负责向集团公司调度室汇报相关信息，汇报时间为每月的 3 日、13 日、23 日（特殊情况及时汇报）。

2. 预防预警行动

（1）预防预警准备　每年下属各车间防汛机构，上报“三防”工程计划，落实工程资金，落实责任人，在雨季到来前各项工作准备就绪。防汛检查为每旬一次，发现隐患及时处理，并将相关信息定时向所在单位及公司相关部门发布，集团公司定期组织检查，并对检查情况采用简报形式进行通报。

（2）预防预警行动　与地方水文、气象、国土资源等部门密切联系，相互配合，实现信息共享，提高预报水平，及时发布预报警报。

当气象预报将出现较大降雨时，三防机构应按照分级负责原则，确定灾害预警区域、级别，按照权限发布，并做好排涝的有关准备工作。

当气象预报将出现雷暴天气时，三防机构应按照分级负责原则，确定雷电灾害预警区域、级别，按照权限发布，并通知相关单位做好重点设施的防雷工作。

五、信息报告程序

启动Ⅰ级三防应急预案时，由调度室及时向集团公司调度室汇报灾情。并写明灾害报警联系电话，通信电话录要发放到相关部门。应急反应人员对外求援可用电话与公司三防应急机构联系，事态紧急时，可直接与集团公司保卫、消防部门联系。

当发生因雷电引起的重大停电事件时，事故单位电力调度机构立即将电网故障情况、停电范围、运行方式、人员伤亡等有关情况报告集团公司电力应急指挥机构。在应急处置过程中，及时续报停电事件发展和处置情况。

当发生雷电引起的伤亡事故时，所在地三防应急机构应立即向集团公司三防应急机构报告，同时应及时与集团公司所属医院、消防部门联系。当发生重大伤亡事故时，集团公司三防应急办应立即向市三防办报告。

公司启动Ⅱ级防洪应急预案时，听候总指挥发布指令投入抢险救灾。并写明灾害报警联系电话，应急反应人员对外求援可用电话与公司三防应急机构联系，事态紧急时，可以直接与集团公司保卫、消防部门联系。当可能发生重大险情时，集团公司三防应急机构应立即向市三防办报告。

六、应急处置

1. 应急响应分级

根据厂区气象信息（包括雷电预报信息）划分以下应急响应级别。

出现下列情况之一者为Ⅰ级响应：

（1）12h 内降雨量将达 50mm 以上，或者已达 50mm 以上且降雨可能持续。

（2）根据气象台站预报、预测出现雷电灾害，其强度达到中国气象局制定的较大灾害性天气气候标准（发布蓝色、黄色预警信号）。

出现下列情况之一者为Ⅱ级响应：

（1）6h 内降雨量将达 50mm 以上，或者已达 50mm 以上且降雨可能持续。

（2）根据气象台站预报、预测出现雷电灾害，其强度达到中国气象局制定的重大灾害性天气气候标准（发布橙色、红色预警信号）。

2. 应急响应程序

第Ⅰ级应急响应由车间三防应急机构负责组织实施，组织、指挥、发布各种指令由公司负责，并将各种相关信息上报集团公司三防应急机构；第Ⅱ级应急响应由公司三防应急机构负责组织实施，组织、指挥、发布各种指令由应急指挥中心总指挥负责。

3. 应急响应的处置措施

现场的应急求援组织必须一切服从总指挥，采取的各项应急措施应经应急指挥中心同意，并由总指挥签字后实施；抢险救灾的原则是在确保抢险人员生命安全的前提下最大限度的救援受困人员，对受困人员的救护要体现生命高于一切的原则，要不惜任何代价进行全力救护；相关灾情信息的收集整理由集团公司安监局、调度室负责，内容要客观真实，由总指挥签字认可，方可向外发布。

发生雷电引起的停电事件后，电力调度和电气车间要尽快恢复电网运行和电力供应。在电网恢复过程中，电力调度机构负责协调电网、电厂、用户之间的电气操作、机组启动、用电恢复，保证电网安全稳定留有必要裕度。在条件具备时，优先恢复重点区域的电力供应。在供电恢复过程中，电气车间严格按照调度计划分时分步地恢复用电。

当雷击引起人员伤亡、火灾、爆炸时，所在单位应及时实施消防、医疗救护、人员疏散、治安保卫等应急对策，努力保证人员安全，并立即向所在地三防办报告灾情；所在地三防办应立即向公司三防办报告。当发生重大伤亡事故时公司三防办应立即向市三防办报告，同时向集团公司应急指挥中心报告，并组织联系相关单位进行救援。

七、应急保障

1. 应急物资和装备保障

防汛物资的储备管理、调拨程序与调运方式由供应科负责落实，电气车间对公司地面供电设施防雷总体测试进行安排，对报请测试点的防雷接地测试结果负责落实；防雷设施，设备安装、维护由使用单位负责落实。防汛、防雷经费的安排及特大防汛经费的申请管理由投融资中心负责落实。

2. 应急队伍保障

执行《集团公司突发事件抢险队伍保障应急预案》。

第六节 危险化学品中毒事故应急专项预案

一、中毒窒息事故的预防

人体过量或大量接触化学毒物，引发组织结构和功能损害、代谢障碍而发生疾病或死亡者，称之为中毒。因外界氧气不足或其他气体过多或者呼吸系统发生障碍而呼吸困难甚至呼吸停止者，称之为窒息。笔者结合危险化学品生产企业的实际情况，重点阐述窒息性气体引发的中毒窒息。

窒息性气体是指经吸入使人体产生缺氧而直接引起窒息作用的气体。主要致病环节都是引起人体缺氧。按其作用机理可分为两类：一类是单纯窒息性气体，其本身毒性很低或属惰性气体，如氮气、氩气、甲烷、二氧化碳、乙烷、水蒸气等。另一类是化学窒息性气体，其吸入能对血液或组织产生特殊的化学作用，使血液运送氧的能力或组织利用氧的能力发生障碍，引起组织缺氧或细胞内窒息的气体。

化学窒息气体依据中毒机制的不同分为两类：

(1) 血液窒息性气体，如一氧化碳等。这类气体阻碍血红蛋白与氧的结合，影响血液氧的运输，从而导致人体缺氧，发生窒息。

(2) 细胞窒息性气体，如硫化氢、氰化氢等。这类毒物主要是抑制细胞内的呼吸酶，从而阻碍细胞对氧的利用，使人体发生细胞内“窒息”。

1. 危险化学品企业容易发生中毒窒息的场所

在危险化学品生产企业中，发生中毒窒息的主要原因是有毒气体的泄漏、管线串料、大量有毒有害气体沉积挥发或用氮封不良等原因，导致局部环境中的氧含量低、有毒有害气体增加。另外，在密闭、半密闭空间容易发生中毒窒息事故。如储罐、反应器、压力容器、浮筒、管道、地沟、窨井及槽车等。

2. 防止中毒窒息的措施

(1) 对从事有毒有害作业、有窒息危险的作业人员，必须进行防毒急救的安全知识教育，其内容应包括所从事作业的安全知识、有毒有害气体的危害性、紧急情况下的处理和救护方法等。

(2) 进入受限空间的作业　必须对作业环境的氧含量、可燃气体含量、有毒气体含量进行分析。取样分析应有代表性、全面性。当受限空间容积较大时，应对上、中、下各部取样分析，保证受限空间内部任何部位的可燃气体和氧含量合格（当可燃气体爆炸下限大于4%时，其被检测浓度不大于0.5%为合格；爆炸下限小于4%时，其被检测浓度不大于0.2%为合格，氧含量18%～22%为合格），有毒有害物质不得超过国家规定的“车间空气中有毒物质最高允许浓度”指标。

(3) 分析结果报出后，样品至少保留4h，受限空间内温度易在常温左右，作业时间至少每隔4h复测一次，如有1项不合格，应立即停止作业。

(4) 在有毒作业场所工作时，必须佩戴防护用具，必须有人进行安全监护。进入高风险区域进行巡检、排疑、仪表调校、分析采样、清理罐底作业时，作业人员应佩戴符合安全要求的防护用品、用具，携带便携式报警仪，2人同行，必须做到1人作业，1人负责安全监护。

二、危险化学品中毒、污染事故预防控制措施

目前采取的主要措施是替代、变更工艺、隔离、通风、个体防护和卫生。

(1) 替代。预防、控制化学品危害最理想的方法是不使用有毒有害和易燃易爆的化学品，但这一点有时做不到，通常的做法是选用无毒或低毒的化学品替代有毒有害的化学品，选用可燃化学品替代易燃化学品。例如，甲苯替代喷漆和除漆用的苯，用脂肪族烃替代胶水或黏合剂中的苯等。

(2) 变更工艺。虽然替代是控制化学品危害的首选方案，但是目前可供选择的替代品很有限，特别是因技术和经济方面的原因，不可避免地要生产、使用有害化学品。这时可通过变更工艺消除或降低化学品危害。如以往用乙炔制乙醛，采用汞作催化剂，现在发展为用乙烯为原料，通过氧化或氯化制乙醛，不需用汞作催化剂。通过变更工艺，彻底消除了汞的危害。

(3) 隔离。隔离就是通过封闭、设置屏障等措施，避免作业人员直接暴露于有害环境中。最常用的隔离方法是将生产或使用的设备完全封闭起来，使工人在操作中不接触化学品。隔离操作是另一种常用的隔离方法，简单地说，就是把生产设备与操作室隔离开。最简单的形式就是把生产设备的管线阀门、电控开关放在与生产地点完全隔开的操作室内。

(4) 通风。通风是控制作业场所中有害气体、蒸气或粉尘最有效的措施。借

助于有效的通风，使作业场所空气中有害气体、蒸气或粉尘的浓度低于安全浓度，以确保工人的身体健康，防止火灾、爆炸事故的发生。

通风分局部排风和全面通风两种。局部排风是把污染源罩起来，抽出污染空气，所需风量小，经济有效，并便于净化回收。全面通风亦称稀释通风，其原理是向作业场所提供新鲜空气，抽出污染空气，降低有害气体、蒸气或粉尘，在作业场所中的浓度。全面通风所需风量大，不能净化回收。

对于点式扩散源，可使用局部排风。使用局部排风时，应使污染源处于通风罩控制范围内。为了确保通风系统的高效率，通风系统设计的合理性十分重要。对于已安装的通风系统，要经常加以维护和保养，使其有效地发挥作用。

对于面式扩散源，要使用全面通风。采用全面通风时，在厂房设计阶段就要考虑空气流向等因素。因为全面通风的目的不是消除污染物，而是将污染物分散稀释，所以全面通风仅适合于低毒性作业场所，不适合于腐蚀性、污染物量大的作业场所。

像实验室中的通风橱、焊接室或喷漆室可移动的通风管和导管都是局部排风设备。在冶金厂，熔化的物质从一端流向另一端时散发出有毒的烟和气，两种通风系统都要使用。

(5) 个体防护。当作业场所中有害化学品的浓度超标时，工人就必须使用合适的个体防护用品。个体防护用品既不能降低作业场所中有害化学品的浓度，也不能消除作业场所的有害化学品，只是一道阻止有害物进入人体的屏障。防护用品本身的失效就意味着保护屏障的消失，因此个体防护不能被视为控制危害的主要手段，而只能作为一种辅助性措施。

防护用品主要有头部防护器具、呼吸防护器具、眼防护器具、身体防护用品、手足防护用品等。

(6) 卫生。卫生包括保持作业场所清洁和作业人员的个人卫生两个方面。经常清洗作业场所，对废物、溢出物加以适当处置，保持作业场所清洁，也能有效地预防和控制化学品危害。作业人员应养成良好的卫生习惯，防止有害物附着在皮肤上，防止有害物通过皮肤渗入体内。

三、危险化学品中毒事故类型和危害程度分析

1. 合成氨生产过程中涉及的主要危险化学品

氨气、液氨、氢气、一氧化碳、二氧化碳、硫黄（S）、甲烷（CH_4）等，还存在有半水煤气、变换气、氨合成气等工艺气体。

2. 生产过程中燃爆危险有害因素

合成氨生产过程中除涉及液氨、气氨与 CO_2 外，也涉及含 NH_3 与 CO 量不

同的混合气。因此，如果这些有害气体泄漏，都可能会对操作人员造成严重的毒物伤害。液氨落入眼中能引起失明。低浓度氨对黏膜有刺激作用，高浓度可造成组织溶解坏死。

一氧化碳属Ⅱ级（高度危害）毒物，车间空气中最高容许浓度为30mg/m^3。在造气、变换及脱硫等工序中的物料气中存在，物料泄漏时存在中毒的危险性。氨气属Ⅳ级（轻度危害）毒物，车间空气中最高容许浓度为30mg/m^3。通过眼、皮肤、呼吸道危害人体。在合成、循环压缩、液氨罐区等场所有氨中毒伤害的可能。

当系统出现下列情况时，会造成有害气体泄漏和毒物伤害，此时对人的眼睛皮肤的危害尤其需要预防。

(1) 由于腐蚀、振动、填料磨损等原因，造成输送有害气体的管道、管件、阀门或设备泄漏。如气柜腐蚀漏气；煤气系统阀门腐蚀、填料磨损漏气。

(2) 转动机械填料或机封磨损造成漏气。如半水煤气风机、压缩机、循环机、冰机等。

(3) 气液设备液位过低，气体通过液体管路系统跑出。如造气冷却塔、脱硫塔及分离器等。

(4) 由于系统超压、超温、流量过大等操作条件控制不当，引起管道设备内的有害气体泄漏。

(5) 气化系统中煤气发生炉或煤气管道上防爆膜破裂，造成大量煤气泄漏。

(6) 由于超压导致安全阀动作，使大量有害气体排出。如氨分离器液位过低，使28MPa高压气串入1.6MPa液氨管道，氨冷器盘管泄漏，使28MPa高压气串入0.15MPa气氨管道，冰机超压等都会造成设置在管道和设备上的安全阀动作，将纯氨排出系统。

(7) 可能出现有害气体泄漏的场所空气流通不畅，如压缩厂房、操作室等。

(8) 有害气体放空口高度不够或未做处理。例如系统停车等必要时含一氧化碳混合气体的放空。

(9) 由于操作人员误操作，导致有害气体外漏。例如氨冷器排污，或向储槽中放氨等操作，如果控制不当都可能造成液氨外漏。

(10) 设备检修时，操作人员违章作业，进入未用空气充分置换的含有有害气体的容器中。

(11) 新更换的低温变换催化剂在第一次活化时，需要使用二硫化碳进行预硫化，如果操作不当，可能引起CS_2泄漏，导致毒物伤害。

3. 事故的危害

氨气易溶于水，水溶液呈碱性，具有腐蚀性，属Ⅳ级（轻度危害）毒物，车间空气中最高容许浓度为30mg/m^3。通过眼、皮肤、呼吸道危害人体，皮肤接触液氨立即引起冻伤，落入眼中能引起失明。低浓度氨对黏膜有刺激作用，高浓度可造成组织溶解坏死。轻度中毒者出现流泪、咽痛、声音嘶哑、咳嗽、咯痰等；眼结膜、鼻黏膜、咽部充血，水肿；胸部X射线征象符合支气管炎或支气管周围炎。中度中毒上述症状加剧，出现呼吸困难、发绀；胸部X射线征象符合肺炎或间质性肺炎。严重者可发生中毒性肺水肿，或有呼吸窘迫综合征，患者剧烈咳嗽、咯大量粉红色泡沫痰、呼吸窘迫、谵妄、昏迷、休克等。可发生喉头水肿或支气管坏死脱落窒息。高浓度氨可引起反射性呼吸停止。空气中氨含量达到 $7g/m^3$ 时可危及人的生命。向大气泄漏排放1t液氨可使 $2.8\times10^5m^3$ 的空间受到致命的污染。

一氧化碳属Ⅱ级（高度危害）毒物，车间空气中最高容许浓度为 $30mg/m^3$。一经吸入即与血液中的血红蛋白结合，使血液的携氧功能发生障碍，导致组织缺氧而使人中毒、头痛、眩晕、恶心呕吐，甚至昏迷死亡。

二氧化碳的危险性类别属第2.2类——不燃气体。纯品为无色无味气体，熔点−56.6℃（527kPa）。相对密度1.53（空气＝1）。对人有毒害作用，车间空气中最高容许浓度为 $18000mg/m^3$。固态二氧化碳（干冰）和液态二氧化碳在常压下迅速汽化，能造成−80～−43℃低温，引起皮肤和眼睛严重的冻伤。经常接触较高浓度二氧化碳的工人，可有头晕、头痛、失眠、易兴奋、无力等神经功能紊乱现象。

甲醇是主要危害神经及血管的毒品，具有麻醉效应，有十分显著的蓄积作用。可引起视神经及视网膜的损伤。口服甲醇1g/kg或低于此值时，即可失明、致死，也有饮用不到30mL甲醇即发生死亡的例子。吸入高浓度蒸气能产生眩晕、昏迷、麻木、痉挛、食欲不振等症状。蒸气与液体都能严重损害眼睛和黏膜。皮肤接触后将会干燥、裂开，引发发炎。

4. 事故等级的划分

各类突发事件按照其性质、严重程度、可控性和影响范围等因素，根据公司实际情况，分为四级：Ⅳ级（不造成人员伤亡，或者10万元以下直接经济损失的事件）、Ⅲ级（造成1人死亡，或者10万～100万元直接经济损失的事件）、Ⅱ级（造成1～2人死亡，或者100万～500万元以上直接经济损失的事件）、Ⅰ级（造成3人以上死亡，或者500万元以上直接经济损失的事件）。

四、应急措施专项预案

1. 应急措施基本原则

坚持“以人为本、依法规范，统一领导、分级负责，属地管理、快速响应，平战结合、注重演练”的原则。保障职工的生命安全和身体健康，最大限度地快速传递信息，及时有效地开展应急处置。发挥专业应急救援队伍的骨干作用和干部职工的基础作用，做好预防、预测、预警和预报工作。做好物资储备、队伍建设、预案演练等工作，使应急救援队伍在实战中要能够调得动、用得上、救得下。

2. 组织机构及职责

（1）成立公司应急救援指挥部

① 公司应急救援指挥部组成

a. 指挥长：总经理。

b. 副指挥长：主管安全的副总经理、生产处负责人。

c. 成员：专项应急预案领导小组组长，生产处、财务处、销售处、供应处、行政处、工会等部门负责人。

② 公司应急救援指挥部职责

a. 贯彻落实地方党委、政府应急管理工作任务或下达的应急处置指示；根据地方党委、政府及相关应急部门发布的预测、预警，落实预测、预警要求。

b. 负责启动本专项预案，组织实施应急救援工作；并依法向地方党委、政府报告；必要时向地方党委、政府、公司应急指挥部请求援助。

c. 负责发布本专项预案的预警、应急响应、应急结束、预案恢复等指令。

d. 组建日常办事机构、应急处置工作机构。

e. 调动应急响应所需的人力、物力和财力。

f. 指挥突发事件的应急处置和善后处置等各项工作。

g. 编制《××化工有限公司突发事件专项应急预案和现场处置》，报公司批准；并按规定报县（市）应急中心审查备案。

h. 签发向公司董事会和地方党委、政府的有关报告。

i. 统筹安排全公司突发公共事件应急管理和应急处置经费预算。

③ 公司应急救援指挥部下设工作机构组成　公司应急救援指挥部下设1室和5个专业组，即公司应急救援指挥部办公室、抢救救援组、医疗救护组、后勤保障组、善后处理组、调查评估组。

公司应急救援指挥部办公室由公司生产处办公室和有关人员组成。公司应急指挥部办公室是公司应急救援指挥部的日常办事机构，其职责是：

a. 负责日常应急管理工作和公司应急救援指挥部应急值班，保证24h通信畅通。

b. 接受地方党委、政府相关部门的信息、指示和各部门突发事件、事故的报告。

c. 及时核实信息并做出判断后，迅速向公司应急救援指挥长报告，并跟踪突发事件与事故的发展势态。

d. 保持上下沟通，及时传达地方党委、政府或厂应急指挥部的指示、指令，组织协调应急处置人员及时赶赴现场，组织调配现场应急处置所需物资。

e. 负责与地方党委、政府及相关部门和有关新闻媒体的联络、协调工作，根据授权，对外发布信息。

f. 负责公司应急指挥部应急管理和应急处置工作上报、下发材料的起草、审核工作，并做好有关会议记录以及信息的汇总和综合协调工作。

g. 组织制订和修订公司突发事件和生产事故应急预案和专项应急预案。

h. 组织实施公司综合应急预案或专项应急预案的培训和演练，并进行总结、考核，提出改进意见。

i. 指导、监督、检查所属部门应急管理和应急处置工作的落实。

j. 审核所属部门突发事件生产事故应急管理和应急处置经费预算。审核有关救援设备、器材、物资及备用物品的配置。

抢救救援组由生产处负责，财务处、销售处、供应处、行政处组成，其职责是负责组织指挥抢救人员和财产，疏散现场遇险人员，清理和维护现场治安秩序。

医疗救护组由工会负责，生产处等部门组成，其职责是负责组织现场救护与医疗单位联系，及时将受伤人员送到医院治疗，减少人员伤亡。

后勤保障组由公司行政处负责，财务处、销售处、供应处、行政处、工会等部门组成，其职责是负责应急救援车辆、救援物资、救援装备及时到位；确保应急处置过程中通信网络畅通；做好参与应急救援人员的后勤保障，安排伤亡人员及家属的食宿，做好应急处置的费用支出结算工作。

善后处理组由公司生产处办公室，财务处、工会等部门组成，其职责是负责做好伤员家属的思想政治工作，维护企业的稳定，按国家规定做好有关伤亡人员的善后工作。

调查评估组由生产处负责，行政处、工会、财务处等部门组成，其职责是负责调查突发事件和事故的起因、人员伤亡、财产损失、性质、影响，总结经验教训。对应急处置工作中采取的应急处置措施、救援物资调配及处置经费的落实情况进行调查。对负有责任的部门和有关人员提出处理建议，向公司应急救援指挥部提交调查评估报告。

(2) 成立危险化学品泄漏中毒事故应急领导小组

① 危险化学品泄漏中毒事故应急领导小组，其职责：

a. 根据公司应急救援指挥部发布的突发事件或事故预警要求，实施应急响应；

b. 编制、审定危险化学品泄漏中毒事故的应急预案和现场处置方案；

c. 负责危险化学品泄漏中毒事故日常应急工作，保证 24h 通信畅通；

d. 接受所属部门危险化学品泄漏中毒事故报告，并迅速做出判断，在组织先期应急处置的同时，按有关规定和程序及时报告；

e. 组建应急救援队伍，定期组织开展应急管理培训和应急演练；

f. 组织、指挥、协调、监督本部门应急管理、应急处置、善后处置和恢复重建等工作的落实；

g. 组织对危险化学品泄漏中毒事故的调查，追究有关责任人的责任；

h. 在重点部位、重点场所醒目处公布报警电话及本公司应急值班电话；

i. 负责审批危险化学品泄漏中毒事故应急经费方案，及有关救援设备、器材、物资及备用物品的配置。

② 救援行动组织及其职责

a. 堵漏组，其职责：接到事故信息后，立即赶赴事故现场，按照预先制订的堵漏方案，开展工作，无应急领导小组命令，不得擅自离岗。

b. 消毒组，其职责：接到通知后，迅速到达现场，使用所有消毒器材，采取有效措施，配合防疫部门，实施消毒自救。

c. 通信联络组，其职责：听从指挥部指挥，通知各单位疏散，引导组、救护组立即到达事故现场，确保通信工具畅通，拨打急救电话“120”引导救护车到达现场。

d. 疏散引导组，其职责：负责泄漏被围困人员、物资、财产，并做好保护，保证道路畅通，协助调动消毒器材。

e. 车辆救护组，其职责：负责向现场派救护车辆，有权调动其他单位人员和车辆投入抢救，负责与救护医院联系。

3. 预防与预警

（1）危险源监控　危险化学品泄漏中毒事故由所有危险目标场所单位（制气、合成、碳化、电仪）进行监控。厂生产处负责监管全厂各类重大危险化学品泄漏中毒危险源，并进行系统的安全评估，及时监督整改各类危险化学品泄漏中毒事故隐患。各部门应对本部门重大危险化学品泄漏中毒危险源和重点部位加强巡查检查力度，发现隐患及时整改。对不能立即整改和有重大危险化学品泄漏中毒隐患的问题要及时进行，上报并采取相应的防范措施。

（2）预警行动　公司危险化学品泄漏中毒事故应急领导小组根据公司应急救援指挥部发布的预警、预防通报，吸取发生突发事件的经验、教训，结合本部门实际，及时通报预测、预警信息，指令所属部门采取有效预防措施，防止或减少突发事件的发生。

4. 信息报告程序

发生突发事件后，公司危险化学品泄漏中毒事故应急领导小组应在第一时间内赶赴事发现场，尽快核实情况，立即报告公司应急指挥部办公室。

5. 应急处置

（1）响应分级　化工企业响应级别分为 4 级，即现场响应、专项响应、公司响应、上级响应。

（2）响应级别划分　响应级别划分为4级，响应级别划分与事故等级相对应，即Ⅳ级响应、Ⅲ级响应、Ⅱ级响应、Ⅰ级响应。Ⅳ级以下启动现场处置，Ⅳ级启动危险化学品泄漏中毒专项预案响应，达到Ⅲ级启动公司级应急预案响应，达到Ⅲ级以上报上级扩大应急响应。

① 现场应急响应　当突发事件发生后，现场或第一发现人员立即按照现场处置措施进行处置，同时向部门负责人报告，并按照相关法律法规要求拨打报警电话。

② 危险化学品泄漏中毒专项应急响应　危险化学品泄漏中毒突发事故发生部门接到报告后，立即进入应急状态。根据情况决定是否启动危险化学品泄漏中毒专项应急预案，并立即报告公司应急指挥部办公室。

③ 公司级应急响应　公司应急指挥部办公室接到事发部门报告后，尽快核实基本情况，及时做出判断，报公司应急指挥部指挥长。公司应急指挥部在上报上级应急指挥部办公室的同时，组织开展先期应急处置，及时上报处置情况。启动厂相关应急预案。

④ 上级应急响应　危险化学品泄漏中毒突发事故达到Ⅲ级（含Ⅲ级）以上时报上级，扩大应急响应。

地方党委、政府参与处置时，公司应急领导指挥部配合地方党委、政府实施应急处置。

危险化学品泄漏中毒突发事故的发展可能对周边地区公众造成威胁时，公司应急指挥部应配合地方党委、政府及时向公众发出公告，维护现场秩序。

（3）响应程序

① 报告时间、方式、内容

a. 危险化学品泄漏中毒专项应急预案领导小组应在危险化学品泄漏中毒事发后10min内电话简要口头报告公司应急指挥部办公室。

b. 危险化学品泄漏中毒专项应急预案领导小组应做好口头报告的原始记录，并在事发后半小时内形成书面报告，报公司应急指挥部办公室。

c. 口头和书面报告的内容主要包括：发生危险化学品泄漏中毒的时间、地点、信息来源、起因和性质、基本过程、已造成的后果、影响范围、发展趋势、处置情况、拟采取的措施等。书面报告表述要简明扼要、准确精练。

d. 遇特殊情况不能在30min内口头报告的，最迟上报到厂应急指挥部办公室的时间距突发危险化学品泄漏中毒事故发生不得超过半小时，并同时说明迟报的具体原因。

e. 对严重的信息，不受突发公共事件级别的限制，应急值班人员可直接向公司应急指挥部办公室或指挥部报告。

② 危险化学品泄漏中毒专项应急预案应急处置程序　某部门发生危险化学

品泄漏中毒，在遇到紧急情况时，可采取边报告边开展先期应急处置的方式，在进行应急处置的同时，向公司应急指挥部办公室就处置的方法、措施做出说明。

（4）应急、处置措施　危险化学品泄漏中毒专项应急预案领导小组在第一时间赶赴现场组织各专业组实施以下应急措施：

① 确认是否有人被困，解救疏散被困人员；

② 对现场受伤人员实施先期救治，必要时通知“120”；

③ 立即堵漏，抑制泄漏的扩大；

④ 切断相关部位电源，防止次生、衍生事故的发生；

⑤ 疏散物资，最大限度地减少损失；

⑥ 封锁事故现场，防止无关人员进入。

（5）应急结束

① 部门应急结束程序　现场危险化学品泄漏中毒危险因素消除，环境符合相关标准，经危险化学品泄漏中毒专项应急预案领导小组确认，达到应急处置结束条件后，经危险化学品泄漏中毒专项应急预案领导小组组长请示公司应急指挥部批准并授权后宣布应急结束。撤离现场，并将应急处置情况报公司应急指挥部。

② 公司应急结束程序　现场危险化学品泄漏中毒危险因素消除，环境符合相关标准，经公司应急指挥部确认，达到应急处置结束条件后，经公司应急指挥部指挥长请示公司应急指挥部批准，由上级应急指挥部宣布应急结束，或经授权后由公司应急指挥部宣布应急结束并撤离现场。

③ 由地方党委、政府负责应急指挥工作的，按照政府相关预案执行应急结束工作。

6. 应急物资与保障措施

（1）通信与信息保障　危险化学品泄漏中毒专项应急预案领导小组建立通信信息采集制度，编制应急通讯录，确保应急通讯畅通，并明确和公布接警电话。应急通讯录准确、方便、实用，并保证及时更新和危险化学品泄漏中毒事故发生时随时取用。各部门在部门内重点部位、重点场所醒目处公布报警电话及公司应急值班电话。保证应急值班电话、办公室主任和相关领导24h通信畅通。

（2）应急队伍保障　危险化学品泄漏中毒专项应急预案领导小组加强应急队伍建设，确保有一定数量、具有一定应急处置能力的救援队，人员变动后应及时充实调整，确保人员能及时到位。

① 专职安全消防管理员若干；

② 义务救援队员若干。

（3）应急物资装备保障　危险化学品泄漏中毒专项应急预案领导小组对本公

司存在的可能诱发危险化学品泄漏中毒事故的危险部位，配备应急现场抢险救援必需的抢险设备。并标明其类型、数量、质量、性能、适用对象和存放的地点（公司应急指挥部办公室编制计划，供应处负责配备，生产处负责专人保管，行政处督查）。建立专人保管、保养、维护、更新、动用等审批管理制度，确保抢险设备随时处于临战状态。

（4）经费保障　危险化学品泄漏中毒专项应急预案领导小组做出计划，公司应急指挥部有计划地合理安排日常应急管理经费和应急处置工作经费，保证经费及时到位。

（5）技术储备与保障　危险化学品泄漏中毒专项应急预案领导小组配合公司应急指挥部加强与当地有关应急技术部门的联系，不断引进新的应急处置技术、改进应急技术设备，加强安防设施的管理，为预防和处置突发事件提供有力的技术保障。

① 交通运输保障　危险化学品泄漏中毒专项应急预案领导小组必须确保应急处置专用车辆的落实，加强对应急处置专用车辆的维护和管理，保证紧急情况下车辆的优先调度，确保应急处置工作的顺利开展。

② 医疗保障　危险化学品泄漏中毒专项应急预案领导小组配合公司应急指挥部加强与医疗救治单位的联系并签订互救协议，建立医疗救治信息，保证受伤人员得到及时救治，减少人员伤亡。

③ 治安保障　危险化学品泄漏中毒专项应急预案领导小组配合公司应急指挥部积极协助、配合地方党委、政府及时疏散、撤离无关人员，加强事件现场周边的治安管理，维护社会治安，配合做好事件现场警戒，防止无关人员进入。

④ 社会动员保障　危险化学品泄漏中毒专项应急预案领导小组配合公司应急指挥部加强与相邻企业和相邻社区日常的沟通与协作，配合地方党委、政府，积极做好相邻区域、企业之间的联动工作。公司应急指挥部还需与相关部门签定互救协议。

⑤ 紧急避难场所保障　危险化学品泄漏中毒专项应急预案领导小组配合公司应急指挥部按照突发公共事件类型，制订人员和财产的避难方案。协助配合地方党委、政府做好突发公共事件发生后人员和财产的疏散、避难工作。

第七节　危险化学品企业突发环境事件专项应急预案

一、危险化学品企业环境风险识别与控制

1. 分析的原则

（1）当危险化学品建设项目的规划、可行性研究和设计等技术文件中记载的

资料、数据等能够满足工程分析的需要和精度要求时，应通过复核校对后引用。

(2) 对于污染物的排放量等可定量表述的内容，应通过分析尽量给出定量的结果。

2. 分析的对象

主要从下列几方面分析危险化学品建设项目与环境影响有关的情况：

(1) 工艺过程　通过对工艺过程各环节的分析，了解各类影响的来源，各种污染物的排放情况，各种废物的治理、回收、利用措施及其运行于污染物排放间的关系等。

(2) 资源、能源的储运　通过对建设项目资源、能源、废物等的装卸、搬运、储藏、预处理等环节的分析，掌握与这些环节有关的环境影响来源的各种情况。

(3) 交通运输　分析由于建设项目的建设和运行，使当地及附近地区交通运输量增加所带来的环境影响。

(4) 厂地的开发利用　通过了解拟建项目对土地的开发利用，了解土地利用现状和环境间的关系，以分析厂地开发利用带来的环境影响。

(5) 对危险化学品建设项目生产运行阶段的开车、停车、检修、一般性事故和泄漏等情况时的污染物不正常排放进行分析，找出这类排放的来源、发生的可能性及发生的频率等。

(6) 其他情况。

3. 分析的重点

工程分析应以工艺过程为重点，且不可忽略污染物的不正常排放（简称不正常排放）。资源、能源的储运、交通运输及厂地开发利用是否分析及分析的深度，应根据工程、环境的特点及评级工作等级决定。

建设项目实施过程的阶段划分与工程分析如下。

① 根据实施过程的不同阶段可将建设项目分为建设过程、生产运行、服务期满后三个阶段进行工程分析。

② 所有建设项目均应分析生产运行阶段所带来的环境影响。生产运行阶段要分析正常排放和不正常排放两种情况。对随着时间的推移，环境影响有可能增加较大的建设项目，同时它的评价工作等级、环境保护要求均较高时，可将生产运行阶段分为运行初期和运行中后期，并分别按正常排放和不正常排放进行分析，运行初期和运行中后期的划分应视具体工程特性而定。

③ 个别建设项目在建设阶段和服务期满后的影响不容忽视，应对这类项目的这些阶段进行工程分析。

④ 在建设项目实施过程中，由于自然或人为原因所酿成的爆炸、火灾、中毒等后果十分严重的，造成人身伤害或财产损失的事故，属风险事故。是否进行

环境风险评价，应视工程性质、规模、建设项目所在地环境特征以及事故后果等因素而定。

目前环境风险评价的方法尚不成熟，资料的收集及参数的确定尚存在诸多困难。在有必要也有条件时，应进行建设项目的环境风险评价或环境风险分析。

4. 分析的方法

当危险化学品建设项目的规划、可行性研究和设计等技术文件不能满足评价要求时，应根据具体情况选用适当的方法进行工程分析。目前采用较多的工程分析方法有：类比分析法、物料平衡计算法、查阅参考资料分析法等。

类比分析法要求时间长，工作量大，所得结果较准确。在评价时间允许、评价工作等级较高，又有可供参考的相同或相似的现有工程时，应采用此方法。如果同类工程已有某种污染物的排放系数时，可以直接利用此系数计算建设项目该种污染物的排放量，不必再进行实测。

物料平衡计算法以理论计算为基础，比较简单。但计算中设备运行均按理想状态考虑，所以计算结果有时偏低。此方法不是所有的建设项目均能采用，具有一定局限性。

查阅参考资料分析法最为简便，但所得数据准确性差。当评价时间短，且评价工作等级较低时，或在无法采用以上两种方法的情况下，可采用此方法，此方法还可以作为以上两种方法的补充。

二、危险化学品企业突发性环境事件专项应急预案

1. 总则

(1) 编制目的　编制《突发性环境事件应急预案》是贯彻环境安全预防为主的方针，是针对可能发生的突发性环境事件，事先主动制订、采取防范措施，以杜绝突发性环境事件的发生。而事件一旦发生时，能够确保迅速做出响应，有领导、有组织、有计划、有步骤地按事先制订的抢险救援工作方案，有条不紊地进行抢险救援工作，采取及时有效的措施，将事故影响降到最低限度，增强突发性环境事件的防范能力，减少风险，以保障企业员工和周围居民的人身安全与健康，使国家、集体和个人利益免受侵害。

(2) 编制依据

①《中华人民共和国环境保护法》1989 年 12 月 26 日第七届全国人民代表大会常务委员会第十一次通过，中华人民共和国主席令第 22 号，自 1989 年 12 月 26 日起施行；《中华人民共和国水污染防治法》1984 年 5 月 11 日第六届全国人民代表大会常务委员会第五次会议通过，根据 1996 年 5 月 15 日第八届全国人民代表大会第十九次会议《关于修改〈中华人民共和国水污染防治法〉的决定》修正。

②《中华人民共和国海洋环境保护法》1999 年 12 月 25 日第九届全国人民代

表大会常务委员会第十三次会议修订通过，中华人民共和国主席令第26号，自2000年4月1日施行；《中华人民共和国大气污染防治法》2000年4月29日第九届全国人民代表大会常务委员会第十五次会议通过，自2000年9月1日起施行。

③《中华人民共和国固体废物污染环境防治法》1995年10月30日第八届全国人民代表大会常务委员会第十六次会议通过，2004年12月29日第十届全国人民代表大会常务委员会第十三次会议修订，2004年12月29日中华人民共和国主席令第31号发布，自2005年4月1日施行。

④《危险化学品安全管理条例》。

⑤《中华人民共和国安全生产法》。

⑥《中华人民共和国消防法》。

⑦《安全生产许可证条例》。

⑧《危险化学品目录》(2015年版)。

⑨《危险化学品重大危险源辨识》(GB 18218—2009)。

⑩《国家突发环境事件应急预案》。

⑪《危险化学品、废弃化学品环境突发事件应急预案》。

⑫《危险化学品事故应急救援预案编制导则(单位版)》。

2. 分级及环境风险识别

根据《环境污染应急预案》对突发环境事件等级划分的原则，将环境污染事件划分为Ⅰ级、Ⅱ级、Ⅲ级。

(1) Ⅲ级

① 没有发生人员中毒，对社会环境造成一般影响，没有引发群体性事件；

② 物料泄漏造成的危险物质可以控制在车间生产装置区和罐区围堰之内，未流出车间界区。

(2) Ⅱ级

① 发生一次急性中毒2人；

② 对社会环境造成重大影响，需紧急转移安置100人以上；

③ 危险物料泄漏造成，可能造成环境造成污染事件。

(3) Ⅰ级

① 发生一次急性中毒5人以下；

② 对社会环境造成较大影响，需紧急转移安置200人以下；

③ 物料泄漏造成的危险物质流出生产装置区和罐区，有可能进入厂雨排支沟。

(4) 重要环境风险因素识别　工厂的生产特点主要是易燃易爆、有毒有害、连续性操作。根据《环境风险预防要点》，对全厂危险化学品生产、储存场所从可能泄漏物质的毒性、挥发性、可溶性、可降解性、可能遭受财产损失、环境影响范围、环境影响可恢复性等方面进行环境风险识别和评价。成品罐区储存具有易燃易爆、有毒有害等危害特性，一旦发生大量泄漏、火灾、爆炸等事故，不仅造成人员伤亡、财产损失，而且可能造成大气、土壤、水体、水源等重大环境污染以及生态破坏，造成不良的社会影响。本预案以储存罐区发生泄漏、火灾、爆炸事故后引发的环境污染事故为范例。

(5) 储存罐区周边环境分析　罐区、生产装置500m以外是村庄。

(6) 储存罐区危险性分析　储存罐区的易发事故部位主要是罐区装卸车过程中异常情况下所造成的泄漏污染事故。罐区若发生燃烧、爆炸等事故将造成氯类等有毒有害物料的泄漏，引起环境污染。为此，我们每个人必须引起高度重视，杜绝此类事故的发生。

(7) 物料危险性分析　储存罐区在生产过程中涉及的危险化学品物料主要为环氧氯丙烷、三氯丙烷、二氯丙烯、二氯丙烷，这些物料有毒有害、易燃易爆。由于产品具有以上特性，罐区一旦发生事故，造成物料大量泄漏，可能对周围农田和居民区等环境敏感地带所造成的环境风险是不可接受的。

(8) 主要设备及物料量分析

① 主要设备：导热油炉、蒸馏釜、原料储罐、产品储罐等。

② 物料量分析：原料为环氧高沸、低沸，1000t/a，产品为环氧氯丙烷、三氯丙烷1000t/a。

(9) 爆炸影响分析　如果罐区的某一个储罐发生燃烧、爆炸，会直接影响罐区内及周边的任何一个岗位，消防泵房、配电室远离罐区，发生事故后，不会造成停电、停水等现象。

(10) 污水流向及储存能力分析　罐区的雨水、冲地水及管线、设备泄漏的物料经罐区污水线流入污水收集池，经运输车输送至污水处理场。

(11) 消防力量配置分析　室外消防栓18套、干粉手提灭火器（BC）25具、消防储水池（$5000m^3$）1个、消防泵3台。

(12) 环境监测能力分析　环境监测主要由厂质量检验中心承担，负责对大气、水体进行环境即时监测，确定危险物质的成分及浓度，确定污染区域范围，对事故造成的环境影响进行评估。

(13) 检维修力量分析　检维修工作由车间生产班组或外聘专业人员负责。

3. 组织机构与职责

(1) 指挥部

① 指挥部组成

a. 总指挥：公司总经理。

b. 副总指挥：公司副总经理。

c.指挥部成员：总经办、生产处、安环处、设备管理处、计量处、技能处、公安处、供应处、华实公司、汽运公司、职工医院及各分厂的负责人。指挥部设在公司生产调度室。

② 指挥部职责

a.审核重大事故处理预案；

b.负责重大事故应急救援工作的指挥，组织调动各抢险队伍救灾抢险；

c.随时研究救灾情况与出现的新问题，对重大问题做出决策；

d.组织有关部门做好善后处理及事故统计报告工作。

③ 指挥部成员职责

a.总指挥：负责指挥、组织协调重大事故应急救援工作，对重大问题做出决策，下达救援抢险命令。

b.副总指挥：组织指挥应急抢险工作的实施，指挥协调各抢险队的抢险工作，向上级有关部门报告抢险情况，组织搞好善后处理。

c.总经办：负责事故应急救援工作的总后勤，组织和安排各种后勤工作，协助有关部门搞好善后处理工作。

d.生产处：在主管副总经理的领导下，负责事故信息的传递、生产系统非正常情况下的应急处理和生产调度。

e.安环处：协助副总指挥做好事故报告及应急救援工作的实施，接待好上级有关部门。及时了解事故危害范围、人员伤亡情况、环境污染情况、抢险情况及存在的问题。协助抢险队疏散和保护人员、监测站及时对受危害环境进行监测，搞好事故调查处理。

f.设备管理处：协助副总指挥组织对发生事故设备的抢修，组织对事故现场的水、电、蒸汽等问题的处理。

g.公安处：负责重大事故现场的治安保卫、警戒，组织防化抢险队抢险，负责危险范围内人员的疏散（含厂外居民）和危险警戒线的警戒。

h.技能处：协助副总指挥对事故现场、危险部位和其他有可能波及的生产工艺及时处理，做出决策。

i.职工医院：负责组织对现场的伤员急救及灾害扩散范围内的伤员急救和处理，并协助指挥部做好善后处理工作。

j.汽运公司：负责事故抢险救援物资的运输，协助灾害扩散范围内的人员疏散工作。

k.供应处：负责抢险救灾物资的及时供应。

l.其他处室和各分厂：在本职工作范围内，协助指挥部门搞好相关的处理工作，重点抓好本分厂在非正常生产情况下的安全生产，听从指挥部调动。

（2）专业队

① 通信队

a. 组成：公司建立突发性环境事件报警及应急救援信息网络中心。

b. 信息网络中心办公室：生产处调度室。

c. 信息网络中心负责人：生产处处长。

d. 信息网络中心横班负责人：每班调度长。

e. 信息网络中心信息员：各分厂值班长、班长。

f. 职责：负责信息传递工作。

② 治安保卫队

a. 组成：由公安处人员组成。

b. 队长：公安处处长。

c. 副队长：公安处治安科科长、保安大队队长。

d. 职责：负责事故现场治安、交通指挥、危险范围警戒，协助抢救队指导群众疏散，同时也要维护厂内其他重要部位的安全保卫。

③ 抢险抢修队

a. 组成：由华实公司的钳工、焊工、起重工、车工、及电力分厂的电工组成。

b. 队长：设备处处长。

c. 副队长：公司经理、电力分厂厂长。

d. 职责：负责事故有关设备、电气等抢险堵漏任务。

④ 消防队

a. 组成：由安环处防火科人员及专兼职消防人员组成。

b. 队长：安环处处长。

c. 职责：一旦发生重大火灾爆炸事故，负责组织全员力量自救，衔接市区等消防力量的投入和指导。

⑤ 医疗救护队

a. 组成：由职工医院的内科、外科、骨科等骨干力量组成。配备救护车、担架、急救箱、常用急救器具。

b. 队长：职工医院院长。

c. 副队长：各科主任。

d. 职责：负责抢救事故现场和波及范围内的受伤、中毒人员，把受伤、中毒人员及时从事故现场抢救出来，在防化抢险队将伤员或中毒人员救出现场后，就地急救或送职工医院救护。

⑥ 防化抢险队

a. 组成：由公安处组织经专业培训的防化队员组成。队员配备防化服、防毒器材、面具、担架等专业设施，传呼通信联络设备，警卫车一台。

b. 队长：公安处处长。

c. 职责：主要负责化学事故的现场抢险，及时查明事故现场泄漏部位，提出堵漏意见；抢救受伤、中毒人员脱离现场；组织群众疏散；协助抢修队及时消除泄漏源。

⑦ 环境监测队

a. 组成：由安环处的环保专业技术管理人员、监测人员组成。监测队配备必要的环境监测仪器。

b. 队长：安环处处长。

c. 职责：主要负责环境污染事故现场环境污染程度的监测，了解事故危害范围，协助做好应急救援工作的实施，协助抢险队疏散和保护人员。

⑧后勤服务队　由供应处、总经办、汽运公司、华诚公司等组成，下设两个组。

a. 物资供应组：由供应处、汽运公司主管领导任正、副组长。其职责是负责抢险救灾物资的供应和运输。

b. 生活服务组：由总经办主任、华诚公司经理任正、副组长。其职责是负责抢险救灾有关人员及受伤人员的接待安排等。

c. 队长：总经办主任。

4. 应急响应

(1) 报警和通信

① 发生突发性环境事件时，分厂信息员要立即用电话通知生产调度室。

② 调度室接到报警后，立即查问事故情况，由调度长组织调度员，分头通知和请示总经理、副总经理，通知有关处室处长，必要时通知总值班和总机协助传递信息，并做好记录。

③ 由主管副总经理或总经理决定是否向上级有关部门汇报或者呼救，由总经办执行。

④ 指挥部成员和有关处室领导得到信息后，立即赶到指挥部（调度室）。

⑤ 电话总机接线员要确保应急救援信息传递畅通，必要时可以中断与应急救援无关的电话，主动协助指挥部传递信息。

(2) 现场抢险

① 抢险原则

a. 发生突发性环境事件后，应急救援人员首先抢救现场受伤人员，要及时把现场中毒、受伤人员救出现场。

b. 在抢救受伤人员的同时，要及早切断危险源和堵塞泄漏点。

c. 及时把可能波及的危险源进行隔离封闭，控制事故的发展趋势。

d. 本单位发生突发性事件时，一定要坚持先自救的原则，及时把事故消灭在初发状态，但也要量力而行，无力量自救的要及时报警，不能贻误救灾时机。

e. 危险化学品企业发生突发性事件的特点往往火、爆、毒、环境污染同时存在，应急救援时，注意其多发性。

② 大气环境污染事故的抢险救援

a. 大气污染物及主要来源　公司有可能发生有害气体外泄，造成大气环境污染事故的部位为生产，输送，储存，使用氯、氯化氢、氯乙烯的设备、管路，主要集中于氯碱分厂、合成分厂、聚氯乙烯分厂等。

b. 大气环境污染的原因分析

● 突然停水、停电等异常情况出现，造成生产操作失控，生产系统超压，有害气体外泄。如电解槽出现正压，氯气外泄。

● 生产系统中爆炸性气体超标，发生爆炸。如电解系统氯含氢超标引起单槽或氢气系统爆炸，氯气外泄。

● 动力设备出现故障突然停运，物料输送受阻，系统超压，有害气体外泄。如氯压机突然出现故障或停电而停运，氯气输送受阻，氯气外泄。

● 由于地震或意外撞击、腐蚀等原因造成设备、管路出现漏点、断裂，有害气体外泄。

c. 大气环境污染事故抢险救援措施

● 事故单位应迅速组织查明有害气体外泄的部位和原因，组织采取切断有害气体泄漏源，堵塞漏点，尽量减少泄漏量。

如电解氯气总管无法切断泄漏气源，采取降电流、降压力等措施，必要时请示主管副总经理采取全厂临时紧急停车措施。

如液氯受槽、计量槽、蒸发器等容器出现局部泄漏，立即采取倒料、抽料降压措施，具体操作按分厂《预案》执行。

● 公司领导及指挥部成员接到信息后立即赶到指挥部，迅速形成指挥中心，发出警报，通知各专业救援抢险队迅速赶到事故现场执行应急救援的指令。

● 根据指挥部指令，有关专业处室立即向上级环保部门报告事故情况，以便市政部门采取防污染措施。

● 生产处、安环处在主管副总经理领导下，要根据泄漏部位和波及的有关生产分厂的控制能力，做出局部或全厂紧急停车的决定，紧急停车程序按分厂紧急停车预案执行。

● 现场环境监测队到达现场后，要根据风向、风速，判断有害气体扩散速度和波及的范围，跟踪监测大气环境，及时将情况汇报指挥部，并协助指导群众撤出危险区。

● 公安处到达现场后，立即组织治安保卫队、防化抢险队履行救援抢险职责，担负事故现场治安保卫，交通指挥，危险区域警戒，抢救受伤中毒人员，协助街道委员会指导危险区域群众撤离、疏散到危险源的上风和侧风面安全区域。

● 职工医院组织的医疗救护队、救护车，在防化抢险队的配合下，应立即抢救伤员和中毒人员，重伤员立即送往医院，轻的能就地处置的就地处置，同时派救护车跟踪到厂外波及范围内，做群众救护的应急处置，并协助防化抢险队、治安保卫队、环境监测队疏散危险区域的群众。

● 后勤服务队、抢险抢修队根据指挥部的指令执行应急救援的职责。

● 当事故局势难以控制或者力量不足需救援时，由总经理决定向外报警求援。

d.大气环境污染事故处置与预防措施　预防为主是防止环境污染事故发生的根本。为此，根据可能造成有毒有害气体外泄事故的因素和条件，事先采取必要的措施，以抑制环境污染事故的发生。预防措施如下：

● 在使用氯气的部门设置吸收处理氯气的装置，一旦发生跑氯事故，能够使氯气迅速而有效地被一定浓度的碱液吸收处理。

电解氯气系统建设了氯气吸收装置，一旦系统超压，氯气吸收装置自动开启，通过20%碱液吸收处理，避免氯气外泄。氯气吸收装置实行两路供电，厂动力电与外接电源自动切换。在液氯钢瓶充装现场设置碱液池，备做钢瓶充装时突然发生爆炸，液氯外泄或其他意外时，能够迅速方便地把爆破的钢瓶推进碱池处理。

液氯生产系统设置一台氯气泵，用于应急抽氯处理，降低系统氯气压力压。

● 电解生产的直流供电系统要与氯压机动力电控制系统联锁，达到一旦氯压机动力电发生故障停车断电，直流电同时切断回零。

● 各生产分厂根据实际情况制订出突发性环境污染事故处置预案。如制订出电解生产及氯压机正常开停车、紧急开停车的预案，并根据电解生产能力，设置备用氯压机，确保氯气的安全输送，对氯气生产源做到有效控制。同时聚氯乙烯生产中的氯化氢合成及氯乙烯转化要制订出相应的紧急停车的预案，防止发生联锁事故。供电系统要制订出相应的紧急停、送电的预案及局部停、送电和局部动力故障的紧急停、送电处理预案。

● 生产装置中的开关，是控制气体输送与局部切断有毒有害气源的关键，要确保可靠好用。如液氯生产系统的液氯受槽、汽化器、计量罐出入口的双套氯气开关要确保好用，定期检查检修，安装前必须打压试漏。氯气开关的购置和使用要求必须严格，保证质量。

● 输送有毒有害气体的管路要定期检查检修。管路的架设要便于检修，输送不同性质的物料有标识区别，标明物料流向。管的选材要符合要求。氯气管路保温不得用毛毡，不得与其他物料管保温在一起，氯气管法兰连接不得用橡胶垫。

● 生产中使用的储存设备要留有备用，以便应急时使用。如液氯计量罐必空一个，液氯受槽必空两个，汽化器必空一个，作为应急导料、抽氯措施。盐酸生产系统的合成炉及次氯酸钠的反应釜都要长期保证有备用，确保应急处理氯气等使用。设备的安全防爆膜要长期保证备用两套，以便缩短停车的更换时间。

● 压力容器的安全附件必须完备。压力容器必须按有关规定定期检查、大修、检测，过期停用。压力容器材质必须符合压力容器制造的有关规定。

● 有毒有害气体管路、设备检修，必须进行置换处理，检修后做试漏，严禁用有毒有害性气体试漏。

● 液氯槽车重车，严禁溜放。液氯槽车充装时，同一条线的产品充装空位不得对位。充装封车后，必须立即卸掉充装连接管，经检查封车合格调出后，空车方可对位。调车对位空车时，运输调车员和液氯充装岗位人员和分厂调车专责人员，都必须到现场，缺一不可。

● 设专职液氯槽车检查维修队，建立完善检查、维修、维护的验收标准。

● 建立液氯钢瓶跟踪台账，做到空瓶返回检查时，能够明确钢瓶的用户、用途，采取确实可靠的检查方法，确定钢瓶内是否倒灌有与液氯产生激烈反应可引起爆炸的物资，对可能倒灌的钢瓶要单独存放检查处理。

● 严禁液氯钢瓶超装，复验秤要采取电子秤，并定期校验。对于超装不合格的钢瓶，必须返回抽氯，达到合格。

● 生产岗位的事故柜必须按规定配备防毒面具，严禁平时使用，严禁把事故柜当成工具柜或存放其他物品。

● 有关氯气的生产、使用、充装、储运及有关操作必须执 GB 11984—2008《氯气安全规程》的有关规定。

● 对爆炸性气体的纯度及设置的气点、毒点、尘点严格按规定进行分析监测，如发现超标，特别是易燃、易爆、剧毒物质有超标现象，及时报告并采取措施。如发现氯含氢过高，立即查找原因，及时进行调节，必要时停车检查，防止爆炸。必要时增加氯气含氢分析频率。

③ 水环境污染事故的抢险救援

a. 水污染物及主要来源　公司有可能发生有害液体流失，造成水环境污染事故的部位为生产，输送，储存，使用酸、碱的设备、管路，主要集中于氯碱分厂、合成分厂、聚氯乙烯分厂等。

b. 水环境污染的原因分析　水环境污染多是由于意外事故或腐蚀等情况发生，使设备、管路出现漏点、断裂或设备检修操作不当等，有害液体流失。

c. 水环境污染事故抢险救援措施

● 事故单位应及时向公司领导及相关处室报告事故信息。

● 公司领导及指挥部成员接到信息后立即赶到指挥部，迅速形成指挥中心。

● 事故单位应迅速组织查明有害液体流失的部位和原因，组织采取切断泄漏源，避免污染大范围扩散。如储存酸、碱的罐、槽等容器出现局部泄漏，立即采取倒料措施，尽最大可能减少流失。必要时请示主管副总经理采取全厂临时紧急停车措施。

● 指挥部成员单位及各专业救援抢险队迅速赶到事故现场，根据指挥部的指令执行应急救援的职责。

● 对公司下水管网中的受污染水体，包括消防等抢险救援中产生的废水，及时采取截流措施，输送于处理装置，或采取临时的补救措施。如废水中污染物质已流失于市政管网，由指挥部确定并指令有关专业处室立即向上级环保部门报告事故情况，以便市政部门采取阻截污染扩散措施。

● 环境监测队到达现场后，要根据废水排放走向跟踪监测受污染水体的污染状况，及时将情况汇报指挥部。

● 当事故局势难以控制或者力量不足需救援时，由总经理决定向外报警求援。

d. 水环境污染事故处置与预防措施

● 公司主厂区内的主要化工生产分厂有：氯碱分厂、氯蜡分厂、PVC 分厂、润滑油分厂，主要产品有：烧碱、盐酸、PVC 糊树脂、润滑油等，生产中产生的废水主要为酸碱废水。如发生事故性排放，其酸碱性废液、废水均通过下水管网引至酸碱废水中和处理装置进行中和处理。该装置是采用酸碱废水自行中和后，通过中和滤料进一步中和，必要时，通过管网加入调配液，使其在中和池内达到中和，最终达标排放。如产生含油废水事故性排放，其废水引至含油废水处理装置，通过隔油池将油回收，废水达标排放。

● PVC 分厂北厂区主要建设有氯乙烯及其聚合生产装置，生产中产生的废水主要为聚合清釜废水。该股废水通过聚合污水处理装置采用压滤方式处理。

● 合成分厂厂区主要产品有气相法二氧化硅、液氯、次氯酸钠等，生产中产生的废水主要为酸碱废水。如发生事故性排放，其酸碱性废液、废水引至该厂区的酸碱废水中和处理装置进行中和处理。该装置是采用酸碱废水自行中和后，通过中和滤料进一步中和，必要时，通过管网加入调配液，使其在中和池内达到中和，最终达标排放。

● 对消防抢险救援中产生的废水，集中收集输送到就近分厂的回收水池稀释处理。

(3) 事故处理　当事故得到控制后，成立事故处理小组，做好事故善后处理工作。

① 调查组：在主管副总经理领导下，成立由安环处、生产处、技能处、设备管理处、职工医院、公安处等有关处室和发生事故分厂的主管厂长参加的事故调查小组，查明事故原因，检查事故现场，消除潜在隐患，落实防范措施，追究事故责任，调查事故人员伤亡、损失情况，拟定《事故调查报告》，并向上级有关部门汇报。

② 抢修组：在主管副总经理指导下，成立由设备管理处、生产处、计量处、技能处、安环处、公安处及发生事故分厂的主管厂长参加的事故抢修组，研究抢修方案，消除事故隐患，为恢复生产做准备。

③ 处理组：在主管副总经理指导下，由职工医院、总经办、工会、财务处、安环处等处室和事故发生单位的领导组成事故善后处理组。负责事故中受伤、中毒人员的医疗救护等善后处理工作，接待来访工作等。事故结案工作要在主管副总经理指导下，由事故调查组负责。

5. 保障措施

(1) 物资供应保障　根据应急救援工作的需要，做好物资供应工作，如通信器材、救援器材、防护器材、药品等。

防化抢险队、抢险抢修队、消防队配备防化、抢修、消防专用设施，通信联络器材和防毒面具等。

医疗救护队配备专用抢险救护车及完善的医疗救护设施和必备药物、器具。环境监测队配备监测仪器和必备的防毒器具。

(2) 制度保障　公司建立和完善环境安全方面管理制度三十种，其中包括《危险物品和要害岗位安全管理制度》《防火、防爆管理制度》《重大危险源安全管理制度》《环境保护管理办法》《污染预防控制程序》《应急准备与响应程序》等。

公司认真做好“三规一法”在生产中的贯彻执行，做到严格执行工艺技术规程，完成或达到主要工艺技术指标，对原料纯度、物料流量、反应温度、反应压力、反应时间等工艺控制点严格把关。严格执行安全技术规程，做好开车前、开车中和停车后的安全检查工作，掌握设备运行中可能出现的异常现象，发生的原因及处理方法。严格执行设备管理和检修规程，对容器与设备电器仪表安全装置经常检查，保证灵活好用。严格执行岗位操作法，不得违背控制条件与操作程序，对生产严肃认真，不许玩忽职守。做好“三规一法”在化工生产中的贯彻执行，是避免事故发生的积极措施，只有把它渗透于生产管理之中，安全生产和环境保护工作才有主动权。

6. 培训和演练

(1) 培训　公司定期进行防范意识教育及重点部位的检查与防护工作。对员工进行经常性的突发性事故的防范教育，使员工认识到防范的重要性，并成为一种制度。定期进行危险源部位设备的检查、测试与大修，始终保持生产设备或装置处于良好的运行状态，对要害部位要坚持季节性、专业性、节假日的安全及污染隐患大检查工作。认真落实好危险源部位设备的安全防护、报警装置、监测装置，配备必要的消防器材、器具等，并设立警句标牌。

(2) 演习和训练　公司制订突发性事件应急预案，定期进行防范技能训练，防患于未然。

根据公司的实际情况，在对危险源的分布情况和性质调查分析基础上，制订突发性事件应急预案。并按预案的要求由各专业部门定期组织进行安全防护、防火、急性中毒、环境污染等突发性事件的防范与救援的演习训练，提高员工的防范技能，做到来之能战，战之能胜，一旦发生事故能有条不紊地进行抢救、抢险，尽量缩小事故危害范围，做到预防为主，有备无患。

第六章

危险化学品企业现场处置方案

第一节 概 述

危险化学品企业现场处置方案是针对具体的装置、场所和设施、岗位所制订的应急处置措施。现场处置方案应具体、简单、针对性强、操作性准。危险化学品企业现场处置方案应根据风险评估及危险性控制措施编制，做到事故相关人员应知应会、熟练掌握，并通过进行应急演练，做到迅速反应、正确处置。

一、现场处置组织与职责

现场处置组织机构是应急响应的第一响应者，是及时控制事故以及在事故第一时间开展应急自救，把事故消灭在初始状态的重要组织保障。编制现场处置方案，应该明确每一个基层单位的应急自救组织形式及人员构成情况，明确应急自救组织形式及人员的构成情况，明确应急自救组织机构、人员的具体职责。

现场处置组织机构及人员具体职责应同单位或车间、班组人员工作职责紧密结合，并明确相关岗位和人员的应急工作职责。为了便于及时组织自救，现场应急组织最好以相对独立的基层单位（如车间、项目）或大型设备、重点岗位为基本单位来设立。应急组织的分工及人数应根据事故现场需要灵活机动地调配。

1. 组织机构

(1) 组长　现场处置负责人为该小组组长。

(2) 副组长　现场处置安全负责人、技术负责人为副组长。

(3) 成员　现场处置的人员。

(4) 组织职责　发生安全事故时，负责指挥抢救工作，向各抢救小组下达抢救指令任务，协调各组之间的抢救工作，随时掌握各组最新状态并做出最新决策，第一时间向 110、119、120、企业救援指挥部求援或报告灾情。平时应急组织成员轮流值班，值班者必须住在现场，手机 24h 开通，发生紧急事故时，在现场处置组长抵达现场之前，值班者即为临时救援处置组长。

2. 组长职责

(1) 决定是否存在或可能存在重大紧急事故，要求应急服务机构提供帮助并实施现场应急计划，在不受事故影响的地方直接操作控制；

(2) 复查和评估事故（事件）可能发展的方向，确定其可能的发展过程；

(3) 指导设施的部分停工，并与领导小组成员的关键人员配合指挥人员撤离，并确保任何伤害者都能得到足够的重视；

(4) 与场外应急机构取得联系，对紧急情况记录作业安排；

(5) 在场（设施）内实行交通管制，协助场外应急机构开展服务工作；

(6) 在紧急状态结束后，控制受影响地点的恢复，并组织人员参加事故的分析和处理。

3. 副组长（现场管理者）职责

(1) 评估事故的规模和发展态势，建立应急步骤，确保员工的安全，减少设施和财产损失；

(2) 如有必要，在救援服务机构到来之前直接参与救护活动；

(3) 安排寻找受伤者及安排非重要人员撤离到集中地带；

(4) 设立与应急中心的通信联络，为应急服务机构提供建议和信息。

4. 抢险抢修组职责

(1) 实施抢险抢修的应急方案和措施，并不断加以改进；

(2) 采取紧急措施，尽一切可能抢救伤员及被控人员，防止事故进一步扩大；

(3) 寻找受害者并转移在安全地带；

(4) 在事故有可能扩大进行抢险抢修或救援时，高度注意避免意外伤害；

(5) 抢险抢修或救援结束后，直接报告最高管理者并对结果进行复查和评估。

5. 后勤保障组职责

(1) 负责交通车辆的调配，紧急救援物资的征集；

(2) 保障系统内各组人员必须的防护、救护用品及生活物资的供给；

(3) 提供合格的抢险抢修或救援的物质及设备。

处置人员在应急组织中的任务和职责，应当尽可能与其在单位日常工作岗位相一致，这样，在应急行动中他们工作的专业性和权威性，更容易被单位人员所认同和肯定。

处置组织应当有充分的灵活应变的空间，在事故发生后，某一应急小组或应急人员被临时安排承担非预案规定的另外的工作，这是经常发生的，每一个应急人员都应当有这方面的思想和工作准备。

二、现场应急处理措施

事故现场应急处理方案由应急处置程序和应急处置措施两部分组成。

1. 现场处置组织程序

事故应急组织程序，主要是说明应急处置的启动，应急处置过程各部分的组织与协调问题，处置预案中应根据可能发生的事故类别及现场情况，明确事故报警，各项应急措施启动，应急救护人员的引导，事故扩大及同企业应急预案的衔接的程序，以及报警电话及上级管理部门、相关应急救援单位联络方式和联系人员，事故报告基本要求和内容。应急处置程序见图 6-1。

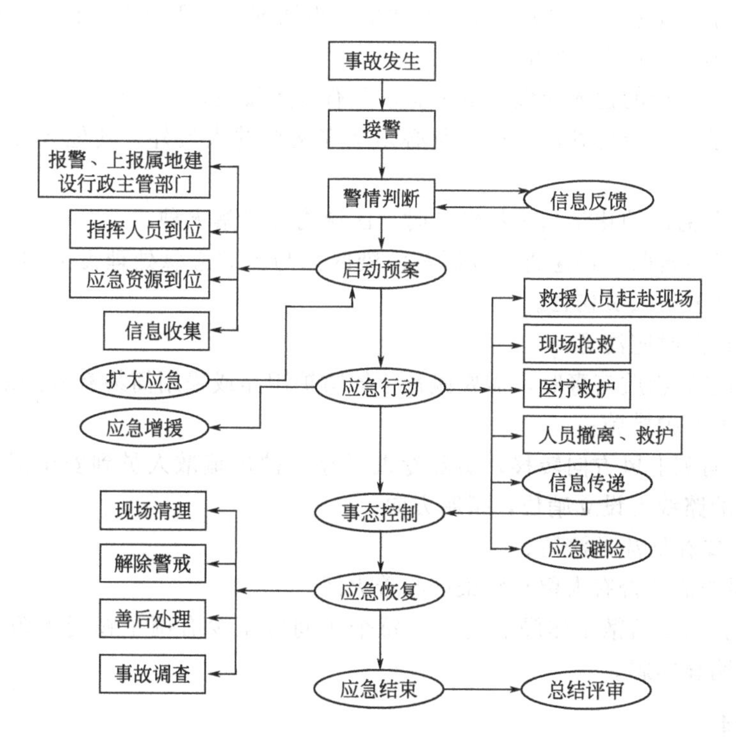

图 6-1　事故现场应急处置程序

2. 现场处置措施

现场应急处置措施，主要说明针对可能发生的火灾、爆炸、危险化学品泄漏、坍塌、水患、机动车辆伤害等具体事故，应采取的具体处置技术措施，包括操作措施、工艺流程、现场处置、事故控制、人员救护、消防灭火、现场恢复等诸多方面。不同类型事故的处置技术措施也各异，编制处置方案时可参考有关事故的控制技术资料。

三、危险化学品事故现场处置基本程序

大多数化学品具有有毒、有害、易燃、易爆等特点，在生产、储存、运输和使用过程中因意外或人为破坏等原因发生泄漏、火灾爆炸，极易造成人员伤害和环境污染的事故。制订完备的应急预案，了解化学品基本知识，掌握化学品事故现场应急处置程序，可有效降低事故造成的损失和影响。本讲主要探讨危险化学品发生泄漏、火灾爆炸、中毒等事故时现场应急抢险和救援。

1. 隔离、疏散

(1) 建立警戒区域　事故发生后，应根据化学品泄漏扩散的情况或火焰热辐射所涉及的范围建立警戒区，并在通往事故现场的主要干道上实行交通管制。建立警戒区域时应注意以下几项：

① 警戒区域的边界应设警示标志，并有专人警戒；

② 除消防、应急处理人员以及必须坚守岗位的人员外，其他人员禁止进入警戒区；

③ 泄漏溢出的化学品为易燃品时，区域内应严禁火种。

(2) 紧急疏散　迅速将警戒区及污染区内与事故应急处理无关的人员撤离，以减少不必要的人员伤亡。

紧急疏散时应注意：

① 如事故物质有毒时，需要佩戴个体防护用品或采用简易有效的防护措施，并有相应的监护措施；

② 应向侧上风方向转移，明确专人引导和护送疏散人员到安全区，并在疏散或撤离的路线上设立哨位，指明方向；

③ 不要在低洼处滞留；

④ 要查清是否有人留在污染区与着火区。

注意：为使疏散工作顺利进行，每个车间应至少有两个畅通无阻的紧急出口，并有明显标志。

2. 防护

根据事故物质的毒性及划定的危险区域，确定相应的防护等级，并根据防护等级按标准配备相应的防护器具。

3. 询情和侦检

(1) 询问遇险人员情况，容器储量，泄漏量，泄漏时间、部位、形式、扩散范围，周边单位、居民、地形、电源、火源等情况，消防设施、工艺措施、到场人员处置意见。

(2) 使用检测仪器测定泄漏物质、浓度、扩散范围。

(3) 确认设施、建（构）筑物险情及可能引发爆炸燃烧的各种危险源，确认

消防设施运行情况。

4. 现场急救

在事故现场，化学品对人体可能造成的伤害为：中毒、窒息、冻伤、化学灼伤、烧伤等。进行急救时，不论患者还是救援人员都需要进行适当的防护。

（1）现场急救注意事项

① 选择有利地形设置急救点；

② 做好自身及伤病员的个体防护；

③ 防止发生继发性损害。

④ 应至少2人为一组集体行动，以便相互照应；

⑤ 所用的救援器材需具备防爆功能。

（2）现场处理

① 迅速将患者脱离现场至空气新鲜处。

② 呼吸困难时给氧，呼吸停止时立即进行人工呼吸，心脏骤停时立即进行心脏按压。

③ 皮肤污染时，脱去污染的衣服，用流动清水冲洗，冲洗要及时、彻底、反复多次；头面部灼伤时，要注意眼、耳、鼻、口腔的清洗。

④ 当人员发生冻伤时，应迅速复温，复温的方法是采用40～42℃恒温热水浸泡，使其温度提高至接近正常，在对冻伤的部位进行轻柔按摩时，应注意不要将伤处的皮肤擦破，以防感染。

⑤ 当人员发生烧伤时，应迅速将患者衣服脱去，用流动清水冲洗降温，用清洁布覆盖创伤面，避免创面污染，不要任意把水疱弄破，患者口渴时，可适量饮水或含盐饮料。

（3）使用特效药物治疗，对症治疗，严重者送医院观察治疗。

注意：急救之前，救援人员应确信受伤者所在环境是安全的。另外，口对口的人工呼吸及冲洗污染的皮肤或眼睛时，要避免进一步受伤。

5. 泄漏处理

危险化学品泄漏后，不仅污染环境，对人体造成伤害，如遇可燃物质，还有引发火灾爆炸的可能。因此，对泄漏事故应及时、正确处理，防止事故扩大。泄漏处理一般包括泄漏源控制及泄漏物处理两大部分。

（1）泄漏源控制

① 可能时，通过控制泄漏源来消除化学品的溢出或泄漏。

② 在厂调度室的指令下，通过关闭有关阀门、停止作业或通过采取改变工艺流程、物料走副线、局部停车、打循环、减负荷运行等方法进行泄漏源控制。

③ 容器发生泄漏后，采取措施修补和堵塞裂口，制止化学品的进一步泄漏，对整个应急处理是非常关键的。能否成功地进行堵漏取决于几个因素：接近泄漏

点的危险程度、泄漏孔的尺寸、泄漏点处实际的或潜在的压力、泄漏物质的特性。

（2）泄漏物处理　现场泄漏物要及时进行覆盖、收容、稀释、处理，使泄漏物得到安全可靠的处置，防止二次事故的发生。泄漏物处置主要有4种方法：

① 围堤堵截。如果化学品为液体，泄漏到地面上时会四处蔓延扩散，难以收集处理。为此，需要筑堤堵截或者引流到安全地点。储罐区发生液体泄漏时，要及时关闭雨水阀，防止物料沿明沟外流。

② 稀释与覆盖。为减少大气污染，通常是采用水枪或消防水带向有害物蒸气云喷射雾状水，加速气体向高空扩散，使其在安全地带扩散。在使用这一技术时，将产生大量的被污染水，因此应疏通污水排放系统。对于可燃物，也可以在现场施放大量水蒸气或氮气，破坏燃烧条件。对于液体泄漏，为降低物料向大气中的蒸发速度，可用泡沫或其他覆盖物品覆盖外泄的物料，在其表面形成覆盖层，抑制其蒸发。

③ 收容（集）。对于大型泄漏，可选择用隔膜泵将泄漏出的物料抽入容器内或槽车内；当泄漏量小时，可用沙子、吸附材料、中和材料等吸收中和。

④ 废弃。将收集的泄漏物运至废物处理场所处置。用消防水冲洗剩下的少量物料，冲洗水排入含油污水系统进行处理。

（3）泄漏处理注意事项

① 进入现场人员必须配备必要的个人防护器具；

② 如果泄漏物是易燃易爆的，应严禁火种；

③ 应急处理时严禁单独行动，要有监护人，必要时用水枪、水炮掩护。

注意：化学品泄漏时，除受过特别训练的人员外，其他任何人不得试图清除泄漏物。

6. 火灾控制

危险化学品容易发生火灾、爆炸事故，但不同的化学品以及在不同情况下发生火灾时，其扑救方法差异很大，若处置不当，不仅不能有效扑灭火灾，反而会使灾情进一步扩大。此外，由于化学品本身及其燃烧产物大多具有较强的毒害性和腐蚀性，极易造成人员中毒、灼伤。因此，扑救化学危险品火灾是一项极其重要而又非常危险的工作。从事化学品生产、使用、储存、运输的人员和消防救护人员平时应熟悉和掌握化学品的主要危险特性及其相应的灭火措施，并定期进行防火演习，加强紧急事态时的应变能力。

一旦发生火灾，每个职工都应清楚地知道他们的作用和职责，掌握有关消防设施、人员的疏散程序和危险化学品灭火的特殊要求等内容。

（1）灭火对策

① 扑救初期火灾。在火灾尚未扩大到不可控制之前，应使用适当移动式灭

火器来控制火灾。迅速关闭火灾部位的上下游阀门，切断进入火灾事故地点的一切物料，然后立即启用现有的各种消防设备、器材扑灭初期火灾和控制火源。

② 对周围设施采取保护措施。为防止火灾危及相邻设施，必须及时采取冷却保护措施，并迅速疏散受火势威胁的物资。有的火灾可能造成易燃液体外流，这时可用沙袋或其他材料筑堤拦截流淌的液体或挖沟导流，将物料导向安全地点。必要时用毛毡、海草帘堵住下水井、阴井口等处，防止火焰蔓延。

③ 火灾扑救。扑救危险化学品火灾决不可盲目行动，应针对每一类化学品，选择正确的灭火剂和灭火方法。必要时采取堵漏或隔离措施，预防次生灾害扩大。当火势被控制以后，仍然要派人监护，清理现场，消灭余火。

(2) 几种特殊化学品的火灾扑救注意事项

① 扑救液化气体类火灾，切忌盲目扑灭火势，在没有采取堵漏措施的情况下，必须保持稳定燃烧。否则，大量可燃气体泄漏出来与空气混合，遇着火源就会发生爆炸，后果将不堪设想。

② 对于爆炸物品火灾，切忌用沙土盖压，以免增强爆炸物品爆炸时的威力；扑救爆炸物品堆垛火灾时，水流应采用吊射，避免强力水流直接冲击堆垛，以免堆垛倒塌引起再次爆炸。

③ 对于遇湿易燃物品火灾，绝对禁止用水、泡沫、酸碱等湿性灭火剂扑救。

④ 氧化剂和有机过氧化物的灭火比较复杂，应针对具体物质具体分析。

⑤ 扑救毒害品和腐蚀品的火灾时，应尽量使用低压水流或雾状水，避免腐蚀品、毒害品溅出；遇酸类或碱类腐蚀品，最好调制相应的中和剂稀释中和。

⑥ 易燃固体、自燃物品一般都可用水和泡沫扑救，只要控制住燃烧范围，逐步扑灭即可。但有少数易燃固体、自燃物品的扑救方法比较特殊。如 2,4-二硝基苯甲醚、二硝基萘、萘等是易升华的易燃固体，受热放出易燃蒸气，能与空气形成爆炸性混合物，尤其在室内，易发生爆燃，在扑救过程中应不时向燃烧区域上空及周围喷射雾状水，并消除周围一切火源。

注意：发生化学品火灾时，灭火人员不应单独灭火，出口应始终保持清洁和畅通，要选择正确的灭火剂，灭火时还应考虑人员的安全。

化学品火灾的扑救应由专业消防队来进行，其他人员不可盲目行动，待消防队到达后，介绍物料介质，配合扑救。

应急处理过程并非是按部就班地按以上顺序进行，而是根据实际情况尽可能同时进行，如危险化学品泄漏，应在报警的同时尽可能切断泄漏源等等。

化学品事故的特点是发生突然，扩散迅速，持续时间长，涉及面广。一旦发生化学品事故，往往会引起人们的慌乱，若处理不当，会引起二次灾害。因此，各企业应制订和完善化学品事故应急救援计划。让每一个职工都知道应急救援方案，并定期进行培训，提高广大职工对突发性灾害的应变能力，做到遇灾不慌，临阵不乱，正确判断，正确处理，增强人员自我保护意识，减少伤亡。

第二节　油罐火灾扑救现场处置方案

随着经济的不断发展，各类交通工具与日俱增，加油站因此而不断增加。所有的加油站储存各类油品都是罐体，油罐若发生火灾危害性极大，造成的损失也极大。为此，根据实际情况制订火灾扑救处置方案是十分必要的。

一、油罐及油品

1. 油罐

油罐按安装形式分为：地下油罐、半地下油罐和地上油罐；按采用的材料分为：金属油罐和非金属油罐（池）；金属油罐又包括拱顶油罐、浮顶油罐、无力矩油罐和卧式油罐。

2. 油品

油罐内储存的油品分轻质油和重质油两大类。轻质油品，如汽油、煤油等，相对密度小于0.85，燃烧热值高、速度快。重质油品，如原油等，密度大、燃烧速率低。由于重质油品具有“热波特性”和一定的含水量，燃烧时易出现沸溢、喷溅现象。

二、火灾特点

(1) 爆炸引起燃烧。油罐及油池发生爆炸后随即形成稳定燃烧，从灌顶或裂口处流出的油品或因罐体移位流出的油品，易造成地面流淌性燃烧。

(2) 燃烧引起爆炸。在火场上，燃烧油罐或油池的邻近的油罐油池，在热辐射的作用下易发生物质性爆炸，爆炸扩大火势。

(3) 火焰高、热辐射强。爆炸后敞开的油罐和油池火灾，火焰高达几十米，并产生强烈的辐射热。

(4) 易形成沸溢与喷溅。含有一定水分或有水垫层的重质油品储罐（池）发生火灾后，如果不能及时控制，就会出现沸溢、喷溅现象。

(5) 易造成大面积燃烧。在重质油品储罐（池）发生沸溢、喷溅的情况下，溢流或喷发出来的带火油品，会形成大面积火灾，引燃可燃物，并直接威胁灭火作战人员、车辆及其他装置、设备的安全。

三、灭火战术要点

1. 速战速决

加强第一次向火场调配具备攻坚灭火能力的优势兵力，力求速战速决。

2. 冷却保护

（1）燃烧油管，全面冷却，控制火势发展，防止油管变形或塌裂。

（2）邻近罐（带有保温层除外），半面（着火面）冷却，视情况加大冷却强度。

3. 以固为主，固移结合

对有固定、半固定泡沫灭火装置的燃烧罐（池），在可以使用的情况下，坚持“以固为主”的原则，辅以移动式消防车载泡沫炮、泡沫钩管、泡沫管枪等相结合起来的方式灭火。

4. 备足力量、攻坚灭火

对爆炸后形成稳定燃烧的油罐（池），在进行冷却的同时，积极参与做好灭火准备工作，在具备了灭火所需人员、装备、灭火剂、水等条件下发动总攻，一举将火势扑灭。

5. 隔绝空气、窒息灭火

油罐的裂口、呼吸阀、量油孔等处呈火炬燃烧时，可采取封堵、覆盖灭火法，将其窒息。

四、灭火措施和行动要求

1. 行动要求

到达现场后，一般侦查小组迅速对火场情况进行侦察，及时准确掌握现场的具体情况。

（1）战斗分工

① 指挥员。

② 后勤保障组。

③ 通信报道组。

④ 侦检小组。

⑤ 救人小组。

⑥ 灭火组。

（2）火情侦察　通过外部观察、询问知情人、仪器检测、通信查明以下情况：

① 燃烧罐（池）内油的种类、储量、液面高度和液面积。

② 燃烧罐（池）的灌顶结构。

③ 受火势威胁或热辐射作用的罐（池）的情况。

④ 固定、半固定灭火装置定好程序，以及架设泡沫钩管的位置或其他攻击点的位置。

⑤ 重质油的含水率，有无水垫层。

2. 冷却防爆措施

（1）冷却强度

① 燃烧罐 0.60～0.80L/(s·m)。

② 邻近罐 0.35～0.70L/(s·m)。

（2）冷却方法

① 开启水喷淋冷却装置；

② 利用水枪、带架水枪或水泡；

③ 冷却水要射至罐壁上沿，要求均匀，不留空白点；

④ 对邻近受到火势威胁的油罐，视情况启动泡沫灭火装置，先期泡沫覆盖，防止油品蒸发，引起爆炸；

⑤ 用湿毛毡、棉被、石棉被等，覆盖呼吸阀、重油品蒸气的泄漏点。

3. 灭火准备

（1）加强灭火剂储备量。泡沫液的准备量通常应达到一次灭火用量的 6 倍，同时准备一定数量的干粉灭火剂。

（2）落实人员、装备，以泡沫车为主攻车，同时水罐车连接泡沫发生器出泡沫灭火，各班战斗员随车分工进行跟车灭火救人。

（3）搞好火场供水。按照灭火分工，由一名干部和各班水源兵负责火场供水，并合理分配水源，确定最佳的供水方案，确保火场供水不间断。

4. 灭火分工和灭火措施

（1）对大面积地面流淌性火灾，采取围堵防流，分片消灭的方法；对大量的地面重质油品火灾，可视情况采取控沟导流的方法，将油品导入安全的指定地点，利用泡沫覆盖法一举消灭。

（2）对灭火装置好用的燃烧罐（池），启动灭火装置实施灭火。

（3）对灭火装置破坏的燃烧罐（池），利用泡沫管枪、移动泡沫炮、泡沫钩管进攻或利用高喷车、举高消防车喷射泡沫等方法灭火。

（4）对在油罐的裂口、呼吸阀、量油口等处形成的火炬燃烧，可用覆盖物（浸湿的棉被、石棉被、毛毡等）覆盖火焰窒息灭火，也可用直流水冲击灭火或喷射干粉灭火。

5. 注意事项

（1）参战人员应配有防高温、防毒气的防护装备。

（2）正确选用灭火剂。液上喷射可使用普通蛋白泡沫，液下喷射应使用氟蛋白泡沫。

（3）正确选用停车位置。消防车尽量停在上风或侧风方向，与燃烧罐（池）保持一定的安全距离。扑救重质油罐（池）火灾时，消防车头应背向油罐，以备紧急撤离。

（4）注意观察火场情况变化，及时发现沸溢、喷溅征兆。

（5）充分冷却，防止复燃。燃烧罐的火势扑灭后，要继续向管壁冷却，直至使油品温度降低到燃点以下为止。

第三节 高处坠落现场应急处置方案

一、事故特征及危害程度

1. 危险性分析和可能发生的事故类型

企业在进行临边、登高、悬空、高处等作业过程中，由于作业人员缺乏高处作业知识；作业人员患有高血压、心脏病、癫痫病、精神病等疾病；作业人员产生胆怯心理、手慌脚乱；作业时未系安全带或使用不正确；防止高处坠落的安全措施不完善；平台围栏不合格；室外作业时遇到风、雨、雪、冰等气象条件的影响等，可能造成作业人员发生高处坠落事故。

高处坠落事故的主要类型有：高处作业行走，失稳或踏空坠落；承重物体的强度不够，被压断坠落；作业人员站位不当或操作失误，被外力碰撞坠落。

2. 事故可能发生的季节和危害程度

（1）事故可能发生的季节　春、夏、秋、冬都有可能发生，具有突发性的特征。

（2）造成的危害程度　高处坠落事故可造成人肌体、皮肤、肌肉及内脏的损伤，骨折，严重的可造成死亡。

3. 事故前可能出现的征兆

（1）高处作业人员没有佩戴防护用品或使用不正确；

（2）劳动防护用品存在缺陷；

（3）作业人员精神状态不佳、疲劳作业；

（4）楼面及平台有空洞；

（5）大风、大雨、大雾及下雪露天高处作业；

（6）没有安全设施或不完善。

二、应急组织机构及职责

1. 应急组织机构

成立现场应急指挥小组，组织人员如下：

（1）组长：车间主任（事故发生时，如组长不在，副组长应代理组长）。

（2）副组长：车间副主任、车间安全员。

（3）成员：车间当班人员。

2. 应急组织职责

（1）负责组织制订、修订事故应急现场处置方案，并定期进行演练；

（2）统一领导、指挥和协调事故应急现场处置工作；

（3）批准本方案的启动和终止；

（4）负责与公司应急救援指挥部的工作联络，并接受指挥部的指令和调动；

（5）负责组织对事故受伤、被困或遇难人员进行抢救；

（6）深入事故现场，及时对事故进行了解、掌握、分析和评估；

（7）制订事故现场救援方案，并组织实施。

三、应急处置

1. 事故初步判定的要点与报警时的必要信息

目击者发现事故发生要第一时间进行高声呼救，同时拨打或要求其他目击者拨打应急电话，向应急指挥小组报告事故的相关信息，并在确定安全的前提下，开展前期的应急处置工作。

2. 应急处置相关程序

（1）事故报警程序　事故发生后，事故现场有关人员应当立即报告当班班长，班长接到事故报告后，应立即报告生产部当班调度、本单位负责人，由当班调度、单位负责人将事故信息上报公司应急救援指挥部和相关部门，同时应拨打110报警求救。

（2）应急措施启动程序　事故发生后，应迅速将事故信息报告现场处理指挥小组，现场处置指挥小组接到报警后，应立即赶到事故现场，对警情做出判断，确定是否启动现场处置方案。启动现场处置方案后，应急响应程序要及时启动。

（3）应急保护人员引导程序　应急救援队伍赶到事故现场后，应立即对事故现场进行侦查、分析、评估，制订救援方案，各应急人员按照方案有序开展人员救助、工程抢险等有关应急救援工作。

（4）扩大应急程序　事故超出现场的处置能力，无法得到有效控制时，经现场应急指挥小组组长同意，立即向公司应急救援指挥部报告，请示启动公司应急救援预案，见图6-2。

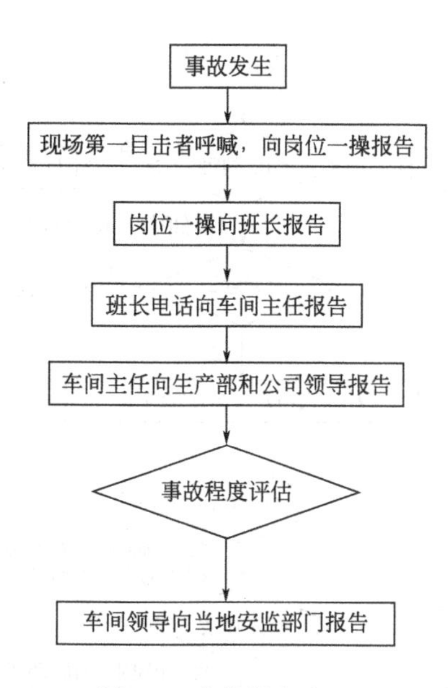

图 6-2 事故报告流程

3. 应急处置措施

（1）发现有人高处坠落，应迅速赶赴现场，检查伤者情况，不要乱晃动。

（2）立即拨打应急电话或 120 急救电话。

（3）发现坠落伤员，首先看其是否清醒，能否自主活动，若能站起来或移动身体，则要让其躺下用担架抬送医院，或是用车送往医院，因为某些内脏伤害，当时可能感觉不明显。

（4）若伤员已不能动或不清醒，切不可乱动，更不能背起来送医院，这样极容易拉脱伤者脊椎，造成永久性伤害，此时应进一步检查伤者是否骨折，若有骨折，应采用夹板固定，找到两三块比骨折骨头稍长一点的木板，托住骨折部位，绑三道绳，使骨折处由夹板依托不产生横向受力，绑绳不能太紧，以能够在夹板上左右移动 1～2cm 为宜。

（5）送医院时应先找一块能使伤者平躺的木板，然后在伤者一侧将小臂伸入伤者身下，并有人分别托住头、肩、腰、胯、腿等部位，同时用力，将伤者平稳托起，再平稳放在木板上，拖着木板送医院。

（6）若坠落在地坑内，也要按上述程序救护。若地坑内杂物太多，应由几个人小心抬抱，放在平板上抬出。若坠落在地下池中，无法让伤者平躺，则应小心将伤者抱入筐中吊上来，施救时应注意无论如何也不能让伤者脊椎、颈椎受力，见图 6-3。

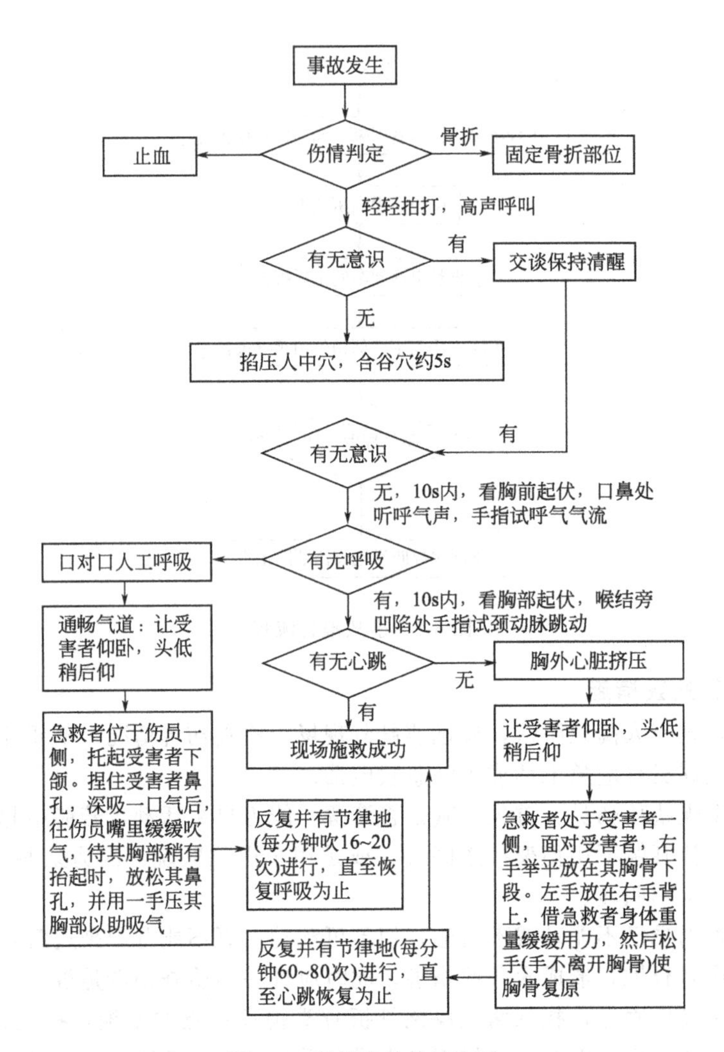

图 6-3　现场应急救护流程

第四节　吊装事故现场应急处置方案

一、事故类型和危害程度分析

1. 事故类型

在大型构件和设备起重吊装工程施工中，可能发生的事故类型主要有：起重机倾覆、吊装构件滑落、操作人员高处坠落。

2. 危害程度分析

在预制柱与屋架起重吊装和钢结构安装工程施工中，发生起重机倾覆时，容易造成人员伤亡，相邻构筑物的损害；发生吊装构件滑落造成物体打击事故时致使人员受重伤或死亡；操作人员高处坠落造成人员重伤或死亡。

二、项目部成立应急指挥小组及应急物资清单

（略）

三、信息报告程序

1. 报警系统及程序

（1）事故发生后或有可能发生事故时，目击者有责任和义务立即报告事故现场负责人。

（2）施工现场负责人调查掌握情况后，及时向项目部应急救援小组汇报。

（3）项目部应急救援小组接到事故或预警信息后，由安全管理部向项目部主管领导汇报，并通报项目部应急救援指挥小组组长、副组长、各成员部门及应急工作组负责人。

2. 现场报警方式

（1）施工现场发生任何起重吊装安全生产事故，首先拨打项目部应急救援小组电话。

（2）事故现场如有人员伤亡时，同时拨打急救中心电话：120。

3. 事故报告内容

（1）作业事故发生的时间、地点、事故类别、简要经过、人员伤亡；

（2）事故发生单位名称，事故现场项目负责人姓名；

（3）工程项目和事故险情发展事态、控制情况、紧急抢险救援情况；

（4）事故原因、性质的初步分析；

（5）事故的报告单位、签发人和报告时间。

四、应急处置

1. 响应程序

（1）当作业现场发生起重吊装安全生产事故时，启动项目部专项应急预案。项目部应急救援指挥小组接到响应级别事故报告后，经过对事故严重程度核实后，判断是否有能力组织救援。

（2）如有能力组织救援，及时启动项目部专项应急救援预案，否则立即向集团公司及业主方报告。

（3）项目部应急救援指挥小组通知应急指挥人员和工作组，停止手头一切工

作，立即到位，通报事故情况，按照各职能小组分工组织救援。

2. 处置措施

（1）起重机械倾覆事故应急处置措施　当发生起重机械倾覆事故时，首先看起重机司机是否被困在操作室内，检查有无其他人员被砸伤或者掩埋在其下面，相邻构筑物是否受到侵害。若有人员被困，确定被埋人员的位置，立即组织现场急救。当挖救被埋人员时，切勿用机械挖救，以防伤人，同时调用其他起重设备将倾覆起重机缓慢拉起，顶升稳固，再组织抢救被埋人员。

（2）吊装构件滑落应急处置措施　当发生吊装构件滑落造成物体打击伤害事故时，首先观察伤员受伤部位，失血多少，对于一些微小伤，工地急救员可以临时进行简单的止血、消炎、包扎，然后送往医院处理。伤势严重者，急救人员边抢救边就近送医院。

（3）操作人员高处坠落事故应急处置措施　当发现有人从高处坠落摔伤，首先应观察伤员的神志是否清醒，随后看伤员坠落时身体着地部位，再根据伤员的伤害程度的不同，组织救援。

第七章

危险化学品企业事故现场急救手段与方法

危险化学品事故现场抢救的完整概念是：发生危险化学品事故时，为了减少损害，抢救受害人员，保护职工健康而在事故现场所采取的一切医学救援行动和措施。

化学品事故现场抢救的意义和目的是：

① 挽救生命。通过及时有效的急救措施，如对心跳呼吸停止的病人进行心肺复苏，以达到救命的目的。

② 稳定病情。在现场对病人进行对症、支持及相应的特殊治疗与处理，以使病情稳定，为后一步的抢救打下一定的基础。

③ 减少伤残。发生危险化学品事故，特别是重大或灾害性危险化学品事故时，不仅可能出现群体性化学中毒，化学性灼伤，往往还可能发生各类外伤，诱发潜在的疾病或使原来的某些疾病恶化。现场抢救时正确地对受伤的人员进行冲洗、包扎、复位、固定、搬运及其他相应的处理，可以大大地降低伤残率。

④ 减轻痛苦。通过一般及特殊的救护，达到安定伤员情绪、减轻伤员痛苦的目的。

第一节　现场急救的组织与实施

一、现场急救的程序

1. 接报与通报

指当值班人员接到救援指令或要求救援的请求时，即是实施救援工作的开始。接报人应了解清楚事故的相关情况，并要做下面的工作。

(1) 问清报告人姓名和单位、部门、联系电话。

(2) 问明事故发生的时间、地点、事故单位、事故原因、主要毒物、事故性质（毒物泄漏外溢、燃烧、爆炸、中毒）及其危害影响范围和程度，求援单位有何具体要求，必要时问清救援的行动路线。

(3) 向单位领导汇报接报的情况，请示派出救援队伍。

(4) 通知本单位医疗救援队伍做好现场抢救准备工作。

(5) 向上级有关部门（集团公司）报告危险化学品有关情况，反映救援的要求和建议。

2. 集结准备

救援单位领导或救援总值班人员应根据接报情况以及救援单位的力量，下令集结医疗抢救队伍，参与救援的各类人员应根据规定的时间要求在指定地点集结，并携带好各自负责的医疗器材、药品与装备。

3. 出发报到

出发前，清点人员和装备后立即出发。途中通过移动电话、对讲机与救援单位及事故单位保持联系，随时报告行动状况。同时，要考虑到当地的风向和泄漏毒物的流向。在可能的情况下，救援队伍应从事故的上风向接近事故现场。救援队伍到达救援现场后，向事故现场指挥部报到，接受现场指挥部指令，了解事故现场情况，接受救援任务并提出救援建议或实施方案。

4. 选点要求

选择有利地形，设置现场抢救医疗点。选点工作关系到能否顺利开展现场抢救和保护自身的安全，必须慎重进行设置。现场抢救医疗点的设置应符合以下要求。

(1) 位置　选上风侧的非污染区域，但不要远离事故现场，以便于就近抢救伤病员；应尽可能靠近事故现场指挥部，以便于保持联系，随时接受现场指挥部的指令和调遣。

(2) 路段　应接近路口的交通便利区，以利于伤员转送车辆的通行和抢救医疗点的应急转移。设在交通便利的地带不仅有利于转移，也有利于伤员的救治，如取水、取电、送药、送饭等。

(3) 条件　抢救医疗点可设在室外或室内，面积尽可能要大一点，便于同时容纳众多的伤员的救护，当然，在冬季要尽可能地选择在室内，同时要尽可能地保证水和电的供应。

(4) 标志　抢救医疗点要设置醒目的标志，以便于救援人员和伤病员的识别。最好是悬挂轻质面料的红十字白旗，可方便抢救人员随时掌握现场风向的变化。

可用彩旗显示救护区位置，对于混乱的救援现场意义非常重要，其目的是便于准确地救护和转运伤员。不同类别的救护区插不同色彩旗，救护区标志的设立见表 7-1。

表 7-1 救护区类别的标志

致命伤 （黑色）	危重伤 （红色）
中重伤 （黄色）	轻伤 （绿色）

5. 初检与复检

（1）初检　只对伤病员进行初步的医学检查，按轻、中、重、死分型。初检不同于临床诊断，目的是尽快将被救人员简易分型便于救护人员识别，并给予不同的处置。初检人员应该由有经验的资深医师担任，并根据危险化学品事故的不同性质配备相关科室的医师。

初检是要处理危及生命的或正在发展成危及生命的疾病或损伤。在这一阶段应特别注意进行基本伤情估计及气道、呼吸和循环系统的检查。初检是用来将那些有生命危险但迅速治疗仍可抢救的伤病员区分开来，将那些若不及时处理肯定会死亡的伤病员鉴别出来。最好是在移动伤病员之前。先进行心肺复苏救治，并将重要部位（如脊柱）固定。

（2）复检　复检是在危及生命的损伤已经被鉴别出来，对伤病员的进一步危害已降低到最低程度之后进行的，其目的是鉴别伤病员可能存在的其他不重要的损伤。

复检就是对伤病员从头到脚进行系统的视、触、叩、听的体格检查。它可以获得受伤原因的简单病史和症状。当检查者与伤病员的正常交流不可能时，如昏迷或耳聋伤员，则复检就显得更为重要。

6. 伤病员分类

伤员量大时，必须进行伤情分类，可参考以下方法进行，在救援预案中明确。伤员分四类验伤，Ⅰ类伤员尽快转送医院及时进行抢救，可明显降低死亡率。伤情分类见表 7-2。

表 7-2 伤情分类

类别	程度	标志	伤　情
Ⅰ	危重伤	红色	严重头部伤、大出血、昏迷、各类休克、严重挤压伤、内脏伤、张力性气胸、颌面部伤、颈部伤、呼吸道烧伤、大面积烧伤(30%以上)
Ⅱ	中重伤	黄色	胸部伤、开放性骨折、小面积烧伤(30%以下)、长骨闭合性骨折
Ⅲ	轻　伤	绿色	无昏迷、休克的头颅损伤和软组织伤
0	致命伤	黑色	按有关规定对死者进行处理

在有大量伤病员的危险化学品事故中，伤病员的分类必须要有利于抢救措施的实施。可以将最优先获得处置的伤病员进行救治，从而最大限度地降低死亡率。因此，危险化学品事故中发生了大量的伤病员，而医疗条件尚不足以同样处

理伤病员，那么，决定哪些伤病员应最先获得处理的方法是降低死亡率的关键。

7. 伤员转送

紧急情况发生时，发生人员死亡和受伤难以避免。及时运送伤员到医疗技术条件较好的医院可减少伤亡。要切记：

（1）搬运伤员时要根据具体情况选择合适的搬运方法和搬运工具。

（2）在搬运伤员时，动作要轻巧、敏捷、协调。

（3）对于转运路途较远的伤员，需要寻找合适的轻便且振动较小的交通工具。

（4）途中应严密观察病情变化，必要时进行急救处理。

（5）伤员送到医院后，陪送人应向医务人员交代病情及急救处理经过，便于日后的进一步处理。

二、现场急救的基本原则

1. 机智、果断

发生伤亡或意外伤害后 4～8min 是紧急抢救的关键时刻，失去这段宝贵时间，伤员或受害者的伤势会急剧变化，甚至发生死亡。所以要争分夺秒进行抢救，冷静科学地进行紧急处理。发生重大、恶性或意外事故后，当时在现场或赶到现场的人员要立即进行紧急呼救，立即向有关部门拨打呼救电话，讲清事发地点、简要概况和紧急救援内容，同时要迅速了解事故或现场情况，机智、果断、迅速和因地制宜地采取有效应急措施和安全对策，防止事故、事态和当事人伤害的进一步扩大。

2. 及时、稳妥

当事故或灾害现场十分危险或危急，伤亡或灾情可能会进一步扩大时，要及时稳妥地帮助伤（病）员或受害者脱离危险区域或危险源，在紧急救援或急救过程中，要防止发生二次事故或次生事故，并要采取措施确保急救人员自身和伤病员或受害者的安全。

3. 正确、迅速

要正确迅速地检查伤（病）员、受害者的情况，如发现心跳呼吸停止，要立即进行人工呼吸、心脏按压，一直要坚持到医生到来；如伤（病）员和受害者出现大出血，要立即进行止血；如发生骨折，要设法进行固定等。医生到后，要简要反映伤（病）员的情况、急救过程和采取的措施，并协助医生继续进行抢救。

4. 细致、全面

对伤（病）员或受害者的检查要细致、全面，特别是当伤（病）员或受害者暂时没有生命危险时，要再次进行检查，不能粗心大意，防止临阵慌乱、疏忽漏项。对头部伤害的人员，要注意跟踪观察和对症处理。

在给伤员急救处理之前，首先必须了解伤员受伤的部位和伤势，观察伤情的变化。需急救的人员伤情往往比较严重，要对伤员重要的体征、症状、伤情进行了解，绝不能疏忽遗漏。通常在现场要做简单的体检。

现场简单体检的内容如下：

(1) 心跳检查。正常人每分钟心跳为60～80次，严重创伤，失血过多的伤员，心跳加快，且力量较弱，脉细而快。

(2) 呼吸检查。正常人每分钟呼吸数为16～18次，重危伤员，呼吸变快，变浅不规则。当伤员临死前，呼吸变得缓慢、不规则，直到呼吸停止。通过观察伤员胸廓起伏可知有无呼吸。有呼吸极其微弱，不易看到胸廓明显的起伏，可以用一小片棉花或薄纸片、较轻的小树叶等放在伤员鼻孔旁，看这些物体是否随呼吸飘动。

(3) 瞳孔检查。正常人两眼的瞳孔等大、等圆，遇光线能迅速收缩。受到严重伤害的伤员，两瞳孔大小不一，可能缩小或放大，用手电筒光线刺激时，瞳孔不收缩或收缩迟钝。当其瞳孔逐步散大，固定不动，对光的反应消失时，伤员便死亡。

人体的正常值如下。

体温：腋下36～37℃。心搏频率（一般情况同脉搏）：60～80次/min。呼吸频率：16～18次/min。血压：舒张压60～90mmHg（8～12kPa），收缩压90～140mmHg（12～16kPa）。白细胞计数：（4～10）×10g/L。嗜中性粒细胞：0.50～0.70（50%～70%）。血红蛋白：男，120～160g/L；女，110～150g/L。红细胞沉降率：男，0～15mm/h；女，0～20mm/h。

三、现场救护的基本步骤

当事故发生，发现了危重伤员，经过现场评估和病情判断后需要立即救护，同时立即向专业急救机构报告。事故现场急救应按照紧急呼救、判断伤情和救护三大步骤进行。

1. 紧急呼救

当事故发生，发现了危重伤员，经过现场评估和病情判断后需要立即救护，同时立即向专业急救机构或附近担负院外急救任务的医疗部门、社区卫生单位报告，常用的急救电话为120。由急救机构立即派出专业救护人员、救护车至现场抢救。

(1) 救护启动　救护启动称为呼救系统开始。呼救系统的畅通，在国际上被列为抢救危重伤员的“生命链”中的“第一环”。有效的呼救系统，对保障危重伤员获得及时救治至关重要。

应用无线电和电话呼救。通常在急救中心配备有经过专门训练的话务员，能够对呼救做出迅速适当应答，并能把电话接到合适的急救机构。城市呼救网络系统的“通信指挥中心”，应当接收所有的医疗（包括灾难等意外伤害事故）急救电话，根据伤员所处的位置和病情，指定就近的急救站去救护伤员。这样可以大大节省时间，提高效率，便于伤员救护和转运。

(2) 呼救电话须知　紧急事故发生时，须报警呼救，最常使用的是呼救电话。使用呼救电话时必须要用最精炼、准确、清楚的语言说明伤员目前的情况及严重程度，伤员的人数及存在的危险，需要何类急救。如果不清楚身处位置的话，不要惊慌，因为救护医疗服务系统控制室可以通过地球卫星定位系统追踪其正确位置。

一般应简要清楚地说明以下几点：

① 你的（报告人）电话号码与姓名、伤员姓名、性别、年龄和联系电话。

② 伤员所在的确切地点，尽可能指出附近街道的交汇处或其他显著标志。

③ 伤员目前最危重的情况，如昏倒、呼吸困难、大出血等。

④ 灾害事故、突发事件时，说明伤害性质、严重程度、伤员的人数。

⑤ 现场所采取的救护措施。

注意，不要先放下话筒，要等救护医疗服务系统调度人员先挂断电话。

(3) 单人及多人呼救　在专业急救人员尚未到达时，如果有多人在现场，一名救护人员留在伤员身边开展救护，其他人通知医疗急救部门机构。如意外伤害事故，要分配好救护人员各自的工作，分秒必争组织有序地实施伤员的寻找、脱险、医疗救护工作。

在伤员心脏骤停的情况下，为挽救生命，抓住“救命的黄金时刻”，可立即进行心肺复苏，然后迅速拨打电话。如有手机在身，则进行 1～2min 心肺复苏后，在抢救间隙中打电话。任何年龄的外伤或呼吸暂停患者，打电话呼救前接受 1min 的心肺复苏是非常必要的。

2. 判断危重伤情

在现场巡视后进行对伤员的最初评估。发现伤员，尤其是处在情况复杂的现场，救护人员需要首先确认并立即处理威胁生命的情况，检查伤员的意识、气道、呼吸、循环体征等。判断危重伤情的一般步骤和方法如下。

(1) 意识　先判断伤员神志是否清醒。在呼唤、轻拍、推动时，伤员会睁眼或有肢体运动等其他反应，表明伤员有意识。如伤员对上述刺激无反应，则表明意识丧失，已陷入危重状态。伤员突然倒地，然后呼之不应，情况多为严重。

(2) 气道　呼吸必要的条件是保持气道畅通。如伤员有反应但不能说话、不能咳嗽、憋气，可能存在气道梗阻，必须立即检查和清除。如进行侧卧位和清除口腔异物等。

(3) 呼吸　评估呼吸，正常人每分钟呼吸 16～18 次，危重伤员呼吸变快、变浅乃至不规则，呈叹息状。在气道畅通后，对无反应的伤员进行呼吸检查，如伤员呼吸停止，应保持气道通畅，立即施行人工呼吸。

（4）循环体征

① 在检查伤员意识、气道、呼吸之后，应对伤员的循环进行检查。

② 可以通过检查循环的体征如呼吸、咳嗽、运动、皮肤颜色、脉搏情况来进行判断。

③ 成人正常心跳每分钟60～80次。

④ 呼吸停止，心跳随之停止；或者心跳停止，呼吸也随之停止。

⑤ 心跳呼吸几乎同时停止也是常见的。

⑥ 心跳反映在手腕处的桡动脉、颈部的颈动脉，较易触到。

心律失常，以及严重的创伤、大失血等危及生命时，心跳或加快，超过每分钟100次；或减慢，每分钟40～50次；或不规则，忽快忽慢，忽强忽弱，均为心脏呼救的信号，都应引起重视。

如伤员面色苍白或青紫，口唇、指甲发绀，皮肤发冷等，可以知道皮肤循环和氧代谢情况不佳。

（5）瞳孔反应　眼睛的瞳孔又称“瞳仁”，位于黑眼球中央。正常时双眼的瞳孔是等大圆形的，遇到强光能迅速缩小，很快又回到原状。用手电筒突然照射一下瞳孔即可观察到瞳孔的反应。当伤员脑部受伤、脑出血、严重药物中毒时，瞳孔可能缩小为针尖大小，也可能扩大到黑眼球边缘，对光线不起反应或反应迟钝。有时因为出现脑水肿或脑疝，使双眼瞳孔一大一小。瞳孔的变化表示脑病变的严重性。

当完成现场评估后，再对伤员的头部、颈部、胸部、腹部、盆腔和脊柱、四肢进行检查，看有无开放性损伤、骨折畸形、触痛、肿胀等体征，有助于对伤员的病情判断。

还要注意伤员的总体情况，如表情淡漠不语、冷汗口渴、呼吸急促、肢体不能活动等现象为病情危重的表现；对外伤伤员应观察神志不清程度，呼吸次数和强弱，脉搏次数和强弱；注意检查有无活动性出血，如有应立即止血。严重的胸腹部损伤容易引起休克、昏迷，甚至死亡。

3. 救护基本步骤

灾害事故现场一般都很混乱，组织指挥特别重要，应快速组成临时现场救护小组，统一指挥，加强灾害事故现场一线救护，这是保证抢救成功的关键措施之一。

避免慌乱，尽可能缩短伤后至抢救的时间，强调提高基本治疗技术是做好灾害事故现场救护的最重要的问题。能善于应用现有的先进科技手段，体现“立体救护、快速反应”的救护原则，提高救护的成功率。

现场救护原则是先救命后治伤，先重伤后轻伤，先抢后救，抢中有救，尽快脱离事故现场，先分类再运送，医护人员以救为主，其他人员以抢为主，各负其责，相互配合，以免延误抢救时机。现场救护人员应注意自身防护。

“第一目击者”及所有救护人员，应牢记现场对垂危伤员抢救生命的首要目的是“救命”。为此，实施现场救护的基本步骤可以概括如下。

(1) 采取正确的救护体位　对于意识不清者，取仰卧位或侧卧位，便于复苏操作及评估复苏效果，在可能的情况下，翻转为仰卧位（心肺复苏体位）时应放在坚硬的平面上，救护人员需要在检查后，进行心肺复苏。

若伤员没有意识但有呼吸和脉博，为了防止呼吸道被舌后坠或唾液及呕吐物阻塞引起窒息，对伤员应采用侧卧位（复原卧式位），唾液等容易从口中引流。体位应保持稳定，易于伤员翻转其他体位，保持利于观察和通畅的气道；超过30min，翻转伤员到另一侧。

注意不要随意移动伤员，以免造成伤害。如不要用力拖动、拉起伤员，不要搬动和摇动已确定有头部或颈部外伤者等。有颈部外伤者在翻身时，为防止颈椎再次损伤引起截瘫，另一人应保持伤员头、颈部与身体同一轴线翻转，做好头、颈部的固定。其他骨折救护在下面叙述。

① 心肺复苏体位（仰卧位）操作方法

a. 救护人员位于伤员的一侧；

b. 将伤员的上肢向头部方向伸直；

c. 把伤员远离救护人员一侧的小腿放在另一侧腿上，两腿交叉；

d. 救护人员一只手托住伤员的头、颈部，另一只手放在远离救护人员一侧的伤员腋下或胯部；

e. 将伤员呈整体地翻转向救护人员；

f. 伤员翻为仰卧位，再将伤员上肢置于身体两侧。

② 复原卧式（侧卧位）操作方法

a. 救护人员位于伤员的一侧；

b. 救护人员将靠近自身的伤员手臂上举置于头部侧方，伤员另一手肘弯曲置于胸前；

c. 把伤员远离救护人员一侧的腿弯曲；

d. 救护人员用一只手扶住伤员肩部，另一只手抓住伤员胯部或膝部，轻轻将伤员侧卧；

e. 将伤员上方的手置于面颊下方，以维持头部后仰及防止面部朝下。

③ 救护人员体位　救护人员在实施心肺复苏技术时，根据现场伤员的周围处境，选择伤员一侧，将两腿自然分开与肩同宽，跪贴于（或立于）伤员的肩、腰部，有利于实施操作。

④ 其他体位　头部外伤者，取水平仰卧，头部稍稍抬高。如面色发红，则

取头高脚低位；如面色青紫，则取头低脚高位。

（2）打开气道 伤员呼吸心跳停止后，全身肌肉松弛，口腔内的舌肌也松弛下坠而阻塞呼吸道。采用开放气道的方法，可使阻塞呼吸道的舌根上提，使呼吸道畅通。

用最短的时间，先将伤员衣领口、领带、围巾等解开，戴上手套迅速清除伤员口鼻内的污泥、土块、痰、呕吐物等异物，以利于呼吸道畅通，再将气道打开。

① 仰头举颏法

a. 救护人员将一只手的小鱼际部位置于伤员的前额并稍加用力使头后仰，另一只手的食指、中指置于下颏将下颌骨上提；

b. 救护人员手指不要深压颏下软组织，以免阻塞气道。

② 仰头抬颈法

a. 救护人员将一只手的小鱼际部位放在伤员前额，向下稍加用力使头后仰，另一只手置于颈部并将颈部上托；

b. 无颈部外伤可用此法。

③ 双下颌上提法

a. 救护人员双手手指放在伤员下颌角，向上或向后方提起下颌；

b. 头保持正中位，不能使头后仰，不可左右扭动；

c. 适用于怀疑颈椎外伤的伤员。

④ 手钩异物

a. 如伤员无意识，救护人员用一只手的拇指和其他四指，握住伤员舌和下颌后掰开伤员嘴并上提下颌；

b. 救护人员另一只手的食指沿伤员口角内插入；

c. 用钩取动作，抠出固体异物。

（3）人工呼吸

① 判断呼吸 检查呼吸时，救护人将伤员气道打开，利用眼看、耳听、皮肤感觉在5s内，判断伤员有无呼吸。

侧头用耳听伤员口鼻的呼吸声（一听），用眼看胸部或上腹部随呼吸而上下起伏（二看），用面颊感觉呼吸气流（三感觉）。如果胸廓没有起伏，并且没有气体呼出，伤员即不存在呼吸，这一评估过程不超过10s。

② 人工呼吸 救护人员经检查后，判断伤员呼吸停止，应在现场立即给予口对口（口对鼻、口对口鼻）、口对呼吸面罩等人工呼吸救护措施。

（4）胸外挤压

① 检查循环体征 判断心跳（脉搏）应选大动脉测定脉搏有无搏动。触摸颈动脉，应在5～10s较迅速地判断伤员有无心跳。

a. 颈动脉：用一只手食指和中指置于颈中部（甲状软骨）中线，手指从颈中线滑向甲状软骨和胸锁乳突肌之间的凹陷，稍加力度触摸到颈动脉的搏动。

b. 肱动脉：肱动脉位于上臂内侧，肘和肩之间，稍加力度检查是否有搏动。

c. 检查颈动脉不可用力压迫，避免刺激颈动脉窦使得迷走神经兴奋反射性地引起心跳停止，并且不可同时触摸双侧颈动脉，以防阻断脑部血液供应。

② 人工循环　救护人员判断伤员已无脉搏搏动，或在危急中不能判明心跳是否停止，脉搏也摸不清，不要反复检查耽误时间，而要在现场进行胸外心脏挤压等人工循环及时救护。

（5）紧急止血　救护人员要注意检查伤员有无严重出血的伤口，如有出血，要立即采取止血救护措施，避免因大出血造成休克而死亡。

（6）局部检查　对于同一伤员，第一步处理危及生命的全身症状，再注意处理局部。要从头部、颈部、胸部、腹部、背部、骨盆、四肢各部位进行检查，检查出血的部位和程度、骨折部位和程度、渗血、脏器脱出和皮肤感觉丧失等。

首批进入现场的医护人员应对灾害事故伤员及时做出分类，做好运送前的医疗处置，指定运送，救护人员可协助运送，使伤员在最短时间内能获得必要治疗。而且在运送途中要保证对危重伤员进行不间断的抢救。对危重灾害事故伤员尽快送往医院救治，对某些特殊事故伤害的伤员应送专科医院。

第二节　危险化学品企业事故现场洗消

一、概述

危险化学品事故现场洗消作业一般是在危险化学品事故泄漏完全得到控制，中毒或受伤人员已经被抢救出来之后，开始全面展开的，它是一项安全要求高、技术性强的现场处置工作。

化学品灾害事故洗消处置是指对沾染化学有毒、有害物质的人员、器材装备、地面、环境等进行消毒和清除沾染的技术过程。消防部队，作为我国抢险救援应急队伍的一支骨干力量，在处置各类突发事故灾害的过程中扮演着重要角色。洗消处置，作为应急救援处置过程中的一个必不可少的内容，正确选择合理、有效、快速的洗消剂和洗消手段，是消除和降低毒物污染的重要保证。

二、洗消的原则和等级

1. 洗消的原则

洗消是被迫采取的一种措施，不可能“积极主动”，做到面面俱到。洗消内容越多，所需的人力、物力、财力等资源也越多，所以，在洗消过程中既要做到快速有效的消毒和消除污染，保证救援人员的生命安全，维护救援力量的战斗能力，又要做到节约资源。要做到以上几点须遵守以下四个原则：

（1）尽快实施洗消　这是由沾染毒物的毒性等理化性质所决定的，由于有些毒物对人员造成的伤害很大，如沾染危险化学品浓硫酸、毒剂（物）、放射性物质、炭疽病毒等后能迅速致伤、致残、致死，因此人员一旦沾染有毒物质必须尽快进行洗消。另外，尽快洗消还可限制沾染的渗透和扩散，提高后期救援的可靠性。

（2）实施必要洗消　洗消是为了生存和保证救援任务的顺利完成，而不是制造一个没有沾染有毒物质的绝对安全环境。由于后勤保障、地理环境等的限制，对洗消的范围不能随意扩大，而且由于救援现场客观环境要求的关系和资源的有限，只能对那些继续履行救援职责来说应为必要的器材装备、地面才进行洗消。

（3）靠近前方洗消　主要是为了控制沾染面积的扩散，如果洗消点设置位置靠后，受染器材装备、人员洗消时必然也在后侧，造成污染面积的扩散。同时洗消位置适当靠前，可以使救援装备和人员减少防护装备不必要防护时间的浪费，以利于救援任务的执行。

（4）按优先等级洗消　对受染更为严重、有重大威胁和有生命危险的优先洗消，而威胁小的则可以后洗消；针对执行救援任务中重要的、急需转移二次救援的器材装备优先洗消，对一般性的器材装备可押后洗消。

2. 洗消的等级

洗消的目的是保障生存、维持和恢复救援能力。与此相对应，洗消可分为局部洗消和完全洗消两个等级。

（1）局部洗消　局部洗消是以保障生存、完成救援任务为目的所采取的应急措施。局部洗消的目的十分明确，即对于生存和完成救援作业有关的进行局部洗消，通常消防应急救援局部洗消是受染人员在应急救援过程中身体意外受染或处置人员长时间作业换岗情况下，而采取的措施：如救援人员救援过程中手臂意外沾染浓硫酸，必须立即用干抹布擦拭，然后选用敌腐特灵或其他洗消剂进一步洗消沾染部位。

（2）完全洗消　完全洗消也称“彻底洗消”，是以恢复救援能力，重新建立正常的生存、执勤战斗条件为目的所采取的洗消，包括对人员、场地、器材装备等的彻底洗消。完全洗消后，人员可以解除防护，但要对参与救援人员进行适当检测和观察，确定有无中毒症状。

三、洗消剂和洗消方法

洗消是完善和恢复战斗力的有效措施。一般在危化品灾害事故中应急洗消处置程序中在遵循“既要消毒及时、彻底、有效，又要尽可能不损坏染毒物品，尽快恢复其使用价值”原则的同时，还要根据危化品物质的理化性质、受染物体的具体情况和在场洗消器材装备，划分警戒区进行施救，在选择相应的洗消剂和洗消方法的前提下，展开洗消处置。

1. 确定洗消剂种类

在现实生活中能够与有毒、有害化学毒剂发生理化反应的物质很多，但并不表示所有可以发生理化反应的物质就能成为洗消剂，洗消剂的选择应当满足“高效、广谱、低成本、低腐蚀、无污染、稳定、易携带、对环境要求低”等要求。

作为实施洗消的根本因素和核心工艺，洗消剂的选定直接决定了人员、设备和场地洗消效果。由于受危化品灾害事故中灾害类型不同、毒害物质的毒害机理不同、消防人员施救手段的不同等未知因素的影响，我们在选择洗消剂时要充分考虑各种可能发生的情况，在洗消剂选择时，针对有毒、有害物质的理化性质，在尽量满足上述要求的基础上尽量选择通用性强的洗消剂和洗消方法，来弥补器材装备的不足，提高洗消效果。

(1) 洗涤型、吸附型洗消剂　洗涤型洗消剂主要成分是表面活性剂，根据活性基团的不同分为阳离子和阴离子活性剂，具有良好的湿润性、渗透性、乳化性和增溶性。例如，肥皂水、洗衣粉、洗涤液等，成本低廉且能有效去除附着在物体表面的污染物液滴或微小颗粒。但洗消过程中会产生大量的洗消废液，如果处理不当会使毒剂发生渗透和扩散，造成更大范围的污染。吸附型洗消剂主要利用洗消剂的吸附机理达到洗消作用，主要分为物理吸附和化学吸附，如：活性炭、吸附垫等。

(2) 酸碱中和型洗消剂　酸碱性物质是最常见的污染物种类之一，对于该类物质的洗消主要利用酸碱中和的原理，它是酸和碱互相交换成分，生成稳定无毒盐和水的反应，是处理现场泄漏的强酸（碱）或具有酸（碱）性毒物较为有效的方法。实质是：$H^{+}+OH^{-} \longrightarrow H_2O$。

当有大量强酸泄漏时，可用碱液来中和，如使用氢氧化钠水溶液、石灰水、氨水等进行洗消；反之，当大量的碱性物质发生泄漏时，采用酸与之中和，如稀硫酸、稀盐酸等。另外，对于某些物质，如二氧化硫、硫化氢、光气等，本身虽不具有酸碱性，但溶于水或与水反应后的生成物为酸碱性，亦可使用此类洗消剂。值得一提的是，无论是酸性物质泄漏还是碱性物质泄漏，必须控制好中和洗消剂的中和剂量，防止中和药剂过量，造成二次污染，另外在洗消过程中注意适时通风，洗消完毕后对洗消场地、设施必须用大量清水进行冲洗。

(3) 氧化氯化型洗消剂　许多有毒物质的毒性主要由其所含毒性基团的性质决定。常见的有硫化氢、磷化氢、硫磷类农药、硫醇以及含有硫磷基团的某些军事毒剂。如塔崩、沙林、VX等，都属于含磷硫等低价态毒性基团的化学毒物。对于此类物质，可采用强氧化氯化洗消剂将低价元素迅速氧化成高价态，从而降低或消除毒性，一般选用经济性较好的有效含氯化合物作洗消剂，如：过氧乙酸、三合二［$3Ca(ClO)_2 \cdot 2Ca(OH)_2$］、双氧水、漂白粉、氯胺等。日常情况中常发生氯气泄漏事故，氯气在水的作用下自身能发生氧化还原反应，生成 HCl 和次氯酸，再利用中和洗消剂 [$Ca(OH)_2$] 反应生成 $CaCl_2$ 和 H_2O，达到洗消目的。$Cl_2 + H_2O \longrightarrow HCl + HClO_2$，$2HCl + Ca(OH)_2 \longrightarrow CaCl_2 + 2H_2O$，$2HClO + Ca(OH)_2 \longrightarrow Ca(ClO)_2 + 2H_2O$。

在使用的时候，将消毒活性成分制成乳液、微乳液或微乳胶，可以降低次氯酸盐类消毒剂的腐蚀性，且因乳状体黏性较单纯的水溶液大，可在洗消表面上滞留较长时间，从而减少了消毒剂的用量，提高了洗消效率。

(4) 催化反应型洗消剂　某些化学污染物本身并不活泼，与洗消剂的反应需要在特定的温度、pH 值等环境因素下进行，导致毒物化学反应速率较慢，时间较长，不符合现场洗消的应急要求。因此可以加入相应催化剂，如：氨水、醇氨溶液等催化剂，加快水解、氧化、光化等反应速率，但这并不是中和反应而是催化反应。例如，光气微溶于水，并缓慢发生水解：$COCl_2 + H_2O \longrightarrow CO_2 + 2HCl$。

当加入氨气或氨水后可迅速反应生成无毒的产物脲和氯化铵从而达到消毒的目的：$4NH_3 + COCl_2 \longrightarrow CO(NH_2)_2 + 2NH_4Cl$，$CO(NH_2)_2 + NH_4Cl + H_2O \longrightarrow CO_2 + HCl + 3NH_3$。

催化剂作为一种洗消剂，优点是需要量很少，而且反应速率快，普遍成本比较低，是一种很有前景的洗消剂。

值得一提，催化洗消剂在洗消过程中既可以作为辅助洗消剂使用，也可单独作主洗消剂使用，例如 G 类军事毒剂中含有类似酰卤结构，可直接使用氨水作为洗消剂向空气中喷洒来进行洗消。

(5) 络合反应型洗消剂　络合洗消剂是利用硝酸银试剂、含氰化银的活性炭等络合剂与有毒物质快速发生络合反应，将有毒分子化学吸附在络合载体上使其丧失毒性。主要用于氰化氢、氰化盐等污染物的洗消，如，氰化钠能与亚铁盐发生化学反应，生成稳定的络合物：$6NaCN + FeSO_4 \longrightarrow Na_4[Fe(CN)_6]\downarrow + Na_2SO_4$。

在反应中，氢氰根与亚铁离子作用，生成亚铁氰根络离子，络合物亚铁氰化钠是无毒的。在碱性溶液中，亚铁氰根离子能与三价铁盐发生化学反应，生成深蓝色的普鲁士蓝沉淀：$3[Fe(CN)_6]^{4-} + 4Fe^{3+} \longrightarrow Fe_4[Fe(CN)_6]_3\downarrow$。

目前消防洗消装备中敌腐特灵就是一种利用了络合反应等原理的高效、广谱、无腐蚀、无污染的洗消剂。

(6) 生物酶洗消剂　生物酶洗消剂是利用生物发酵培养得到的一种高效水解酶，其主要原理是利用降解酶的生物活性快速高效的切断磷脂键，使不溶于水的毒剂大分子降解为无毒且可以溶于水的小分子，从而达到达到使染毒部位迅速脱毒的目的，并且降解后的溶液是无毒的，不会造成二次污染。如："比亚酶"亦称"比亚有机磷降解酶"，是目前消防部队洗消装备中一款生物降解酶。生物酶洗消剂其优点是，洗消需求量少，洗消速率快，且生成物无毒，不会造成环境二次污染，但缺点是生物酶洗消剂成本较高，主要针对含硫、磷等有机毒剂，如农药。常用洗消剂见表7-3。

表7-3 常见毒物及其中和剂

毒气名称	中和剂	毒气名称	中和剂
氨气	水、弱酸性溶液	氯甲烷	氨水
氯气	硝石灰及其水溶液、苏打等碱性溶液、氨或氨水10%	液化石油气	大量的水
一氧化碳	苏打等碱性溶液	氰化氢	苏打等碱性溶液
氯化氢	水、苏打等碱性溶液	硫化氢	苏打等碱性溶液
光气	苏打、碳酸钙等碱性溶液	氟	水

2. 选择洗消方法

在化学事故应急处置中，在明确有毒有害物质的理化性质、洗消剂类型的情况下，采取正确、合理的洗消方法对洗消工作的展开、洗消最终效果有着至关重要的作用。通常情况下，洗消方法分为物理洗消和化学洗消两种类型。

(1) 物理洗消法　主要利用通风、日晒、雨淋等自然条件，使毒物自行蒸发散失及被水解，使毒物逐渐降低毒性或被逐渐破坏而失去毒性，用水浸泡蒸煮沸，或直接用大量的水冲洗染毒体。可利用棉纱、纱布等浸以汽油、煤油和酒精等溶剂，将染毒体表面的毒物溶解擦洗掉，对液体及固体污染源采用封闭掩埋或将毒物移走的方法。但掩埋必须添加大量的漂白粉。物理洗消法的优点是处置便利，容易实施。此法主要有3种方式：

① 吸附，即利用吸附性能强的物质（如消防专用吸附垫、活性炭等）通过化学吸附或物理吸附的方式，吸附沾染有毒物质表面或过滤空气、水中的有毒物，亦可用棉花、纱布等吸去人体皮肤上的可见有毒物液滴，如：在苯、油类等液体危险化学品泄漏事故中，在对地面残留液体的洗消中可用消防专用吸附垫、活性炭进行吸附洗消。

② 溶洗，即用棉花、纱布等吸附汽油、酒精、煤油等有机溶剂，将染毒物表面的毒物与有机溶剂溶解擦洗掉。

③ 机械转移，即利用切除、铲除或覆盖等机械（如工兵铲、铲车、推土机等），将毒物移走或掩埋的方法，使人员不与染毒的物品、设施直接接触，但在掩埋的时候必须添加大量的漂白粉、生石灰拌匀。物理洗消法的优点是处置便利，容易实施。

(2) 化学洗消法　化学洗消法是利用洗消剂与毒源或染毒体发生化学反应，生成无毒或毒性很小的产物，它具有消毒彻底、对环境保护较好的特点，然而要注意洗消剂与毒物的化学反应是否产生新的有毒物质，防止再次发生反应，染毒事故化学洗消实施中需借助器材装备，消耗大量的洗消药剂，成本较高。在实际洗消中化学与物理的方法一般是同时采用的，为了使洗消剂在化学突发事件中能有效地发挥作用，洗消剂的选择必须符合“洗消速度快、洗消效果彻底、洗消剂用量少、价格便宜，洗消剂本身不会对人员设备起腐蚀伤害作用的洗消原则”。化学洗消法主要有中和法、氧化还原法、催化法、燃烧法等方法。

① 中和法 是利用酸碱中和反应的原理消除毒物。强酸（硫酸 H_2SO_4、盐酸 HCl、硝酸 HNO_3）大量泄漏时可以用 5%～10%的氢氧化钠、碳酸氢钠、氢氧化钙等作为中和洗消剂，也可用氨水，但氨水本身具有刺激性，使用时要注意浓度的控制。反之，若是大量碱性物质泄漏（如氨的泄漏），用酸性物质进行中和，但同样必须控制洗消剂溶液的浓度，否则会引起危害，中和洗消完成后，对残留物仍然需要用大量的水冲洗。

② 氧化还原法 利用洗消剂与毒物发生氧化还原反应，对毒性大且较持久的油状液体毒物进行洗消，这类洗消剂如漂白粉（有效成分是次氯酸钙）、三合二（其性质与漂白粉相似），但漂白粉含次氯酸钙少、杂质多、有效氯低，消毒性能不如三合二，可它易制造，价格低廉。如氯气钢瓶泄漏，可将泄漏钢瓶置于石灰水槽中，氯气经反应生成氯化钙，可消除氯对人员的伤害和环境污染。也可利用燃烧来破坏毒物的毒性，对价值不大或火烧后仍能使用的设施、物品可采用此法，但可能因毒物挥发造成临近及下风方向空气污染。所以必须注意妥善采取个人防护。

③ 催化法 利用催化剂存在下毒物加速变化成无毒物或低毒物的化学反应。一些有毒的农药（包括毒性较大的含磷农药），其水解产物是无毒的，但反应速率很慢，加入某些催化剂可促其水解，利用农药加碱性物质可催化水解。因此用碱水或碱溶液可对农药引起的染毒体洗消。

④ 燃烧法 此法是利用燃烧高温的方法来破坏有毒物质化学分子结构，使其生成无毒产物。采取燃烧法所必备条件为：有毒物质主要成分为碳、氢或环碳结构，不易爆炸，可形成稳定燃烧，且生成物主要为 CO_2 和 H_2O，有毒物质再次利用价值不大。如：2006 年安徽“9·1”粗苯槽车泄漏事故就对泄漏粗采用燃烧的方法进行洗消处置。值得注意的是在采取燃烧法时必须在空旷、有风的环境进行燃烧处置，可有效避免造成二次伤害。

3. 洗消操作实施

实施具体洗消操作是在确定洗消剂类型、洗消方法的前提下，遵守洗消场地选址原则，展开洗消设备对人员、器材装备、场地进行洗消。

（1）洗消场地展开 洗消场地的展开作为实施具体洗消的第一步骤，关系洗消效率的高低，俗话说“万事开头难”，遵守正确的洗消场地选址原则，可帮助洗消人员快速有效地展开洗消。

① 洗消场地选址原则　消防洗消场地选址原则主要为“三便于，一靠近”，即便于受染人员机动，便于洗消器材装备、人员展开，便于救护人员救护，靠近受染区域上方或侧上方（可挥发有毒物质上风或侧上风位置，可流动有毒物质流溢上方或侧上方位置）位置。

② 洗消场地设置　洗消场地设置根据救援现场的情况一般分为等候区、调整哨、洗消区、安全区、检查点、补消点、警戒哨、医疗救护点，根据洗消目标分为人员洗消点、器材装备洗消点、污染场地洗消点。

(2) 洗消具体操作　洗消具体操作要坚持“以人为本”，对人员的洗消要优于器材装备、场地设施等的洗消。洗消具体操作按轻重顺序一般分为对人员实施洗消和对器材装备、精密仪器、场地设施实施洗消两类。

① 对人员实施洗消　对人员洗消时一般采取先进行全身洗消，再脱去染毒防护装备，最后进行全身二次重复洗消；在全身受污染时，以头部和脸部优先，尤其是口、鼻、耳朵、头皮等部位，再进行全身洗消，由上而下，依次洗消的程序进行洗消。注意：在进行洗消时洗消剂尽量选用无腐蚀、性质温和、无毒性的洗消剂，同时洗消剂浓度配比适当，不可以为达到洗消目的过高调整洗消浓度，防止对人员造成伤害。对局部沾染有毒物质的部位先洗消，再进行全身洗消。

② 对器材装备、精密仪器、场地设施实施洗消　对器材装备洗消时一般采取先洗消贵重、精密器材，再洗消其他器材装备的顺序展开洗消。对贵重、精密器材的洗消，可采取纱布、棉球沾染洗消剂反复擦拭洗消，并立即进行保养，避免对器材装备造成损坏；对大、中型器材装备、场地进行洗消时，可综合利用现场洗消设备进行洗消，如：对中性器材装备可利用消防洗消设备中高压洗消装备（如高压清洗机等）进行反复洗消，对大型器材装备、污染场地可利用消防车大吨位水罐车进行冲洗；对渗透性强、有毒有害物质的污染场地，可采取掩埋、转移的方式进行洗消。注意：对器材装备、场地进行洗消时，可适量调整洗消剂浓度比，在洗消完毕后必须用大量清水进行冲洗，避免洗消剂浓度过高，对器材装备产生腐蚀，影响器材装备使用功能和寿命，同时达到降低洗消剂浓度，减小对环境的影响；对掩埋、转移的污染物必须添加大量的漂白粉拌匀进行集中处置。

第三节　危险化学品泄漏物的收集与处理

危险化学品事故泄漏物的收集与处理的目的是降低或消除泄漏物对人员及环境的危害与污染。对泄漏物的收集与处理是危险化学品事故抢险救灾工作的重要内容之一。

在进入泄漏事故现场进行处理时，应注意安全防护，进入现场救援人员必须配备必要的个人防护器具。如果泄漏物是易燃易爆的，事故中心区应严禁火种、切断电源、禁止车辆进入，立即在边界设置警戒线。根据情况，确定事故波及区人员的撤离。如果泄漏物是有毒的，应使用专用防护服、隔绝式空气面具，设置警戒线，根据事故情况和事故发展，确定事故波及区人员的撤离。为了在现场上能正确使用和适应，平时应进行严格的适应性训练。应急处理时严禁单独行动，要有监护人，必要时用水枪、水炮掩护。泄漏源控制：应关闭阀门、停止作业或改变工艺流程、物料走副线、局部停车、减负荷运行等，采用合适的材料和技术手段堵住泄漏处。泄漏物处理：①“围堤堵截”，筑堤堵截泄漏液体或者引流到安全地点。储罐区发生液体泄漏时，要及时关闭雨水阀，防止物料沿明沟外流。②“稀释与覆盖”，向有害物蒸气云喷射雾状水，加速气体向高空扩散。对于可燃物，也可以在现场施放大量水蒸气或氮气，破坏燃烧条件。对于液体泄漏，为降低物料向大气中的蒸发速度，可用泡沫或其他覆盖物品覆盖外泄的物料，在其表面形成覆盖层，抑制其蒸发。③“收容（集）”，对于大型泄漏，可选择用隔膜泵将泄漏出的物料抽入容器内或槽车内；当泄漏量小时，可用沙子、吸附材料、中和材料等吸收中和。“废弃”，将收集的泄漏物运至废物处理场所处置。用消防水冲洗剩下的少量物料，冲洗水排入污水系统处理。

一、围堤与堵截

修筑围堤是控制陆地上的液体泄漏物最常用的收容方法。危险化学品事故泄漏物为液体时，泄漏到地面上会四处蔓延扩散，难以收集处理。为此需要筑堤堵截或者引流到安全地点。对于储罐区发生液体泄漏时，要及时关闭雨水阀，防止物料沿明沟外流。

1. 围堤结构设计

常用的围堤有环形、直线形、V形等，通常根据泄漏物流动情况修筑围堤拦截泄漏物。如果泄漏发生在平地上，则在泄漏点的周围修筑环形堤。如果泄漏发生在斜坡上，则在泄漏物流动的下方修筑V形堤。

2. 围堤地点选择

利用围堤拦截泄漏物的关键除了泄漏物本身的特性外，就是确定修筑围堤的地点。这个点既要离泄漏点足够远，保证有足够的时间在泄漏物到达前修好围堤，又要避免离泄漏点太远，使污染区域扩大，带来更大的损失。如果泄漏物是易燃物，操作时要特别注意，避免发生火灾。

3. 掘槽收集泄漏物

挖掘沟槽是控制陆地上的液体泄漏物最常用的收容方法。通常根据泄漏物的流动情况挖掘沟槽收容泄漏物。如果泄漏物沿一个方向流动，则在其流动的下方挖掘沟槽。如果泄漏物是四散而流，则在泄漏点周围挖掘环形沟槽。

挖掘沟槽收容泄漏物的关键除了泄漏物本身的特性外，就是确定挖掘沟槽的地点。这个点既要离泄漏点足够远，保证有足够的时间在泄漏物到达前挖好沟槽，又要避免离泄漏点太远，使污染区域扩大，带来更大的损失。如果泄漏物是易燃物，操作时要特别小心，避免发生火灾。

4. 修筑水坝拦截泄漏物

修筑水坝是控制小河流上的水体泄漏物最常用的拦截方法。通常在泄漏点下游的某一点横穿河床修筑水坝拦截泄漏物，拦截点的水深不能超过 10m。坝的高度因泄漏物的性质不同而不同。对于溶于水的泄漏物，修筑的水坝必须能收容整个水体；对于在水中下沉而又不溶于水的泄漏物，只要能把泄漏物限制在坝根就可以，未被污染水则从坝顶溢流通过；对于不溶于水的漂浮性泄漏物，以一边河床为基点修筑大半截坝，坝上横穿河床放置管子将出液端提升至与进液端相当的高度，这样泄漏物被拦截，未被污染水则从河床底部流过。修筑水坝受许多因素的影响，如河流宽度、水深、水的流速、材料等，特别是客观地理条件，有时限制了水坝的使用。

5. 使用土壤密封剂避免泥土和地下水污染

使用土壤密封剂的目的是避免液体泄漏物渗入土壤中污染泥土和地下水。一般泄漏发生后，迅速在泄漏物要经过的地方使用土壤密封剂，防止泄漏物渗入土壤中。土壤密封剂既可单独使用，也可以和围堤或沟槽配合使用，既可直接撒在地面上，也可带压注入地面下。直接用在地面上的土壤密封剂分为 3 类：反应性的、不反应性的和表面活性的。常用的反应性密封剂有环氧树脂、脲甲醛和脲烷，这类密封剂要求在现场临时制成，能在恶劣的气候下较容易地成膜，但有一个温度使用范围。常用的不反应性密封剂有沥青、橡胶、聚苯乙烯和聚氯乙烯，温度同样是影响这类密封剂使用的一个重要因素。表面活性密封剂通常是防护剂，如硅和氟碱化合物系列，已研制出的有织品类、纸类、皮革类及砖石围砌类，最常用的是聚丙烯酸酯的氟衍生物。土壤密封剂带压注入地面下的过程称作灌浆，灌浆料由天然材料或化学物质组成。常用的天然材料有沙子、灰、膨润土及淤泥等，常用的化学物质有丙烯酰胺、尿素甲醛树脂、木素、硅酸盐类物质等。通常天然材料适用于粗质泥土，化学物质适用于较细质的泥土。所有类型的土壤密封剂都受气温及降雨等自然条件的影响。土壤表层及底层的泥土组分将决定密封剂能否有效地发挥作用。操作必须由受过培训的专业技术人员完成，使用的土壤密封剂必须与泄漏物相容。

二、稀释与覆盖

稀释与覆盖是向有害泄漏物蒸气云喷射雾状水，加速气体向高空扩散。对于可燃物泄漏物，也可以在现场施放大量水蒸气或氮气，破坏燃烧条件；对于液体泄漏，为降低泄漏物料在大气中的蒸发速度，可用泡沫或其他覆盖物品覆盖外泄的物料，在其表面形成覆盖层，抑制其蒸发，或者采用低温冷却来降低泄漏物的蒸发。

1. 稀释

最常用的稀释方法是消防水。稀释作业时，应采用喷雾水枪，并在泄漏点附近形成封闭水幕，使其在安全地带扩散，起到稀释泄漏介质、驱散泄漏介质和降低泄漏介质毒性的目的，同时还可避免明火进入泄漏点爆炸极限区域。

喷水雾可有效地降低大气中的水溶性有害气体和蒸气的浓度，是控制有害气体和蒸气最有效的方法。对于不溶于水的有害气体和蒸气，也可以喷水雾驱赶，保护泄漏区内人员和泄漏区域附近的居民免受有害蒸气的致命伤害。喷水雾还可用于冷却破裂的容器和冲洗泄漏污染区内的泄漏物。使用此法时，将产生大量的被污染水。为了避免污染水流入附近的河流、下水道，喷水雾的同时必须修筑围堤或挖掘沟槽收容产生的大量污水。污水必须予以处理或做适当处置。

2. 泡沫覆盖

使用泡沫覆盖能阻止泄漏物的挥发，降低泄漏物对大气的危害和泄漏物的燃烧性。泡沫覆盖必须和其他的收容措施如围堤、沟槽等配合使用。通常泡沫覆盖只适用于陆地泄漏物。

选用的泡沫必须与泄漏物相容。实际应用时，要根据泄漏物的特性选择合适的泡沫。常用的普通泡沫只适用于无极性和基本上呈中性的物质；对于低沸点，与水发生反应，具有强腐蚀性、放射性或爆炸性的物质，只能使用专用泡沫；对于极性物质，只能使用属于硅酸盐类的抗醇泡沫；用纯柠檬果胶配制的果胶泡沫对许多有极性和无极性的化合物均有效。对于所有类型的泡沫，使用时建议每隔30～60min再覆盖一次，以便有效地抑制泄漏物的挥发。如果需要，这个过程可能一直持续到泄漏物处理完。

3. 低温冷却

低温冷却是将冷冻剂散布于整个化学泄漏物的表面上，减少有害泄漏物的挥发。在许多情况下，冷冻剂不仅能降低有害泄漏物的蒸气压，而且能通过冷冻将泄漏物固定住。

影响低温冷却效果的因素有：冷冻剂的供应、泄漏物的物理特性及环境因素。冷冻剂的供应将直接影响冷却效果。喷洒出的冷冻剂不可避免地要向可能的扩散区域分散，并且速度很快。整体挥发速率的降低与冷却效果成正比。

泄漏物的物理特性如当时温度下泄漏物的黏度、蒸气压及挥发率，对冷却效果的影响与其他影响因素相比很小，通常可以忽略不计。

环境因素如雨、风、洪水等将干扰、破坏形成的惰性气体膜，严重影响冷却效果。常用的冷冻剂有二氧化碳及液氮和冰。选用何种冷冻剂取决于冷冻剂对泄漏物的冷却效果和环境因素。应用低温冷却时必须考虑冷冻剂对随后采取的处理措施的影响。

（1）二氧化碳　二氧化碳冷冻剂有液态和固态两种形式。液态二氧化碳通常装于钢瓶中或装于带冷冻系统的大槽罐中，冷冻系统用来将槽罐内蒸发的二氧化碳再液化。固态二氧化碳又称“干冰”，是块状固体，因为不能储存于密闭容器中，所以在运输中损耗很大。

液态二氧化碳应用时，先使用膨胀喷嘴将其转化为固态二氧化碳，再用雪片鼓风机将固态二氧化碳播撒至泄漏物表面。干冰应用时，先对其进行破碎，然后用雪片播撒器将破碎好的干冰播撒至泄漏物表面。播撒设备必须选用能耐低温的特殊材质。

液态二氧化碳与液氮相比，有以下几大优点。

① 因为二氧化碳槽罐装备了气体循环冷冻系统，所以是无损耗储存。

② 二氧化碳罐是单层壁罐，液氮罐是中间带真空绝缘夹套的双层壁罐，这使得二氧化碳罐的制造成本低，在运输中抗外力性能更优。

③ 二氧化碳更易播撒。二氧化碳虽然无毒，但是大量使用，可使大气中缺氧，从而对人产生危害，随着二氧化碳浓度的增大，危害就逐步加大。二氧化碳溶于水后，水中 pH 值降低，会对水中生物产生危害。

（2）液氮　液氮温度比干冰低得多，几乎所有的易挥发性有害物（氢除外）在液氮温度下皆能被冷冻，且蒸气压降至无害水平。液氮也不像二氧化碳那样，对水中生存环境产生危害。要将液氮有效地应用起来是很困难的。若用喷嘴喷射，则液氮一离开喷嘴就全部挥发为气态。若将液氮直接倾倒在泄漏物表面上，则局部形成冰面，冰面上的液氮立即沸腾挥发，冷冻力的损耗很大。因此，液氮的冷冻效果大大低于二氧化碳，尤其是固态二氧化碳。液氮在使用过程中产生的沸腾挥发，有导致爆炸的潜在危害。

（3）湿冰　在某些有害物的泄漏处理中，湿冰也可用作冷冻剂。湿冰的主要优点是成本低、易于制备、易播撒。主要缺点是湿冰不是挥发而是融化成水，从而增加了需要处理的污染物的量。

三、收容与收集

对于重大危险化学品事故的泄漏，可选择用隔膜泵将泄漏出的物料抽入容器内或槽车内；当泄漏量小时，可用沙子、吸附材料、中和材料等吸收中和，或者用固化法处理泄漏物。

1. 固化法处理泄漏物

通过加入能与泄漏物发生化学反应的固化剂或稳定剂使泄漏物转化成稳定形式，以便于处理、运输和处置。有的泄漏物变成稳定形式后，由原来的有害变成了无害，可原地堆放、不需进一步处理；有的泄漏物变成稳定形式后仍然有害，必须运至废物处理场所进一步处理或在专用废弃场所掩埋。常用的固化剂有水泥、凝胶、石灰。

（1）水泥固化　通常使用普通硅酸盐水泥固化泄漏物。对于含高浓度重金属的场合，使用水泥固化非常有效。许多化合物会干扰固化过程，如锰、锡、铜和铅等的可溶性盐类会延长凝固时间，并大大降低其物理强度，特别是高浓度硫酸盐对水泥有不利的影响，有高浓度硫酸盐存在的场合一般使用低铝水泥。酸性泄漏物固化前应先中和，避免浪费更多的水泥。相对不溶的金属氢氧化物，固化前必须防止溶性金属从固体产物中析出。

① 水泥固化的优点　有的泄漏物变成稳定形式后，由原来的有害变成了无害，可原地堆放不需进一步处理。

② 水泥固化的缺点　大多数固化过程需要大量水泥，必须有进入现场的通道，有的泄漏物变成稳定形式后仍然有害，必须运至废物处理场所进一步处理或在专用废弃场所掩埋。

（2）凝胶固化　凝胶是由亲液溶胶和某些憎液溶胶通过胶凝作用而形成的冻状物，没有流动性。可以使泄漏物形成固体凝胶体。形成的凝胶体仍是有害物，需进一步处置。选择凝胶时，最重要的问题是凝胶必须与泄漏物相容。

使用凝胶的缺点是：

① 风、沉淀和温度变化将影响其应用并影响胶凝时间；

② 凝胶的材料是有害物，必须做适当处置或回收使用；

③ 使用时应加倍小心，防止接触皮肤和吸入。

（3）石灰固化　使用石灰作固化剂时，加入石灰的同时需加入适量的细粒硬凝性材料如粉煤灰、研碎了的高炉炉渣或水泥窑灰等。

① 用石灰作固化剂的优点　石灰和硬凝性材料易得。

② 用石灰作固化剂的缺点　形成的大块产物需转移，石灰本身对皮肤和肺有腐蚀性。

2. 吸附法处理泄漏物

所有的陆地泄漏和某些有机物的水中泄漏都可用吸附法处理。吸附法处理泄漏物的关键是选择合适的吸附剂。常用的吸附剂有：活性炭、天然有机吸附剂、天然无机吸附剂、合成吸附剂。

（1）活性炭　活性炭是从水中除去不溶性漂浮物（有机物、某些无机物）最有效的吸附剂。活性炭是由各种含碳物质如木头、煤、渣油、石油焦等碳化后，再经活化制得的，有颗粒状和粉状两种形状。清除水中泄漏物用的是颗粒状活性炭。被吸附的泄漏物可以通过解吸再生回收使用，解吸后的活性炭可以重复使用。

影响吸附效率的关键因素是被吸附物分子的大小和极性。吸附速率随着温度的上升和污染物浓度的下降而降低。所以必须通过试验来确定吸附某一物质所需的碳量。试验应模拟泄漏发生时的条件进行。

活性炭是无毒物质，除非大量使用，一般不会对人或水中生物产生危害。由于活性炭易得而且实用，所以它是目前处理水中低浓度泄漏物最常用的吸附剂。

(2) 天然有机吸附剂　天然有机吸附剂由天然产品，如木纤维、玉米秆、稻草、木屑、树皮、花生皮等纤维素和橡胶组成，可以从水中除去油类和与油相似的有机物。

天然有机吸附剂具有价廉、无毒、易得等优点，但再生困难又成为其一大缺陷。天然有机吸附剂的使用受环境条件如刮风、降雨、降雪、水流流速、波浪等的影响。在此条件下，不能使用粒状吸附剂。粒状吸附剂只能用来处理陆上泄漏和相对无干扰的水中不溶性漂浮物。

(3) 天然无机吸附剂　天然无机吸附剂是由天然无机材料制成的，常用的天然无机材料有黏土、珍珠岩、蛭石、膨胀页岩和天然沸石。根据制作材料分为矿物吸附剂（如珍珠岩）和黏土类吸附剂（如沸石）。

矿物吸附剂可用来吸附各种类型的烃、酸及其衍生物、醇、醛、酮、酯和硝基化合物；黏土类吸附剂能吸附分子或离子，并且能有选择地吸附不同大小的分子或不同极性的离子。黏土类吸附剂只适用于陆地泄漏物，对于水体泄漏物，只能清除酚。由天然无机材料制成的吸附剂主要是粒状的，其使用受刮风、降雨、降雪等自然条件的影响。

(4) 合成吸附剂　合成吸附剂是专门为纯的有机液体研制的，能有效地清除陆地泄漏物和水体的不溶性漂浮物。对于有极性且在水中能溶解或能与水互溶的物质，不能使用合成吸附剂清除。能再生是合成吸附剂的一大优点。常用的合成吸附剂有聚氨酯、聚丙烯和有大量网眼的树脂。

① 聚氨酯　有外表面敞开式多孔状、外表面封闭式多孔状及非多孔状三种形式。所有形式的聚氨酯都能从水溶液中吸附泄漏物，但外表面敞开式多孔状聚氨酯能像海绵体一样吸附液体。吸附状况取决于吸附剂气孔结构的敞开度、连通性和被吸附物的黏度、湿润力。但聚氨酯不能用来吸附处理大泄漏或高毒性泄漏物。

② 聚丙烯　是线型烃类聚合物，能吸附无机液体或溶液。分子量及结晶度较高的聚丙烯具有更好的溶解性和化学阻抗，但其生产难度和成本费用更高。不能用来吸附处理大泄漏或高毒性泄漏物。最常用的两种树脂是聚苯乙烯和聚甲基丙烯酸甲酯。这些树脂能与离子类化合物发生反应，不仅具有吸附特性，还表现出离子交换特性。

3. 用撇取法收容泄漏物

撇取可收容水面上的液体漂浮物。撇取设备按功能可划分为 4 类：平面移动式撇取器、皮带式撇取器、堰式撇取器和吸入式撇取器。堰式和吸入式撇取器将水和泄漏物一块清除。大多数撇取器是专为油类液体而设计的，并且含有塑料部件。当用撇取器收容易燃泄漏物时，撇取器所用马达及其他电器设备必须是防爆型的。

4. 用抽取法清除泄漏物

抽取可清除陆地上限制住的液体泄漏物、水中的固体和液体泄漏物。如果泵能快速布置好，则任何溶性、不溶性漂浮物都可用抽取法清除。对于水中的不溶性漂浮物，抽取是最常用的方法。抽取使用的设备是泵。当使用真空泵时，要清除的有害物液位垂直高度（即压头）不能超过11m。多级离心泵或变容泵在任何液位下都能用。抽取设备与有害物必须相容。

5. 设置表面水栅收容泄漏物

表面水栅可用来收容水体的不溶性漂浮物。通常充满吸附材料的表面水栅设置在水体的下游或下风向处，当泄漏物流至或被风吹至时将其捕获。当泄漏区域比较大时，可以用小船拖曳多个首尾相接的水栅或用钩子钩在一起组成一个大栅栏拦截泄漏物。为了提高收容效率，一般设置多层水栅。使用表面水栅收容泄漏物的效率取决于污染液流、风及波浪。如果液流流速大于1n mile/h（1n mile=1852m，下同）、浪高大于1m，使用表面水栅无效。使用表面水栅的关键是栅栏材质必须与泄漏物相容。

6. 设置密封水栅收容泄漏物

密封水栅可用来收容水体的溶性、沉降性泄漏物，也可以用来控制因挖掘作业而引起的浑浊。密封水栅结构与表面水栅相同，但能将整个水体限制在栅栏区域。密封水栅只适用于底部为平面、液流流速不大于2n mile/h、水深不超过8m的场合。密封栅栏的材质必须与泄漏物相容。

7. 中和泄漏物

中和，即酸和碱的相互反应。反应产物是水和盐，有时是二氧化碳气体。现场应用中和法要求最终pH值控制在6～9，反应期间必须监测pH值变化。

只有酸性有害物和碱性有害物才能用中和法处理。对于泄入水体的酸、碱或泄入水体后能生成酸、碱的物质，也可考虑用中和法处理。对于陆地泄漏物，如果反应能控制，常常用强酸、强碱中和，这样比较经济；对于水体泄漏物，建议使用弱酸、弱碱中和。

常用的弱酸有乙酸、磷酸二氢钠，有时可用气态二氧化碳。磷酸二氢钠几乎能用于所有的碱泄漏，当氨泄入水中时，可以用气态二氧化碳处理。

常用的强碱有碳酸氢钠水溶液、碳酸钠水溶液、氢氧化钠水溶液。这些物质也可用来中和泄漏的氯。有时也用石灰、固体碳酸钠、苏打灰中和酸性泄漏物。

常用的弱碱有碳酸氢钠、碳酸钠和碳酸钙。碳酸氢钠是缓冲盐，即使过量，反应后的 pH 值只是 8.3。碳酸钠溶于水后，碱性和氢氧化钠一样强；若过量，pH 值可达 11.4。碳酸钙与酸的反应速率虽然比钠盐慢，但因其不向环境加入任何毒性元素，反应后的最终 pH 值总是低于 9.4 而被广泛采用。对于水体泄漏物，如果中和过程中可能产生金属离子，必须用沉淀剂清除。中和反应常常是剧烈的，由于放热和生成气体产生沸腾和飞溅，所以抢险人员必须穿防酸碱工作服，戴防烟雾呼吸器。可以通过降低反应温度和稀释反应物来控制飞溅。

如果非常弱的酸和非常弱的碱泄入水体，pH 值能维持在 6～9，建议不使用中和法处理。

现场使用中和法处理泄漏物受下列因素限制：泄漏物的量；中和反应的剧烈程度；反应生成潜在的有毒气体的可能性；溶液的最终 pH 值能否控制在要求范围内。

第四节　带压堵漏安全技术与管理

一、带压堵漏概念

带压堵漏（pressure seal）是利用合适的密封件，彻底切断介质泄漏的通道；或者堵塞，或者隔离泄漏介质通道；或者增加泄漏介质通道中流体流动阻力，以便形成一个封闭的空间，达到阻止流体外泄的目的。

二、带压堵漏原理

带压堵漏是指在一个大气压以上，任意压力管道和容器罐内部储存或输送介质因腐蚀穿孔跑、冒、滴、漏或人为损坏导致泄漏，采用不停输、不倒罐，在内部介质飞溅过程中堵住的方法，时常可以使用电焊、电砂轮打磨等产生火花操作，因为在带压堵漏词句上没有不动火的概念。但是在实际施堵时经常会出现易燃易爆类介质，这类介质是不得产生一点火花的，所以后来国内普遍把带压堵漏改成了不动火带压堵漏，这样一来可以更清晰地解释这个行业的内涵。人们喜欢简化成带压堵漏，但是今天说带压堵漏在人们心中已经清楚地理解为“不动火带压堵漏”了。因为带压堵漏行业没有经过规范所以叫法不一，多数人认为带压堵漏是注剂式密封，实际上注剂式密封只是带压堵漏技术里的一项技术工艺。因为注剂式密封技术只能在直管上带压堵漏，很有局限性，如果是三通、弯头、变径、法兰盘根部、大型容器罐等部位就无能为力了。

三、不停车带压堵漏技术常识

带压堵漏是许多行业普遍采用的一门技术。在化工生产中，有时一处泄漏影响全局，造成被迫停车。带压堵漏技术是在不妨碍生产系统的运行下而进行堵漏的一项技术。它不用停车、不需动火即可消除泄漏，操作简便、安全、迅速、可靠。在有些情况下，带压堵漏涉及高温高压、易燃易爆、有毒剧毒等工况，若是方法不当、措施不良、技术不佳或责任心不强，不但堵不了漏，反而会扩大泄漏，危及生产和人身安全。

不停车带压堵漏技术是以流体介质在动态下（不停车状态）建立密封结构。即介质处于有温度有压力和流动状态下，建立起密封结构，从而消除泄漏。当生产装置某一部位因某种原因造成泄漏时，应将特定的夹具安装在泄漏部位，使夹具与泄漏部位的部分表面构成一个新的密封空间，然后用专门的高压注射枪或挤出工具将具有热固性或热塑性的密封剂注入并充满密闭空间，堵塞泄漏缝隙和通道。密封剂在一定温度下迅速固化，在泄漏部位外围建立起一个硬固的、新的密封机构层，从而消除泄漏。

四、不停车带压堵漏技术的安全问题

1. 不停车带压堵漏技术的适用范围

不停车带压堵漏技术适用的泄漏部位包括腐蚀穿孔、局部摩擦穿孔、法兰、填料函、裂缝、焊接缺陷等。

不停车带压堵漏技术适用的泄漏介质、温度和压力如下：

它所适用的泄漏介质包括水、水蒸气、压缩空气、氮气、氢气、氧气、煤气、石油液化气、烃类、酸、碱、氨、热油载体、溶剂及各种化学气体和液体等流动介质。

泄漏介质温度：－100～500℃。

泄漏介质压力：真空约20MPa或更高。

2. 带压堵漏中应注意的安全问题

（1）避免燃烧　常见的可燃物有氢、一氧化碳、氨、甲烷、乙烷、丙烷、丁烷、乙烯、丙烯、丁烯、丁二烯、乙炔、石油气、天然气、水煤气、煤气、汽油、煤油、石油醚、柴油、溶剂油、工业润滑油、二硫化碳、乙醚、丙酮、苯、甲苯、乙苯、甲醇、乙醇、石脑油等。在堵漏时如果介质是这些物质或与这些物质离得较近，我们就应该采取相应的措施，主要就是把构成燃烧的三要素与工作对象分开。在引起燃烧的可燃物、助燃物、火源三个要素中，每一项都不能忽视。

（2）避免爆炸　爆炸分为物理性爆炸和化学性爆炸两大类。物理性爆炸是指密闭容器承受的压力超过容器材料的机械强度而发生的爆炸，如蒸汽锅炉超过允许压力而爆炸。在带压堵漏时，切记不要对需要堵漏的部位进行高温加热，一定要防止因容器内的介质受热膨胀而引起的爆炸。化学性爆炸是指气体在极短的时间内发生剧烈化学反应引起的爆炸。化学性爆炸必须同时具备三个条件才能发生：一是有易燃易爆物质；二是可燃易爆物质与空气混合达到爆炸极限；三是爆炸性混合物有火源的作用。要防止化学性爆炸就得阻止这三个条件的存在。在堵漏时需采用通风换气、隔热降温、防止静电、严禁明火等措施。

(3) 避免中毒 对人体有毒的物质主要有氰、氢氰酸、光气、氟化氢、氯气、氢氰酸、二氧化硫、氨、一氧化碳、氯乙烯、甲醇、氧化乙烯、硫化乙烯、二硫化碳、乙炔、硫化氢等。堵漏中遇到带毒物质时，应采用监护、轮换操作、通风、占上风位、穿戴防护用品等措施。对某些既有毒又易燃易爆的物质，如硫化氢、苯、一氧化碳、汽油等，不但要防毒，还要采取防火防爆措施。

(4) 避免放射性损伤 放射性损伤有内照射、外照射和本底辐射等。内照射是因防护不当，放射性物质经呼吸道、消化道、伤口、皮肤等侵入人体造成的。在体内α射线危害极大，其次是β射线。外照射是指体外的β射线、γ射线、X射线、中子等对人体的照射。本底辐射是指宇宙射线和地球上存在的天然放射性核素的辐射。

为了防止放射性损伤，堵漏时要穿戴好防护用品，设置防辐射障碍，防止放射性烟气灰尘伤害人体。

(5) 避免烫伤、冻伤、灼伤等 为了防止烫伤和灼伤，堵漏时人体应避开高温介质的射向，设置挡板，穿戴好防护用品，为了防止冻伤，堵漏时应避免人体与介质接触。

3. 带压堵漏及动火安全操作技术

带压堵漏，及动火作业，就是在不停产的情况下，对泄漏险情进行及时处置，保障生产的正常运行。但是，由于火灾爆炸危险特性突出，这种不停车带压堵漏、动火作业具有很高的危险性，必须制订严密可靠的安全技术措施。

(1) 带压堵漏 危险化学品生产中出现的泄漏，最常见的是因腐蚀、介质冲刷造成的管线泄漏。在对管线的带压堵漏中，相对于法兰、阀门、螺纹接头、管道与设备连接部，管道与法兰连接部来说，卡具包裹的管线强度较为薄弱，受力情况也较为特殊，所受外压很大，所以，在对其实施带压堵漏时，操作工艺也相对特殊。很多人在对管线带压堵漏中没有注意到这一点，常因为堵漏泵注胶压力过高，或管线没有补强而致使被堵漏管线断裂，造成严重事故。对此，安全操作如下。

① 制作合适的夹具 夹具是不停车带压堵漏技术的重要工具。它紧固在泄漏部位的表面构成密闭空间，其作用是包容注入的密封剂，防止外逸，并能使密封剂保持一定的压力，以保证堵漏的成功和密封的可靠性。夹具制作得合理与否，会直接关系到堵漏的成败，也会影响到密封剂的消耗量和带压堵漏操作的时间。夹具制造应满足如下要求。

a. 夹具应能承受泄漏介质压力和密封的注射力，应有足够的机械强度和刚度。

b. 夹具与泄漏部位表面之间要留有一定的封闭空间，便于注入密封剂后形成一定厚度的新密封结构层。

c. 为把密封剂注入空腔的泄漏部位，夹具上应多开几个注入孔，孔的数目要考虑能顺利地注入密封剂并能充满整个密封空间，同时便于在操作时排放泄漏介质。

d. 夹具装在泄漏部位上，一般要做成两等份，也可根据设备尺寸的大小和现场实际情况做成三等份或四等份，以便于安装为宜。

② 科学确定注胶液压油泵工作压力　根据泄漏管线所能够承受的最高外压 $p_{管外max}$ 和介质压力 $p_{介质max}$ 算出注胶泵最高工作压力 $p_{注胶泵工作max}$。

$$p_{注胶泵工作max}=p_{介质max}+p_{管外max}$$

式中　$p_{注胶泵工作max}$——注胶泵最高工作压力，MPa；

$p_{介质max}$——管线内介质最高压力，MPa；

$p_{管外max}$——管线所能承受的最高外压，MPa。

由于危险化学品生产装置的管线都较长，因此，一般情况下，被卡具包住管线所能够承受的最大外压强为：

$$p_{管外max}=2.2E\times\left(\frac{S_0}{D_0}\right)\times 3/m$$

式中　S_0——被带温带压堵漏圆桶的厚度，mm；

D_0——被带温带压堵漏圆桶的外径，mm；

E——被带温带压堵漏管线工作温度下的弹性模数，MPa；

m——稳定系数，类似于强度计算的安全系数。

③ 选择合适的密封剂　密封剂是带压堵漏技术中的关键材料。它直接与堵漏介质接触，承受着泄漏介质的温度、压力和化学介质的腐蚀。因此，密封剂的性能直接决定了堵漏技术的应用范围，关系到堵漏的可靠性，甚至成败。由于介质种类、温度、压力条件各不相同，密封剂也有多种型号。堵漏用的密封剂分为热固型和非热固型两大类。对密封剂的性能要求，以固化速度、耐温性能、抗介质侵蚀性和挤出压力为主要物质指标，使用时应根据具体情况加以选择。

④ 带压堵漏的安全操作

a. 方案的确定。堵漏人员必须先到现场详细了解介质的性质、系统的温度和压力，以选择合适的密封剂。观察泄漏部位及现场情况，准确测量有关尺寸，以选择或设计制造夹具及堵漏方案。

b. 夹具安装。在泄漏比较严重，作业空间狭小，高温高压、易燃易爆及有毒有害物质泄漏时，夹具的安装是很困难的。操作规程人员要穿戴好防护用品，站在上风方向，必要时要用鼓风机或压缩空气把泄漏气体吹向一边。

安装时要避免机具的激烈敲击，绝对禁止出现火花。夹具上应预先接好注射接头，以方便密封剂的注射。

c.密封剂的注入。在注射接头上安装高压注射枪，枪内装上密封剂，把注射枪和手撳油泵连接起来，注射时，先从远离泄漏点开始，如果有两点泄漏，应从中间开始，逐渐向泄漏点移动。一个注射点注射完毕，立即关闭该注射点上的阀门，把注射枪移至下一个注射点，直至泄漏点被消除为止。注射后，应保持一定的压力，对高压（4MPa以上）系统堵漏时，应采用高压注射枪，用油泵升压，使油压大于介质的压力，注射完毕后保持15min，即可完成堵漏。

如果环境温度很低，或对于挤出压力较高而难以注射的密封剂，可对注射枪和密封剂进行加热以便于注射，当泄漏介质温度较低时，注完密封剂后采取外加热源，促使密封剂固化，一般加热到150℃，保持30～60min。

(2) 带压不置换动火　石油化工生产管线、设备中的诸多液体、气体介质所具有的易燃易爆性，决定了带压不置换动火比带压堵漏具有更大的危险性，因此，必须更加严格控制。

① 科学判断是否可用带压不置换动火

a.首先要查清设备、管道等泄漏的根本原因。如果管道、设备等器壁大面积减薄，就不能采用不置换带压动火。因为这样可能使泄漏扩大，或暂时修复，不久即泄漏扩大，有泄漏爆炸的可能。如经过检验分析能断定泄漏由于单位的点腐蚀或微波裂纹所致，修复后可恢复原安全性能的，可以试用此法。

b.分析介质理化特性，泄漏的设备、管道内的可燃物料中，不得含有自动分解的爆炸物质、自聚物质、过氧化物质等或已与氧化剂混合的可燃物。否则不得采用带压不置换动火。

c.考察使用温度与泄漏面积情况。使用温度很低的设备和泄漏处缺陷过大，不要使用此法。

② 动火环境要符合安全要求　带压不置换动火的环境是已发生可燃气体泄漏的地方。泄漏点周围已经有可燃气，即便在外部管架上也要注意风力风向，不让气体在泄漏点周围积聚。如是室内泄漏，更要及时采取强制通风，将可燃气体排除。点燃可燃气体之前不得使用铁质工具，以防碰撞产生火花，引起火灾爆炸，伤害现场人员。做好动火准备后，一定要在环境中做动火安全分析，一旦合格立即动火点燃可燃气体，不得拖延。点火环境的安全控制是带压不置换动火的重要环节。

③ 焊接过程中始终保持正压　整个焊接过程，系统内要始终有不间断气源维持正压。如可燃气体补充数量不足时，可用事先准备的不燃气体补充。要有专人负责维持正压，绝不允许出现负压。其压力宜保持在490～1470Pa。压力骤然波动，应立即停止动火。

对于原油、成品油介质管道、储罐，可先对泄漏部位做一个带阀门的模具，让阀门保持打开，并接通管线，将管线、设备内的介质转移到远处，再对模具周边用氮气做保护进行焊接，焊接完毕，将阀门关死。

④ 动火作业人员安全注意事故

a. 施焊人员必须取得焊工操作资质，持证上岗；

b. 动火作业人员必须严格办理动火作业票，并对相关操作要求清楚明了，并严格执行；

c. 动火施工人员要站在焊接部位的上风向，并佩戴空气呼吸器或长管呼吸器，以防不测；

d. 对可能出现的险情应做充分的估计，并熟悉相应的应急处置措施；

e. 监护人员必须责任心强，技术水平高，熟悉现场情况及各项安全注意事项，严格监督各项安全措施实施到位，对突发险情能及时正确地处理。

带压堵漏和动火是危险化学品生产中的一项危险性大，但应用并不广泛的特殊作业。随着专用设备的研发和安全操作技术的进步，带压堵漏和动火的安全可靠性越来越高。只要能够制订科学详细的操作方案，并保证落实到位，做到带压堵漏和动火的安全可靠是完全可以的。如此，就能用很低的成本，避免、减少生产中断的次数，大大消除在停产、开车过程中因生产大幅波动对安全生产构成的威胁，大大消除因停产造成的损失及巨额开、停车费用，无疑对企业的安全生产与经济效益是件一举两得的好事，应大力研究和推广应用。

五、带压堵漏检修作业的安全要求

当企业运行设备突发介质泄漏的紧急情况时，常规的检修方法是首先进行设备隔离，甚至系统停车，然后进行检修。而采用带压堵漏技术，可以在不影响企业正常生产的前提下，对带温、带压的泄漏设备进行封堵、修复，能迅速消除设备的跑、冒、滴、漏等问题，避免了常规检修方法可能导致的机组降负荷、停机而带来的巨大经济损失。然而，带压堵漏作业又存在着较高的安全风险，一旦操作失误，可能引发恶性的人员及设备事故。针对带压堵漏这种特殊的检修作业，要制订专门的安全管理规定来规范和指导。该规定至少应包含以下内容：带压堵漏作业组织机构及人员职责、风险分析、工作准备、现场安全要求、防护用品使用要求、人员培训要求、紧急情况的应急预案等，带压堵漏作业人员应熟知该规定内容。

1. 做好风险分析

多数带压堵漏作业的工作环境恶劣、作业空间狭小、劳动强度大、作业中不确定危险因素多、作业风险大，可能发生灼伤、窒息、中毒、爆炸等人身和设备事故。因此，带压堵漏作业前必须进行充分的风险分析。工作负责人应组织工作人员，根据泄漏设备的介质、压力、温度及现场的作业环境，分析可能存在的风险及产生的后果，编写切实可行的施工方案。

2. 重点监管

带压堵漏作业开工前，工作负责人必须凭包含真实、可靠的作业安全信息的工单准备文件及带压堵漏作业施工方案到安全管理部门申请办理《高风险作业工业安全许可证》。安全管理部门对带压堵漏作业施工方案进行审查、分析、评价后，在《高风险作业工业安全许可证》填写安全措施要求，批准实施。

3. 工作准备

《高风险作业工业安全许可证》获得批准后，工作负责人应按照施工方案和《高风险作业工业安全许可证》中提出的安全措施进行带压堵漏作业的准备工作。准备工作包括现场准备、个人防护用品准备、人员准备、工器具准备、文件准备、应急准备等内容。

4. 人员资格要求

由于带压堵漏施工是在没有隔离措施的情况下带温带压作业，具有一定的危险性，所以对操作人员资格应做相应要求。

(1) 现场作业的人员必须是经过带压堵漏专业培训，并取得带压堵漏资格证的操作人员。

(2) 要有丰富的带压堵漏操作经验。

(3) 身体素质和心理素质良好，责任心强，防范风险意识强。

5. 现场作业的安全监督

作业过程中，安全管理部门人员应到现场对作业全过程进行监督，确认以下安全措施都已落实到位：

(1) 是否制订带压堵漏作业施工方案。

(2) 是否办理《高风险作业工业安全许可证》。

(3) 检修区域是否隔离，并设置安全围栏和警示标志。

(4) 劳动保护用品是否准备齐全并正确穿戴。

(5) 特殊环境的安全防护措施是否到位，如涉及高处作业时，为便于作业人员检修，应搭设牢固的脚手架；在密封环境中，应首先测试环境中的氧气含量，若氧含量不足，须加强通风。

(6) 作业人员是否严格按照施工方案和《高风险作业工业安全许可证》中的要求进行操作。

6. 个人防护用品要求

为保障现场作业人员的安全，必须为带压堵漏作业的检修人员提供充足、必要的个人防护用品，如安全帽，防高温、防水手套，防高温、防烫服，防雾面具等，安全监管人员及工作负责人对作业人员防护用品的正确使用进行监督。需要特别强调一点，在高处进行带压堵漏作业时不得系安全带。因为系上安全带后，一旦发生紧急情况，如高温蒸汽泄漏，根本没有解开安全带逃离的时间，这时，安全带可能就会变成一根“要命带”。

7. 作业人员的安全培训

带压堵漏作业专业性很强，对作业人员的机械专业知识、堵漏专用工具的使用、安全意识、现场突发状况的应变能力等有较高的要求，因此必须有针对性地对带压堵漏作业人员进行专门的安全培训。培训方式主要有 2 种，一是取证培训，二是公司自行培训。培训内容除了学习电厂运行系统知识、带压堵漏技术基本原理、各种常用消除泄漏方法、带压堵漏专用工具使用知识、事故案例以外，还应着重强调作业时存在的风险及相应安全措施，如密闭空间的安全作业、防护用品的使用等。

六、常用带压堵漏方法

1. 调整消漏法

采用调整操作、调节密封件预紧力或调整零件间相对位置，勿须封堵的一种消除泄漏的方法。

2. 机械堵漏法

（1）支撑法　在管道外边设置支持架，借助工具和密封垫堵住泄漏处的方法。这种方法适用于较大管道的堵漏，是因无法在本体上固定而采用的一种方法。

（2）顶压法　在管道上固定一螺杆直接或间接堵住设备和管道上的泄漏处的方法。这种方法适用于中低压管道上的砂眼、小洞等漏点的堵漏。

（3）卡箍法　用卡箍（卡子）将密封垫卡死在泄漏处而达到治漏的方法。

（4）压盖法　用螺栓将密封垫和压盖紧压在孔洞内或外面达到治漏的一种方法。这种方法适用于低压、便于操作管道的堵漏。

（5）打包法　用金属密闭腔包住泄漏处，内填充密封填料或在连接处垫有密封垫的方法。

（6）上罩法　用金属罩子盖住泄漏而达到堵漏的方法。

（7）胀紧法　堵漏工具随流体进入管道内，在内漏部位自动胀大堵住泄漏的方法。这种方法较复杂，并配有自动控制机构，用于地下管道或一些难以从外面堵漏的场合。

（8）加紧法　液压操纵加紧器夹持泄漏处，使其产生变形而致密，或使密封垫紧贴泄漏处而达到治漏的一种方法。这种方法适用于螺纹连接处、管接头和管道其他部位的堵漏。

3. 塞孔堵漏法

采用挤瘪、堵塞的简单方法直接固定在泄漏孔洞内，从而达到止漏的一种方法。这种方法实际上是一种简单的机械堵漏法，它特别适用于砂眼和小孔等缺陷的堵漏上。

（1）捻缝法　用冲子挤压泄漏点周围金属本体而堵住泄漏的方法。这种方法适用于合金钢、碳素钢及碳素钢焊缝。不适合于铸铁、合金钢焊缝等硬脆材料以及腐蚀严重而壁薄的本体。

（2）塞楔法　用韧性大的金属、木头、塑料等材料制成的圆锥体楔或扁楔敲入泄漏的孔洞里而止漏的方法。这种方法适用于压力不高的泄漏部位的堵漏。

（3）螺塞法　在泄漏的孔洞里钻孔攻丝，然后上紧螺塞和密封垫治漏的方法。这种方法适用于本体积厚而孔洞较大的部位的堵漏。

4. 焊补堵漏法

焊补方法是直接或间接地把泄漏处堵住的一种方法。这种方法适用于焊接性能好，介质温度较高的管道。它不适用于易燃易爆的场合。

（1）直焊法　用焊条直接填焊在泄漏处而治漏的方法。这种方法主要适用于低压管道的堵漏。

（2）间焊法　焊缝不直接参与堵漏，而只起着固定压盖和密封件作用的一种方法。间焊法适用于压力较大、泄漏面广、腐蚀性强、壁薄刚性小等部位的堵漏。

（3）焊包法　把泄漏处包焊在金属腔内而达到治漏的一种方法。这种方法主要适用于法兰、螺纹处，以及阀门和管道部位的堵漏。

（4）焊罩法　用罩体金属盖在泄漏部位上，采用焊接固定后得以治漏的方法。适用于较大缺陷的堵漏部位。如果必要，可在罩上设置引流装置。

（5）逆焊法　利用焊缝收缩的原理，将泄漏裂缝分段逆向逐一焊补，使其裂缝收缩不漏有利焊道形成的堵漏方法。这种方法适用于低中压管道的堵漏。

5. 粘补堵漏法

利用胶黏剂直接或间接堵住管道上泄漏处的方法。这种方法适用于不宜动火以及其他方法难以堵漏的部位。胶黏剂堵漏的温度和压力与它的性能、填料及固定形式等因素有关，一般耐温性能较差。

（1）粘堵法　用胶黏剂直接填补泄漏处或涂敷在螺纹处进行粘接堵漏的方法，称为粘接法。这种方法适用于压力不高或真空管道上的堵漏。

（2）粘贴法　用胶黏剂涂敷的膜、带和薄软板压贴在泄漏部位而治漏的方法，称为粘贴法。这种方法适用于真空管道和压力很低的部位的堵漏。

（3）粘压法　用顶、压等方法把零件、板料、钉类、楔塞与胶黏剂堵住泄漏处，或让胶黏剂固化后拆卸顶压工具的堵漏方法。这种方法适用于各种粘堵部位，其应用范围受到温度和固化时间的限制。

（4）缠绕法　用胶黏剂涂敷在泄漏部位和缠绕带上而堵住泄漏的方法。此方法可用钢带、铁丝加强。它适用于管道的堵漏，特别是松散组织、腐蚀严重的部位。

6. 胶堵密封法

使用密封胶（广义）堵在泄漏处而形成一层新的密封层的方法。这种方法效果有限，适用面广，可用于管道的内外堵漏，适用于高压高温、易燃易爆部位。

（1）渗透法　用稀释的密封胶液混入介质中或涂敷表面，借用介质压力或外加压力将其渗透到泄漏部位，达到阻漏效果的方法。这种方法适用于砂眼、松散组织、夹碴、裂缝等部位的内处堵漏。

（2）内涂法　将密封机构放入管内移动，能自动地向漏处射出密封剂，这称为内涂法。这种方法复杂，适用于地下、水下管道等难以从外面堵漏的部位。因为是内涂，所以效果较好，勿需夹具。

（3）外涂法　用厌氧密封胶、液体密封胶外涂在缝隙、螺纹、孔洞处密封而止漏的方法。也可用螺母、玻璃纤维布等物固定，适用于在压力不高的场合或真空管道的堵漏。

（4）强注法　在泄漏处预制密封腔或泄漏处本身具备密封腔，将密封胶料强力注入密封腔内，并迅速固化成新的填料而堵住泄漏部位的方法。此方法适用于难以堵漏的高压高温、易燃易爆等部位。

7. 其他堵漏法

（1）磁压法　利用磁钢的磁力将置于泄漏处的密封胶、胶黏剂、垫片压紧而堵漏的方法。这种方法适用于表面平坦、压力不大的砂眼、夹碴、松散组织等部位的堵漏。

（2）冷冻法　在泄漏处适当降低温度，致使泄漏处内外的介质冻结成固体而堵住泄漏的方法。这种方法适用于低压状态下的水溶液以及油介质。

（3）凝固法　利用压入管道中某些物质或利用介质本身，从泄漏处漏出后，遇到空气或某些物质即能凝固而堵住泄漏的一种方法。某些热介质泄漏后析出晶体或成固体能起到堵漏的作用，同属凝固法的范畴。这种方法适用于低压介质的泄漏。如适当制作收集泄漏介质的密封腔，效果会更好。

8. 综合治漏法

综合以上各种方法，根据工况条件、加工能力、现场情况、合理地组合上述两种或多种堵漏方法，这称作综合性治漏法。如：先塞楔子，后粘接，最后有机械固定；先焊固定架，后用密封胶，最后机械顶压等。

第八章

危险化学品企业应急预案的培训与演练

由于重大事故往往突然发生，扰乱正常的生产、工作和生活秩序，如果事先没有制订事故应急救援预案，会由于慌张、混乱而无法实施有效的抢救措施；若事先的准备不充分，可能发生应急人员不能及时到位、延误人员抢救和事故控制，甚至导致事故扩大等情况。事先制订事故救援预案，事故发生前制订各种事故，特别是重大事故的应急方案，可以避免这种现象。但要做到事故突发时能准确、及时地采用应急处理程序和方法，快速反应、处理事故或将事故消灭在萌芽状态，还必须对事故应急预案进行培训和演练，使各级应急机构的指挥人员、抢险队伍、企业职工了解和熟悉事故应急的要求和自己的职责。只有做到这一步，才能在紧急状况时采用预案中制订的抢险和救援方式，及时、有效、正确地实施现场抢险和救援措施，最大限度地减少人员伤亡和财产损失。

第一节　应急预案的培训

一、应急预案培训的目的

突发事件是一种非正常状态，在此状态下的指挥协调机构、行为方式、所需要的技能等都与正常情况下有很大不同。突发事件应急响应过程中的表现在很大程度上取决于平时接受的应急培训的质量。开展应急预案的培训，主要目的如下。

(1) 使在应急预案中赋予了职责的机构负责人了解所在机构及个人在应急组织体系中的位置、职责以及应急准备的要求等。

(2) 使在应急预案中赋予了职责的人员熟悉应急预案的内容，明确自己的职责，掌握应急处置的知识和技能。

① 历史情况。本单位及其他兄弟单位，所在社区以往发生过的紧急情况，包括火灾、危险物质泄漏、极端天气、交通事故、地震、飓风、龙卷风等。

② 地理因素。单位所处地理位置，如邻近洪水区域、地震断裂带和大坝；

邻近危险化学品的生产、储存、使用和运输企业；邻近重大交通干线和机场，邻近核电厂等。

③ 技术问题。某工艺或系统出现故障可能产生的后果，包括火灾、爆炸和危险品事故、安全系统失灵、通信系统失灵、计算机系统失灵、电力故障、加热和冷却系统故障等。

④ 人的因素。人的失误可能是因为下列原因造成的：培训不足、工作没有连续性、粗心大意、错误操作、疲劳等。

⑤ 物理因素。考虑设施建设的物理条件，危险工艺和副产品、易燃品的储存，设备的布置，照明，紧急通道与出口，避难场所邻近区域等。

⑥ 管制因素。彻底分析紧急情况，考虑如下情况的后果：出入禁区、电力故障、通信电缆中断、燃气管道破裂；水害、烟害、结构受损、空气或水污染、爆炸、建筑物倒塌、化学品泄漏等。

(3) 使应急预案所涉及的社会公众了解预案的内容、应急响应程序，掌握必要的应急知识。应急预案培训通常包括以下内容：应急管理的基本知识，要应对的突发事件的基本知识，应急预案中的应急组织机构及运行方式，应急预案中规定的机构及人员职责，应急预案中规定的应急响应程序，应急过程中有关的应急救援仪器设备（如通信、信息、个体防护装备等）的使用技能，应急管理过程中应急处置专业技能（如灭火、搜救、急救等）。具体内容如下。

① 测试应急预案和操作程序的充分程度。

② 测试紧急装置、设备及物质资源的供应情况。

a. 所需要的资源与能力是否配备齐全；

b. 外部资源能否在需要时及时到位；

c. 是否还有其他可以优先利用的资源。

③ 提高现场内、外应急部门的协调能力。

④ 判别和改正应急预案的缺陷。

⑤ 提高企业员工及公众的应急意识。

二、应急预案培训的计划

1. 基本原则和建设目标

(1) 基本原则　着力提高应急队伍的应急能力和社会参与程度；坚持立足实际、按需发展，兼顾政府财力、物力和人力，充分依托现有资源，避免重复建设；坚持统筹规划、突出重点，加强应急队伍组织体系和联动机制建设，形成规模适度、管理规范的应急队伍体系。

(2) 建设目标　基本建成统一领导、协调有序、优势互补、保障有力的应急队伍体系。应急志愿服务进一步规范，应急救援能力基本满足本区域和重点领域突发事件应对工作的需要，为最大限度地减少突发事件及其造成的人员财产损失、维护公共安全和社会稳定提供有力保障。

2. 建设重点和任务要求

（1）全面加强综合性应急救援队伍建设　建立“一专多能”的综合性应急救援队伍，在相关突发事件发生后，立即开展救援处置工作。综合性应急救援队伍在统一领导下，承担综合性应急救援任务，协助有关专业应急队伍做好突发事件的抢险救援工作。

（2）建立健全专业应急队伍体系　在全面加强综合性应急救援队伍建设的同时，要按照突出重点、统筹规划的原则，组织动员社会各方面力量建设应急队伍。主要任务是接收和传达预警信息，发布预警预报，收集并向相关方面报告；开展防范知识宣传，报告隐患和灾情等信息，组织遇险人员转移，参与灾害抢险救灾和应急处置等工作；明确参与应急队伍的人员及其职责，定期开展相关知识培训。

依托现有应急管理组织体系，组织有关部门和单位人员、应急志愿者等组建突发事件信息员队伍。信息员队伍主要任务是及时报告突发事件信息，协助做好预警信息传递、灾情收集上报和调查评估等工作，参与隐患排查整改、预案制订、应急处置和科普宣传。获悉突发事件信息的单位和个人应立即向当地人民政府有关部门或指定的专业机构报告。

3. 主要措施和保障制度

（1）加强组织领导与统筹规划　要切实加强领导，落实工作责任，明确目标任务，细化建设方案，积极开展示范创建活动，不断创新工作思路，全面加强应急队伍建设。

（2）开展培训演练与社会动员　综合性应急救援队伍和专业应急队伍每年至少集中轮训两次。易受灾害影响的要定期开展应急知识培训。要广泛开展社会动员，努力提高应急队伍的社会化程度。充分发挥基层组织的作用，积极动员社会力量参与，建立群防群治应急体系。积极拓展社会力量参与应急志愿者服务渠道，鼓励现有各类志愿者组织充实应急志愿服务内容，有关专业应急管理部门要把具有相关专业知识和技能的志愿者纳入应急救援队伍。

三、应急预案的培训的内容

（1）应急培训的范围包括：

① 政府主管部门的培训；

② 社区居民的培训；

③ 企业全员的培训；

④ 专业应急救援队伍的培训。

应制订应急培训计划，采用各种教学手段和方式，如自学、讲课、办培训班等，加强对有关人员抢险救援的培训，以提高事故应急处理能力。

(2) 应急培训的主要内容 包括：法规、条例和标准、安全知识、各级应急预案、抢险维修方案、本岗位专业知识、应急救护技能、风险识别与控制、基本知识、案例分析等。

根据培训人员层次不同，教育的内容要有不同的侧重点。

① 安全法规 法规教育是应急培训的核心之一，也是安全教育的重要组成部分。通过教育使应急人员在思想上牢固树立法制观念，明确"有法必依、照章办事"的原则。

② 安全卫生知识 主要包括：火灾、爆炸基本理论及其简要预防措施；识别重大危险源及其危害的基本特征；重大危险源及其临界值的概念；化学毒物进入人体的途径及控制其扩散的方法；中毒、窒息的判断及救护等。

③ 安全技术与抢修技术 在实际操作中，将所学到的知识运用到抢修工作中，进行安全操作，事故控制抢修、抢险工具的操作、应用；消防器材的使用。

④ 应急救援预案的主要内容 使全体职工了解应急预案的基本内容和程序，明确自己在应急过程中的职责和任务，这是保证应急救援预案能快速启动、顺利实施的关键环节。

⑤ 报警 使应急人员了解并掌握如何利用身边的工具最快最有效地报警，比如用手机、电话、寻呼、无线电、网络或其他方式报警。使应急人员熟悉发布紧急情况通告的方法，如使用警笛、警钟、电话或广播等。当事故发生后，为及时疏散事故现场的所有人员，应急队员应掌握如何在现场贴发警示标志。

⑥ 疏散 为避免事故中不必要的人员伤亡，应培训足够的应急队员在紧急情况下安全、有序地疏散被困人员或周围人员。对人员疏散的培训主要在应急演习中进行，通过演习还可以测试应急人员的疏散能力。

⑦ 火灾应急培训 如上所述，由于火灾的易发性和多发性，对火灾应急的培训显得尤为重要，要求应急队员必须掌握必要的灭火技术以在着火初期迅速灭火，降低或减小导致灾难性事故的危险，掌握灭火装置的识别、使用、保养、维修等基本技术。由于灭火主要是消防队员的职责，因此，火灾应急培训主要也是针对消防队员开展的。

⑧ 不同水平应急者培训 针对危险化学品事故应急，应明确不同层次应急队员的培训要求。通过培训，使应急者掌握必要的知识和技能以识别危险，评价事故危险性，采取正确措施以降低事故对人员、财产、环境的危害等等。应急培训是应急救援行动成功的前提和保证。应急培训的内容要按人员类型、实际水平分别设计。对于各类人员的培训要达到基本应急培训，即对参与应急行动所有相关人员进行的最低程度的应急培训，要求应急人员了解和掌握如何识别危险、如何采取必要的应急措施、如何启动紧急警报系统、如何安全疏散人群等基本操

作。具体培训中，通常将应急者分为五种水平，每一种水平部有相应的培训要求。

a. 初级意识水平应急者。该水平应急者通常是处于能首先发现事故险情并及时报警的岗位上的人员，例如保安、门卫、巡查人员等。对他们的要求包括：了解自身的作用和责任；了解所涉及的危险源特性；了解基本的事故控制技术及必需的应急资源；熟悉事故现场安全区域的划分等。

b. 初级操作水平应急者。该水平应急者主要参与预防危险物质泄漏的操作，以及发生泄漏后的事故应急，其作用是有效阻止危险物质的泄漏，降低泄漏事故可能造成的影响。对他们的培训要求包括：掌握基本的危险和风险评价技术；了解危险物质的基本术语以及特性；掌握危险源的基本控制操作和基本清除程序；学会正确选择和使用个人防护设备；熟悉应急预案的内容。

c. 危险物质专业水平应急者。该水平应急者的培训应根据有关指南要求来执行，达到或符合指南要求以后才能参与危险物质的事故应急。对其培训要求除了掌握上述应急者的知识和技能以外还包括：能识别、确认、证实危险物质；掌握危险的识别和风险的评价技术；了解先进的危险物质控制技术和事故现场清除程序；了解特殊化学品个人防护设备的选择和使用；了解应急救援系统各岗位的功能和作用。

d. 危险物质专家水平应急者。具有危险物质专家水平的应急者通常与危险物质专业人员一起对紧急情况做出应急处置，并向危险物质专业人员提供技术支持，因此要求该类专家所具有的关于危险物质的知识和信息必须比危险物质专业人员更广博更精深。因此，危险物质专家必须接受足够的专业培训，以使其具有相当高的应急水平和能力。其应接受危险物质专业水平应急者的所有培训要求；理解并参与应急救援系统的各岗位职责的分配；掌握风险评价技术和危险物质的有效控制操作。

e. 应急指挥级水平应急者。该水平应急者主要负责的是事故现场的控制并执行现场应急行动，协调应急队员之间的活动和通信联系。该水平的应急者都具有相当丰富的事故应急和现场管理的经验，由于他们责任的重大，要求他们参加的培训应更为全面和严格，以提高应急指挥者的素质，保证事故应急的顺利完成。通常，该类应急者应该具备下列能力：协调与指导所有的应急活动；负责执行一个综合性的应急救援预案；协调信息发布和政府官员参与应急工作；负责向国家、省市、当地政府主管部门递交事故报告；负责提供事故和应急工作总结。

不同水平应急者的培训要与危险品应急救援系统相结合，以使应急队员接受充分的培训，从而保证应急救援人员的素质。

(3) 企业应急培训的对象

① 企业领导和管理人员　他们要负责企业的安全生产，负责制订和修订企

业的事故应急预案，在应急状况下组织指挥抢险救援工作。因此，他们培训的重点应放在执行国家方针、政策；严格贯彻安全生产责任制；落实规章制度、标准等方面。

② 企业全体职工　目前，危险化学品企业的职工中有正式员工、劳务工、属地用工和临时用工等多种成员。由于员工的素质参差不齐，生产技术水平和安全知识、安全技术水平有高有低，必须加强培训，以提高应急反应能力。

对企业职工培训的重点在于：树立法律意识，遵章守纪；应急预案的基本内容和程序；严格执行安全操作规程；与燃气有关的安全技术；自救和互救的常识和基本技能等。

所有的员工都应通过培训熟悉并了解自己工作所在的岗位的应急预案的内容，知道启动应急预案后自己所承担的相应职责和工作，使他们能够在实际操作中，应用所学到的知识，提高安全生产操作和处理、控制事故的技能。

③ 应急抢险人员　专职应急抢险人员是发生事故时应急抢险的主力军，因此要大力加强技术培训工作。抢险人员要熟悉应急预案每一个步骤和自己的职责，切实做到临危不乱，人人出手过得硬。对应急抢险人员培训的主要内容包括：应急预案的全部内容，各种情况的维修和抢险方案；本单位或部门在应急救援过程中所应用器具、装备的使用及维护，掌握和了解重大危害及事故的控制系统；有关安全生产方面的规章制度、操作规程、安全常识；应急救援过程中的自身安全防护知识，防护器具的正确使用；本企业所辖的管道线路、站场、阀室、附属设施及周边自然和社会环境的相关信息；事故案例分析等。应急救援人员需要进行定期培训、定期考核，注重培训实效。

④ 一般民众　由于各地区的社会、经济和自然环境的条件不同，居民的安全知识和防灾避险意识差异也很大。特别是刚刚开始使用燃气的地区，更需要加强安全宣传教育，使群众了解和掌握一旦发生燃气泄漏等险情后，可能发生的事故和可能引发的次生灾害；了解有关避险方法及逃生技能等。同时，应公布燃气专用报警电话，或与公安的“110”、消防的“119”等建立联动系统，保证一旦发生了险情，当地居民能立即报警，并知道怎样进行紧急疏散和撤离。

(4) 应急培训的要求　需要对企业所有员工进行应急预案相应知识的培训，应急预案中应规定每年每人应进行培训的时间和方式，定期进行培训考核。考核应由上级主管部门和企业的人事管理部门负责。学习和考核的情况应有记录，并作为企业管理考核的内容之一。

(5) 危险与应急能力分析

① 风险分析　通常应考虑下列因素：

a. 历史情况。本单位及其他兄弟单位，所在社区以往发生过的紧急情况，包括火灾、危险物质泄漏、极端天气、交通事故、地震、飓风、龙卷风等。

b. 地理因素。单位所处地理位置，如邻近洪水区域、地震断裂带和大坝；

邻近危险化学品的生产、储存、使用和运输企业；邻近重大交通干线和机场，邻近核电厂等。

c. 技术问题。某工艺或系统出现故障可能产生的后果，包括火灾、爆炸和危险品事故，安全系统失灵，通信系统失灵，计算机系统失灵，电力故障，加热和冷却系统故障等。

d. 人的因素。人的失误可能是因为下列原因造成的：培训不足、工作没有连续性、粗心大意、错误操作、疲劳等。

e. 物理因素。考虑设施建设的物理条件，危险工艺和副产品、易燃品的储存，设备的布置，照明，紧急通道与出口，避难场所邻近区域等。

f. 管制因素。彻底分析紧急情况，考虑如下情况的后果：出入禁区、电力故障、通信电缆中断、燃气管道破裂；水害、烟害、结构受损、空气或水污染、爆炸、建筑物倒塌、化学品泄漏等。

② 应急能力分析　对每一紧急情况应考虑如下问题：

a. 所需要的资源与能力是否配备齐全。

b. 外部资源能否在需要时及时到位。

c. 是否还有其他可以优先利用的资源。

第二节　应急预案的演练

为了保证事故发生时，应急救援组织机构的各部门能够熟练有效地开展应急救援工作，应定期进行针对不同事故类型的应急救援演练，不断提高实战能力。同时在演练实战过程中，总结经验，发现不足，并对演练方案和应急救援预案进行充实、完善。

一、事故应急救援演练的重要性

通过演练可以检查应急抢险队伍应对可能发生的各种紧急情况的适应性以及各职能部门、各专业人员之间相互支援及协调的程度；检验应急救援指挥部的应急能力，包括组织指挥专业抢险队救援的能力和组织群众应急响应的能力。通过演练可以证实应急救援预案是可行的，从而增强全体职工承担应急救援任务的信心。应急救援演练对每个参加演练的成员来说，是一次全面的应急救援练习，通过练习可以提高技术及业务能力。

通过演练还可以发现应急预案中存在的问题，为修正预案提供实际资料；尤其是通过演练后的讲评、总结，可以暴露预案中未曾考虑到的问题和找出改正的建议，是提高预案质量的重要步骤。

二、事故应急救援演练的形式

事故应急救援演练一般可分为室内演练和现场演练两种。

室内演练又称组织指挥演练，它是偏重于研究性质的，主要由指挥部的领导和指挥、生产、通信等部门以及救援专业队队长组成的指挥系统，在各级职能机关、部门的统一领导下，按一定的目的和要求，以室内组织指挥的形式，演练组织各级应急机构实施应急救援任务。室内演练的规模，根据任务要求可以是综合性的，也可以是单一项目的演练，或者是几个项目联合演练。

现场演练即事故模拟实地演练，根据其任务要求和规模又可分为单项训练、部分演练和综合演练三种。

三、演练目标的设定

应急演练的目标是指检查演练效果，评价应急组织、人员应急准备状态和能力的指标。在重大突发事件应急行动过程中，应急机构、组织和人员应展示出的各种能力，由于演练规模、演练真实程度等条件的限制，仅靠一次演练难以完成检验的目的。所以演练目标的设定要从以下三个方面考虑。

1. 建立在风险评估和应急能力评估的基础上

应急演练是针对本企业或者本区域范围内可能存在的风险，在假定事故发生的情况下，采取相应的行动和措施，锻炼队伍，完善机制，从而使政府或基层单位在真实事故发生后，能够从容且合理地应对与处置，最大范围地避免或减弱事故的损失和影响范围。因此，演练目标的设定必须建立在对本企业或本区域风险评估和应急能力评估的基础上，这样才能合理地制订演练目标，避免演练目标偏离实际情况，从而导致演练不真实，起不到锻炼队伍、磨合机制、检验预案的作用。

2. 建立演练目标体系

在有效地评估完本企业或者本区域应急管理现状后，科学合理地制订应急处置工作中的各项内容和程序，将应急救援工作开展过程中所包含的工作内容和所涉及的工作环节细化成为多个具体的演练目标，形成一套系统的目标体系，并不断地更新完善，通过演练逐步实现和提高。

3. 分步骤逐步完成

在制订的中长期或年度演练计划中，要明确每次演练的目的和目标，由于演练规模、演练形式、演练范围以及人员应急能力等条件的限制，通过一次演练完成所有目标是不切实际的，因此每次演练活动就一定数量的演练目标进行策划和展开，从而能够分步骤地完成对现有应急能力的检验和改进，保证每次演练的质量。

四、事故应急救援演练的组织

不论演练规模的大小，一般都要有两部分人员组成：一是事故应急救援的演练者，占演练人员的绝大多数。从指挥员至参加应急救援的每一个专业队成员都应该是现职人员，将来可能与事故应急救援有直接关系者。二是考核评价者，即事故应急救援方面的专家或专家组，对演练的每一个程序进行考核评价。进行事故应急救援模拟演练之前应做好准备工作，演练后考核人员与演练者共同进行讲评和总结。不同的演练课目，担任主要任务的人员最好分别承担多个角色，从而能使更多的人得到实际锻炼。

组织工作主要包括：事故应急救援模拟演练的准备工作；针对演练事故类型，选择合适的模拟演练地段；针对演练事故类型，组织相关人员编制详细的演练方案；根据编制好的演练方案，组织参加演练人员进行学习；筹备好演练所需物资装备，对演练场所进行适当布置；提前邀请地方相关部门及本行业上级部门相关人员参加演练，并提出建议。

1. 演练组织机构

开展应急演练活动，应先成立应急演练领导小组，应急演练领导小组可下设策划部、保障部、评估组。策划部负责演练的策划、方案设计、组织实施、评估总结等工作，策划部可分为文案组、协调组、控制组和宣传组；保障部负责调集演练所需物资装备，购置和制作演练模型、道具、场景，准备演练场地，维持演练现场秩序，保障车辆，保障人员生活和安全等；评估组负责设计演练评估方案和编写演练评估报告，对演练准备、组织、实施及其安全事项等进行全过程、全方位评估，及时向演练领导小组、策划部和保障部提出意见、建议。

在实际的演练组织过程中，演练组织机构的设置要依据演练设定的目标、演练的规模等实际情况而确定，不必全部照搬。成立演练组织机构，是为了保障演练能够有效地开展，保障演练能够顺利地进行，制订并实现演练所要达到的目标，因此在进行演练评估时，亦要把演练组织机构作为评估的一项重要内容，评估应急演练组织单位是否有效地落实了演练各项要求，演练的保障措施是否到位，演练全过程中各相关单位人员是否协调到位等，如此可有效地避免应急演练不经认真策划、完成任务式的随意操办的弊状。

2. 演练现场的布置与安排

在进行实战演练时，演练现场的布置与安排同样至关重要，这里需要说明的是，演练现场的布置与安排，不单是为演练活动所做的准备，也包括演练可能对周围人员或环境造成的影响，下面笔者将通过情况通报和现场检查两个方面来说。

演练前情况通报，一是对参演人员的通报，主要是提醒参演人员有关演练的重要事项，如各参演人员在演练当天就位时间、演练预计持续时间、演练现场布局基本情况、演练现场的注意事项、演练过程中对突发事件的处理方法等。二是对外界的通报，如演练开始及持续时间、演练的基本内容、演练过程中可能对周边生活秩序带来的负面影响（如交通管制、噪声干扰等）和演练现场附近公众的注意事项等。一般采取张贴告示、派发印刷品等方式，如果演练规模和影响范围较大，可通过广播电视、报纸进行，对外通报一方面是消除当地公众对演练的误解和恐慌，另一方面也可以起到应急宣传的作用。

演练前现场检查，是整个演练前期准备工作的最后一环，一般安排在演练前一天进行。要求演练策划组和演练控制人员亲自到演练现场进行巡查，检查的内容包括各主要通道是否畅通、各功能区域之间的界限是否清晰、各种演练器材是否到位等。同时演练策划组人员应联系参与演练的场外人员和部门，提醒有关注意事项，要求对演练设备和器材做最后检查，确保使用正常、安全。

3. 演练资料归档与追踪

演练资料的归档常常被忽视，演练归档资料包括演练计划、演练方案、演练文件、演练评估报告、演练总结等，通过对这些资料的整理与分析，作为应急演练组织单位改进应急管理体系的重要依据。

追踪是指在演练和评估总结后，指定或安排专门人员督促相关应急组织继续解决其中尚待解决的问题或事项的活动，包括对演练评估中存在的不足项和整改项的纠正过程实施追踪，监督纠正措施的进展情况。需追踪的事项不仅包含应急资料的归档与备案，还包括对应急预案的修改完善，应急管理机制的改进，应急管理工作的持续改进。

五、演练方案

演练方案是应急演练前期准备工作中非常重要的一环，是组织与实施应急演练的依据，涵盖演练过程的每一个环节，直接影响到演练的效果。演练方案主要包括演练目的与要求、演练情景设计、演练组织体系、演练规则、演练实施步骤、演练保障、演练评估总结和演练文件。本节将从演练场景概述与演练场景清单、演练规则和演练文件编制进行探讨。

1. 演练情景设计

演练情景设计是演练方案的基础，演练情景是指对假想事件按其发生过程进行叙述性的说明，情景设计就是针对假想事件的发展过程，设计出一系列的情景，包括突发事件和次生、衍生事件，让参演人员在演练过程犹如置身真实的事件环境一般，对情景事件的更替变化做出真实的应急反应。然而在实际的演练策划中，相关单位为了避免假想事故的“责任追究”，把模拟的事故诱因往意外事件（如自然灾害造成）上靠，这样容易造成事故失真，对其产生的危害、造成的影响以及可能产生的衍生灾害没有清楚的认识，使得演练成为演戏，失去了演练的意义。为此，在设计演练情景时，大可不必因“责任”问题而有所顾忌，而应根据本企业或本区域辨别出的危险有害因素及其风险程度，特别针对重大危险源或容易造成重大人员伤亡和财产损失的重大事故进行模拟，科学地分析其发生、发展的规律，合理地通过引入这些需要应急组织做出相应响应行动的事件，推动演练紧凑进行，从而全面检验演练目标。

2. 演练规则

制订应急演练规则是确保演练活动安全的重要措施，即对演练控制人员、参演人员职责、突发情况、安全要求、演练结束程序等一系列具体事项做出规定和要求。确保演练安全是演练准备过程中的一项重要工作，既包括参演人员的人身安全，也包括演练设施、装置和演练场所环境的安全，演练现场要有必要的安保措施，必要时对演练现场进行封闭或管制，保证演练安全进行。演练出现意外情况时，演练总指挥与其他领导小组成员会商后可提前终止演练。并且根据需要为演练人员配备个体防护装备，购买商业保险。对可能影响公众生活、易于引起公众误解和恐慌的应急演练，应提前向社会发布公告，告示演练内容、时间、地点和组织单位，并做好应对方案，避免造成负面影响。

3. 演练文件编制

演练文件是指直接提供给参演人员的文字材料的统称，主要包括演练方案书、参演人员手册、控制人员手册、观摩人员书册以及演练评估手册等文件，这些文件的编制是为了在演练活动过程中为不同岗位的人员提供指导与学习，因此要依据不同岗位的职责和演练实际情况进行编写，编制完成后要开会讨论，修改后定稿并发放到参演人员手册，以供学习。

演练文件的内容主要包含演练活动规则与要求、演练操作程序与要求以及演练通讯录。演练活动规则与要求主要是对演练过程中的注意事项、现场纪律、现场设备的使用与整理、现场的保障措施等的情况的说明；演练操作程序与要求，主要是解释演练目标及基本原则，说明各自工作职责及分工，提供的有关演练具体信息、程序的说明文件，所包含的信息均是基于保障人员安全和演练顺利进行的需要、演练人员必须了解的信息，但不包括应对演练人员保密的信息，如情景事件等。演练通讯录是指记录关键演练人员通信联络方式及参演时所在位置的文件，提供的信息包括参演人员的姓名、职位、单位、演练过程中所处地理位置、主要职能、联系电话、电子邮箱等方面信息。

4. 编制演练方案应注意的问题

演练项目的内容是根据演练的目的决定的。把需要达到的目的通过演练过程，逐步进行检查、考核来完成。因此，如何将这些待检查的项目有机地融入模拟事故中是演练方案编制的第一步。为使模拟事故的情况设置逼真而又可分项检查，需要考虑如下几个问题。

(1) 事故细节描述 事故的发生由其自身潜在的不安全因素，在某种条件下由某一因素触发而形成，或者是由此形成连锁影响，从而造成更大、更严重的事故。对事故发生和发展、扩大的原因及过程要进行简要的描述，使演练参加者可以据此来理解和叙述执行该种事故的应急救援任务和相应的防护行动。

(2) 日程安排 演练时间安排基本应按真实事故的条件进行。但在特殊情况下，也不排除对时间的压缩和延伸，可根据演练的需要安排合适的时间。演练日程安排后一般要事先通知有关单位和参加演练的个人，以利于做好充分的准备。

(3) 演练条件 演练最好选择比较不利的条件，如在夜间，能够说明问题的气象条件下，如在高温、低温等较严峻的自然环境下进行演练。但在准备不够充分或演练人员素质较低的情况下，为了检验预案的可行性或为了提高演练人员的技术水平，也可选择条件较好的环境进行演练。

(4) 安全措施 现场模拟演练要在绝对安全的条件下进行，如安全警戒与隔离、交通控制、防护措施、消防、抢险演练等的安全保障都必须认真、细致地考虑。演练时要在其影响范围内告知该地区的居民，以免引起不必要的惊慌，要求居民做到的事项要各家各户地通知到每个人。

(5) 演练实施的基本过程

① 成立策划小组

a. 演练准备阶段 确定时间、地点，确定演练的目标、范围，参加人员，规则，技术和物质的准备方案。

b. 演练实施阶段 实施演练，记录演练过程。

c. 演练总结阶段 评价，编写演练的评价报告，通报不足，追踪整改。

② 事故应急救援的基本任务

a. 立即组织营救受害人员，组织撤离或者采取措施保护危害区域内的其他人员；

b. 迅速控制事态；

c. 消除危害后果，做好现场恢复；

d. 查清事故原因，评估危害程度。

5. 事故应急救援模拟演练的考核与总结

事故应急救援预案通过实践考验，证实该预案切实可行后才能有效地实施。因此，演练中应由专家和考评人员对每个演练程序进行考核与评价。演练以后要根据评价的意见进行认真的总结，找出问题并提出修改建议。修改意见要经过进一步的验证，认为确实需要修正的内容，要在最短的时间内修正完毕，并报上级批准。

6. 事故应急救援模拟演练的时间

一般应根据事故应急救援预案的级别、种类的不同，对演练的频度、范围等提出不同要求。企业内部的演练可以与生产、运行及安全检查等各项工作结合起来，统筹安排。

六、训练类型

应急演习可以根据不同的标准分类。根据演习规模可以分为桌面演习、功能演习和全面演习，详细内容参阅全国注册安全工程师执业资格考试辅导教材《安全生产管理知识》的相关内容。根据演习的基本内容不同可以分为基础训练、专业训练、战术训练和自选科目训练。

(1) 基础训练。基础训练是应急队伍的基本训练内容之一，是确保完成各种应急救援任务的基础。基础训练主要包括队列训练、体能训练、防护装备和通信设备的使用训练等内容。训练的目的是使应急人员具备良好的战斗意志和作风，熟练掌握个人防护装备的穿戴、通信设备的使用等。

(2) 专业训练。专业技术关系到应急队伍的实战水平，是顺利执行应急救援任务的关键，也是训练的重要内容，主要包括专业常识、堵源技术、抢运和清消，以及现场急救等技术。通过专业训练可使救援队伍具备一定的救援专业技术，有效地发挥救援作用。

(3) 战术训练。战术训练是救援队伍综合训练的重要内容和各项专业技术的综合运用，是提高救援队伍实战能力的必要措施。战术训练可分为班（组）战术训练和分队战术训练。通过训练，可使各级指挥员和救援人员具备良好的组织指挥能力和实际应变能力。

(4) 自选科目训练。自选科目训练可根据各自的实际情况，选择开展如防化、气象、侦检技术、综合演练等项目的训练，进一步提高救援队伍的救援水平。在确定训练科目时，专职救援队伍应以社会性救援需要为目标确定训练科目；兼职救援队应以本单位救援需要，兼顾社会救援的需要确定训练科目。救援队伍的训练可采取自训与互训相结合、岗位训练与脱产训练相结合、分散训练与集中训练相结合的方法。在时间安排上应有明确的要求和规定。为保证训练有素，在训练前应制订训练计划，训练中应组织考核，演习完毕后应总结经验，编写演习评估报告，对发现的问题和不足应予以改进并跟踪。

七、危险化学品应急预案演练

1. 基本要求

发现缺陷、发现不足、改善协调、增强意识、提高水平、明确职责、预案协调、整体能力。

① 可检验事故应急救援预案和程序的可操作性，在事故发生前暴露其缺点；

② 辨识初期应急救援资源的不足；

③ 进一步协调每个应急机构、部门和人员；

④ 使公众对事故救援方面的信心和应急意识进一步加强；

⑤ 增强应急人员的熟练程度和信心；

⑥ 明确应急相关人员的岗位与职责；

⑦ 提高各级预案之间的协调性；

⑧ 进一步提高整体应急反应能力。

2. 演练的类型、基本任务及实施过程

（1）演练类型

① 桌面演练　桌面演练仅限于有限的应急响应和内部协调活动，由应急组织的代表或关键岗位人员参加，按照应急预案及标准工作程序讨论发生紧急情况时应采取的行动。这种口头演练一般在会议室内举行，目的是锻炼参演人员解决问题的能力，解决应急组织相互协作和职责划分的问题。事后采取口头评论形式收集参演人员的建议，提交一份简短的书面报告，总结演练活动和提出有关改进应急响应工作的建议，为功能演练和全面演练做准备。

② 功能演练　针对某项应急响应功能或其中某些应急响应行动举行的演练活动，一般在应急指挥中心或现场指挥部举行，并可同时开展现场演练，调用有限的应急设备，主要目的是针对应急响应功能，检验应急人员以及应急体系的策划和响应能力。演练完成后，除采取口头评论形式外，还应向地方提交有关演练活动的书面汇报，提出改进建议。

③ 全面演练　针对应急预案中全部或大部分应急响应功能，检验、评价应急组织应急运行的能力和相互协调的能力，一般持续几个小时，采取交互式方式进行，演练过程要求尽量真实，调用更多的应急人员和资源，并开展人员、设备及其他资源的实战性演练。演练完成后，除采取口头评论外，还应提交正式的书面报告。

（2）基本任务　在事故真正发生前暴露预案和程序的缺陷；发现应急资源的不足（包括人力和设备等）；改善各应急部门、机构、人员之间的协调；增强公众应对突发重大事故救援的信心和应急意识；提高应急人员的熟练程度和技术水平；进一步明确各自的岗位与职责；提高各级预案之间的协调性；提高整体应急反应能力。

（3）实施过程　综合性应急演练的过程可划分为演练准备、演练实施和演练总结三个阶段，各阶段的基本任务教材有明确要求。建立由多种专业人员组成的应急演练策划小组是成功组织开展演练工作的关键。参演人员不得参与策划小组，更不能参与演练方案的设计。

（4）演练过程中发现的问题

① 不足项　不足项指演练过程中观察或识别出的应急准备缺陷，可能导致

在紧急事件发生时，不能确保应急救援体系有能力采取合理应对措施。应在规定的时间内予以纠正。策划小组负责人应对该不足项进行详细说明，并给出应采取的纠正措施和完成时限。

② 整改项 整改项指演练过程中观察或识别出的，单独不可能在应急救援中对公众的安全与健康造成不良影响的应急准备缺陷。在下次演练前予以纠正。以下两种情况的整改项可列为不足项：某个应急组织中存在两个以上整改项，共同作用可影响保护公众安全与健康能力；某个应急组织在多次演练过程中，反复出现前次演练发现的整改项。

③ 改进项 改进项指应急准备过程中应予改善的问题，不会对人员的生命安全与健康产生严重的影响，视情况予以改进，不要求必须纠正。

3. 演练效果评审

应急演练结束后对演练的效果做出评价，提交演练报告，并详细说明演练过程中发现的问题。

(1) 评审方法 应急预案评审采取形式评审和要素评审两种方法。形式评审主要用于应急预案备案时的评审，要素评审用于生产经营单位组织的应急预案评审工作。应急预案评审采用符合、基本符合、不符合三种意见进行判定。对于基本符合和不符合的项目，应给出具体修改意见或建议。

① 形式评审。依据《导则》和有关行业规范，对应急预案的层次结构、内容格式、语言文字、附件项目以及编制程序等内容进行审查，重点审查应急预案的规范性和编制程序。应急预案形式评审的具体内容及要求。

② 要素评审。依据国家有关法律法规、《导则》和有关行业规范，从合法性、完整性、针对性、实用性、科学性、操作性和衔接性等方面对应急预案进行评审。为细化评审，采用列表方式分别对应急预案的要素进行评审。评审时，将应急预案的要素内容与评审表中所列要素的内容进行对照，判断是否符合有关要求，指出存在问题及不足。应急预案要素分为关键要素和一般要素。

关键要素是指应急预案构成要素中必须规范的内容。这些要素涉及生产经营单位日常应急管理及应急救援的关键环节，具体包括危险源辨识与风险分析、组织机构及职责、信息报告与处置和应急响应程序与处置技术等要素。关键要素必须符合生产经营单位实际和有关规定要求。

一般要素是指应急预案构成要素中可简写或省略的内容。这些要素不涉及生产经营单位日常应急管理及应急救援的关键环节，具体包括应急预案中的编制目的、编制依据、适用范围、工作原则、单位概况等要素。

(2) 评审程序 应急预案编制完成后，生产经营单位应在广泛征求意见的基础上，对应急预案进行评审。

① 评审准备。成立应急预案评审工作组，落实参加评审的单位或人员，将

应急预案及有关资料在评审前送达参加评审的单位或人员。

② 组织评审。评审工作应由生产经营单位主要负责人或主管安全生产工作的负责人主持，参加应急预案评审人员应符合《生产安全事故应急预案管理办法》的要求。生产经营规模小、人员少的单位，可以采取演练的方式对应急预案进行论证，必要时应邀请相关主管部门或安全管理人员参加。应急预案评审工作组讨论并提出会议评审意见。

③ 修订完善。生产经营单位应认真分析研究评审意见，按照评审意见对应急预案进行修订和完善。评审意见要求重新组织评审的，生产经营单位应组织有关部门对应急预案重新进行评审。

④ 批准印发。生产经营单位的应急预案经评审或论证，符合要求的，由生产经营单位主要负责人签发。

（3）评审要点　应急预案评审应坚持实事求是的工作原则，结合生产经营单位工作实际，按照《导则》和有关行业规范，从以下七个方面进行评审。

① 合法性。符合有关法律、法规、规章和标准，以及有关部门和上级单位规范性文件要求。

② 完整性。具备《导则》所规定的各项要素。

③ 针对性。紧密结合本单位危险源辨识与风险分析。

④ 实用性。切合本单位工作实际，与生产安全事故应急处置能力相适应。

⑤ 科学性。组织体系、信息报送和处置方案等内容科学合理。

⑥ 操作性。应急响应程序和保障措施等内容切实可行。

⑦ 衔接性。综合、专项应急预案和现场处置方案形成体系，并与相关部门或单位应急预案相互衔接。

附　录

一、生产经营单位生产安全事故应急预案编制导则（GB/T 29639—2013）

1　范围

本标准规定了生产经营单位编制生产安全事故应急预案（以下简称应急预案）的编制程序、体系构成和综合应急预案、专项应急预案、现场处置方案以及附件。

本标准适用于生产经营单位的应急预案编制工作，其他社会组织和单位的应急预案编制可参照本标准执行。

2　规范性引用文件

下列文件对于本文件的应用是必不可少的。凡是注日期的引用文件，仅注日期的版本适用于本文件。凡是不注日期的引用文件，其最新版本（包括所有的修改单）适用于本文件。

GB/T 20000.4 标准化工作指南　第4部分：标准中涉及安全的内容

AQ/T 9007 生产安全事故应急演练指南

3　术语和定义

下列术语和定义适用于本文件。

3.1　应急预案　emergency plan

为有效预防和控制可能发生的事故，最大程度减少事故及其造成损害而预先制定的工作方案。

3.2　应急准备　emergency preparedness

针对可能发生的事故，为迅速、科学、有序地开展应急行动而预先进行的思想准备、组织准备和物资准备。

3.3　应急响应　emergency response

针对发生的事故，有关组织或人员采取的应急行动。

3.4　应急救援　emergency rescue

在应急响应过程中，为最大限度地降低事故造成的损失或危害，防止事故扩大，而采取的紧急措施或行动。

3.5　应急演练　emergency exercise

针对可能发生的事故情景，依据应急预案而模拟开展的应急活动。

4 应急预案编制程序

4.1 概述

生产经营单位应急预案编制程序包括成立应急预案编制工作组、资料收集、风险评估、应急能力评估、编制应急预案和应急预案评审6个步骤。

4.2 成立应急预案编制工作组

生产经营单位应结合本单位部门职能和分工，成立以单位主要负责人（或分管负责人）为组长，单位相关部门人员参加的应急预案编制工作组，明确工作职责和任务分工，制定工作计划，组织开展应急预案编制工作。

4.3 资料收集

应急预案编制工作组应收集与预案编制工作相关的法律法规、技术标准、应急预案、国内外同行业企业事故资料，同时收集本单位安全生产相关技术资料、周边环境影响、应急资源等有关资料。

4.4 风险评估

主要内容包括：

a）分析生产经营单位存在的危险因素，确定事故危险源；

b）分析可能发生的事故类型及后果，并指出可能产生的次生、衍生事故；

c）评估事故的危害程度和影响范围，提出风险防控措施。

4.5 应急能力评估

在全面调查和客观分析生产经营单位应急队伍、装备、物资等应急资源状况基础上开展应急能力评估，并依据评估结果，完善应急保障措施。

4.6 编制应急预案

依据生产经营单位风险评估及应急能力评估结果，组织编制应急预案。应急预案编制应注重系统性和可操作性，做到与相关部门和单位应急预案相衔接。应急预案编制格式参见附录A。

4.7 应急预案评审

应急预案编制完成后，生产经营单位应组织评审。评审分为内部评审和外部评审，内部评审由生产经营单位主要负责人组织有关部门和人员进行。外部评审由生产经营单位组织外部有关专家和人员进行评审。应急预案评审合格后，由生产经营单位主要负责人（或分管负责人）签发实施，并进行备案管理。

5 应急预案体系

5.1 概述

生产经营单位的应急预案体系主要由综合应急预案、专项应急预案和现场处置方案构成。生产经营单位应根据本单位组织管理体系、生产规模、危险源的性质以及可能发生的事故类型确定应急预案体系，并可根据本单位的实际情况，确定是否编制专项应急预案。风险因素单一的小微型生产经营单位可只编写现场处置方案。

5.2 综合应急预案

综合应急预案是生产经营单位应急预案体系的总纲，主要从总体上阐述事故的应急工作原则，包括生产经营单位的应急组织机构及职责、应急预案体系、事故风险描述、预警及信息报告、应急响应、保障措施、应急预案管理等内容。

5.3 专项应急预案

专项应急预案是生产经营单位为应对某一类型或某几种类型事故，或者针对重要生产设施、重大危险源、重大活动等内容而制定的应急预案。专项应急预案主要包括事故风险分析、应急指挥机构及职责、处置程序和措施等内容。

5.4 现场处置方案

现场处置方案是生产经营单位根据不同事故类别，针对具体的场所、装置或设施所制定的应急处置措施，主要包括事故风险分析、应急工作职责、应急处置和注意事项等内容。生产经营单位应根据风险评估、岗位操作规程以及危险性控制措施，组织本单位现场作业人员及安全管理等专业人员共同编制现场处置方案。

6 综合应急预案主要内容

6.1 总则

6.1.1 编制目的

简述应急预案编制的目的。

6.1.2 编制依据

简述应急预案编制所依据的法律、法规、规章、标准和规范性文件以及相关应急预案等。

6.1.3 适用范围

说明应急预案适用的工作范围和事故类型、级别。

6.1.4 应急预案体系

说明生产经营单位应急预案体系的构成情况，可用框图形式表述。

6.1.5 应急工作原则

说明生产经营单位应急工作的原则，内容应简明扼要、明确具体。

6.2 事故风险描述

简述生产经营单位存在或可能发生的事故风险种类、发生的可能性以及严重程度及影响范围等。

6.3 应急组织机构及职责

明确生产经营单位的应急组织形式及组成单位或人员，可用结构图的形式表示，明确构成部门的职责。应急组织机构根据事故类型和应急工作需要，可设置相应的应急工作小组，并明确各小组的工作任务及职责。

6.4　预警及信息报告

6.4.1　预警

根据生产经营单位监测监控系统数据变化状况、事故险情紧急程度和发展势态或有关部门提供的预警信息进行预警，明确预警的条件、方式、方法和信息发布的程序。

6.4.2　信息报告

信息报告程序主要包括：

a）信息接收与通报

明确24h应急值守电话、事故信息接收、通报程序和责任人。

b）信息上报

明确事故发生后向上级主管部门、上级单位报告事故信息的流程、内容、时限和责任人。

c）信息传递

明确事故发生后向本单位以外的有关部门或单位通报事故信息的方法、程序和责任人。

6.5　应急响应

6.5.1　响应分级

针对事故危害程度、影响范围和生产经营单位控制事态的能力，对事故应急响应进行分级，明确分级响应的基本原则。

6.5.2　响应程序

根据事故级别和发展态势，描述应急指挥机构启动、应急资源调配、应急救援、扩大应急等响应程序。

6.5.3　处置程序

针对可能发生的事故风险、事故危害程度和影响范围，制定相应的应急处置措施，明确处置原则和具体要求。

6.5.4　应急结束

明确现场应急响应结束的基本条件和要求。

6.6　信息公开

明确向有关新闻媒体、社会公众通报事故信息的部门、负责人和程序以及通报原则。

6.7　后期处置

主要明确污染物处理、生产秩序恢复、医疗救治、人员安置、善后赔偿、应急救援评估等内容。

6.8　保障措施

6.8.1　通信与信息保障

明确可为生产经营单位提供应急保障的相关单位及人员通信联系方式和方法，

并提供备用方案。同时，建立信息通信系统及维护方案，确保应急期间信息畅通。

6.8.2 应急队伍保障

明确应急响应的人力资源，包括应急专家、专业应急队伍、兼职应急队伍等。

6.8.3 物资装备保障

明确生产经营单位的应急物资和装备的类型、数量、性能、存放位置、运输及使用条件、管理责任人及其联系方式等内容。

6.8.4 其他保障

根据应急工作需求而确定的其他相关保障措施（如：经费保障、交通运输保障、治安保障、医疗保障、后勤保障等）。

6.9 应急预案管理

6.9.1 应急预案培训

明确对生产经营单位人员开展的应急预案培训计划、方式和要求，使有关人员了解相关应急预案内容，熟悉应急职责、应急程序和现场处置方案。如果应急预案涉及到社区和居民，要做好宣传教育和告知等工作。

6.9.2 应急预案演练

明确生产经营单位不同类型应急预案演练的形式、范围、频次、内容以及演练评估、总结等要求。

6.9.3 应急预案修订

明确应急预案修订的基本要求，并定期进行评审，实现可持续改进。

6.9.4 应急预案备案

明确应急预案的报备部门，并进行备案。

6.9.5 应急预案实施

明确应急预案实施的具体时间、负责制定与解释的部门。

7 专项应急预案主要内容

7.1 事故风险分析

针对可能发生的事故风险，分析事故发生的可能性以及严重程度、影响范围等。

7.2 应急指挥机构及职责

根据事故类型，明确应急指挥机构总指挥、副总指挥以及各成员单位或人员的具体职责。应急指挥机构可以设置相应的应急救援工作小组，明确各小组的工作任务及主要负责人职责。

7.3 处置程序

明确事故及事故险情信息报告程序和内容、报告方式和责任人等内容。根据事故响应级别，具体描述事故接警报告和记录、应急指挥机构启动、应急指挥、资源调配、应急救援、扩大应急等应急响应程序。

7.4 处置措施

针对可能发生的事故风险、事故危害程度和影响范围，制定相应的应急处置措施，明确处置原则和具体要求。

8 现场处置方案主要内容

8.1 事故风险分析

主要包括：

a）事故类型；

b）事故发生的区域、地点或装置的名称；

c）事故发生的可能时间、事故的危害严重程度及其影响范围；

d）事故前可能出现的征兆；

e）事故可能引发的次生、衍生事故。

8.2 应急工作职责

根据现场工作岗位、组织形式及人员构成，明确各岗位人员的应急工作分工和职责。

8.3 应急处置

主要包括以下内容：

a）事故应急处置程序。根据可能发生的事故及现场情况，明确事故报警、各项应急措施启动、应急救护人员的引导、事故扩大及同生产经营单位应急预案的衔接的程序。

b）现场应急处置措施。针对可能发生的火灾、爆炸、危险化学品泄漏、坍塌、水患、机动车辆伤害等，从人员救护、工艺操作、事故控制、消防、现场恢复等方面制定明确的应急处置措施。

c）明确报警负责人以及报警电话及上级管理部门、相关应急救援单位联络方式和联系人员，事故报告基本要求和内容。

8.4 注意事项

主要包括：

a）佩戴个人防护器具方面的注意事项；

b）使用抢险救援器材方面的注意事项；

c）采取救援对策或措施方面的注意事项；

d）现场自救和互救注意事项；

e）现场应急处置能力确认和人员安全防护等事项；

f）应急救援结束后的注意事项；

g）其他需要特别警示的事项。

9 附件

9.1 有关应急部门、机构或人员的联系方式

列出应急工作中需要联系的部门、机构或人员的多种联系方式，当发生变化时及时进行更新。

9.2 应急物资装备的名录或清单

列出应急预案涉及的主要物资和装备名称、型号、性能、数量、存放地点、运输和使用条件、管理责任人和联系电话等。

9.3 规范化格式文本

应急信息接报、处理、上报等规范化格式文本。

9.4 关键的路线、标识和图纸

主要包括：

a）警报系统分布及覆盖范围；

b）重要防护目标、危险源一览表、分布图；

c）应急指挥部位置及救援队伍行动路线；

d）疏散路线、警戒范围、重要地点等的标识；

e）相关平面布置图纸、救援力量的分布图纸等。

9.5 有关协议或备忘录

列出与相关应急救援部门签订的应急救援协议或备忘录。

附录 A

（资料性附录）

应急预案编制格式

A.1 封面

应急预案封面主要包括应急预案编号、应急预案版本号、生产经营单位名称、应急预案名称、编制单位名称、颁布日期等内容。

A.2 批准页

应急预案应经生产经营单位主要负责人（或分管负责人）批准方可发布。

A.3 目次

应急预案应设置目次，目次中所列的内容及次序如下：

——批准页；

——章的编号、标题；

——带有标题的条的编号、标题（需要时列出）；

——附件，用序号表明其顺序。

A.4 印刷与装订

应急预案推荐采用A4版面印刷，活页装订。

二、危险化学品事故应急救援指挥导则(AQ/T 3052—2015)

1 范围

本标准规定了危险化学品事故应急救援指挥的基本原则和程序。

本标准适用于由政府部门、外部救援力量和事故单位共同参与救援的危险化学品事故的应急救援。

2 规范性引用文件

下列文件对于本文件的应用是必不可少的。凡是注日期的引用文件，仅注日期的版本适用于本文件。凡是不注日期的引用文件，其最新版本（包括所有的修改单）适用于本文件。GB/T 29639—2013 生产经营单位生产安全事故应急预案编制导则

3 术语和定义

下列术语和定义适用于本文件。

3.1 应急响应 emergency response

针对发生的事故，有关组织或人员采取的应急行动。

3.2 应急救援 emergency rescue

在应急响应过程中，为最大限度地降低事故造成的损失或危害，防止事故扩大，而采取的紧急措施或行动。

3.3 撤离 retreat

在应急响应过程中，现场生产作业人员、救援人员因生命安全受到严重威胁而撤出事故现场的行为。

3.4 疏散 evacuate

在应急响应过程中，将生命安全受到威胁的事故现场周边公众转移至安全区域的行为。

4 基本原则

4.1 坚持救人第一、防止灾害扩大的原则。在保障施救人员安全的前提下，果断抢救受困人员的生命，迅速控制危险化学品事故现场，防止灾害扩大。

4.2 坚持统一领导、科学决策的原则。由现场指挥部和总指挥部根据预案要求和现场情况变化领导应急响应和应急救援，现场指挥部负责现场具体处置，重大决策由总指挥部决定。

4.3 坚持信息畅通、协同应对的原则。总指挥部、现场指挥部与救援队伍应保证实时互通信息，提高救援效率，在事故单位开展自救的同时，外部救援力量根据事故单位的需求和总指挥部的要求参与救援。

4.4 坚持保护环境，减少污染的原则。在处置中应加强对环境的保护，控制事故范围，减少对人员、大气、土壤、水体的污染。

4.5 在救援过程中，有关单位和人员应考虑妥善保护事故现场以及相关证据。任何人不得以救援为借口，故意破坏事故现场、毁灭相关证据。

5 基本程序

5.1 应急响应

5.1.1 事故单位应立即启动应急预案，组织成立现场指挥部，制定科学、合理的救援方案，并统一指挥实施。

5.1.2　事故单位在开展自救的同时，应按照有关规定向当地政府部门报告。

5.1.3　政府有关部门在接到事故报告后，应立即启动相关预案，赶赴事故现场（或应急指挥中心），成立总指挥部，明确总指挥、副总指挥及有关成员单位或人员职责分工。

5.1.4　现场指挥部根据情况，划定本单位警戒隔离区域，抢救、撤离遇险人员，制定现场处置措施（工艺控制、工程抢险、防范次生衍生事故），及时将现场情况及应急救援进展报总指挥部，向总指挥部提出外部救援力量、技术、物资支持、疏散公众等请求和建议。

5.1.5　总指挥部根据现场指挥部提供的情况对应急救援进行指导，划定事故单位周边警戒隔离区域，根据现场指挥部请求调集有关资源、下达应急疏散指令。

5.1.6　外部救援力量根据事故单位的需求和总指挥部的协调安排，与事故单位合力开展救援。

5.1.7　现场指挥部和总指挥部应及时了解事故现场情况，主要了解下列内容：

——遇险人员伤亡、失踪、被困情况。

——危险化学品危险特性、数量、应急处置方法等信息。

——周边建筑、居民、地形、电源、火源等情况。

——事故可能导致的后果及对周围区域的可能影响范围和危害程度。

——应急救援设备、物资、器材、队伍等应急力量情况。

——有关装置、设备、设施损毁情况。

5.1.8　现场指挥部和总指挥部根据情况变化，对救援行动及时作出相应调整。

5.2　警戒隔离

5.2.1　根据现场危险化学品自身及燃烧产物的毒害性、扩散趋势、火焰辐射热和爆炸、泄漏所涉及到的范围等相关内容对危险区域进行评估，确定警戒隔离区。

5.2.2　在警戒隔离区边界设警示标志，并设专人负责警戒。

5.2.3　对通往事故现场的道路实行交通管制，严禁无关车辆进入。清理主要交通干道，保证道路畅通。

5.2.4　合理设置出入口，除应急救援人员外，严禁无关人员进入。

5.2.5　根据事故发展、应急处置和动态监测情况，适当调整警戒隔离区。

5.3　人员防护与救护

5.3.1　应急救援人员防护

5.3.1.1　调集所需安全防护装备。现场应急救援人员应针对不同的危险特性，采取相应安全防护措施后，方可进入现场救援。

5.3.1.2 控制、记录进入现场救援人员的数量。

5.3.1.3 现场安全监测人员若遇直接危及应急人员生命安全的紧急情况，应立即报告救援队伍负责人和现场指挥部，救援队伍负责人、现场指挥部应当迅速作出撤离决定。

5.3.2 遇险人员救护

5.3.2.1 救援人员应携带救生器材迅速进入现场，将遇险受困人员转移到安全区。

5.3.2.2 将警戒隔离区内与事故应急处理无关人员撤离至安全区，撤离要选择正确方向和路线。

5.3.2.3 对救出人员进行现场急救和登记后，交专业医疗卫生机构处置。

5.3.3 公众安全防护

5.3.3.1 总指挥部根据现场指挥部疏散人员的请求，决定并发布疏散指令。

5.3.3.2 应选择安全的疏散路线，避免横穿危险区。

5.3.3.3 根据危险化学品的危害特性，指导疏散人员就地取材（如毛巾、湿布、口罩），采取简易有效的措施保护自己。

5.4 现场处置

5.4.1 火灾爆炸事故处置

5.4.1.1 扑灭现场明火应坚持先控制后扑灭的原则。依危险化学品性质、火灾大小采用冷却、堵截、突破、夹攻、合击、分割、围歼、破拆、封堵、排烟等方法进行控制与灭火。

5.4.1.2 根据危险化学品特性，选用正确的灭火剂。禁止用水、泡沫等含水灭火剂扑救遇湿易燃物品、自燃物品火灾；禁用直流水冲击扑灭粉末状、易沸溅危险化学品火灾；禁用砂土盖压扑灭爆炸品火灾；宜使用低压水流或雾状水扑灭腐蚀品火灾，避免腐蚀品溅出；禁止对液态轻烃强行灭火。

5.4.1.3 有关生产部门监控装置工艺变化情况，做好应急状态下生产方案的调整和相关装置的生产平衡，优先保证应急救援所需的水、电、汽、交通运输车辆和工程机械。

5.4.1.4 根据现场情况和预案要求，及时决定有关设备、装置、单元或系统紧急停车，避免事故扩大。

5.4.2 泄漏事故处置

5.4.2.1 控制泄漏源

5.4.2.1.1 在生产过程中发生泄漏，事故单位应根据生产和事故情况，及时采取控制措施，防止事故扩大。采取停车、局部打循环、改走副线或降压堵漏等措施。

5.4.2.1.2 在其他储存、使用等过程中发生泄漏，应根据事故情况，采取转料、套装、堵漏等控制措施。

5.4.2.2 控制泄漏物

5.4.2.2.1 泄漏物控制应与泄漏源控制同时进行。

5.4.2.2.2 对气体泄漏物可采取喷雾状水、释放惰性气体、加入中和剂等措施，降低泄漏物的浓度或燃爆危害。喷水稀释时，应筑堤收容产生的废水，防止水体污染。

5.4.2.2.3 对液体泄漏物可采取容器盛装、吸附、筑堤、挖坑、泵吸等措施进行收集、阻挡或转移。若液体具有挥发及可燃性，可用适当的泡沫覆盖泄漏液体。

5.4.3 中毒窒息事故处置

5.4.3.1 立即将染毒者转移至上风向或侧上风向空气无污染区域，并进行紧急救治。

5.4.3.2 经现场紧急救治，伤势严重者立即送医院观察治疗。

5.4.4 其他处置要求

5.4.4.1 现场指挥人员发现危及人身生命安全的紧急情况，应迅速发出紧急撤离信号。

5.4.4.2 若因火灾爆炸引发泄漏中毒事故，或因泄漏引发火灾爆炸事故，应统筹考虑，优先采取保障人员生命安全，防止灾害扩大的救援措施。

5.4.4.3 维护现场救援秩序，防止救援过程中发生车辆碰撞、车辆伤害、物体打击、高处坠落等事故。

5.5 现场监测

5.5.1 对可燃、有毒有害危险化学品的浓度、扩散等情况进行动态监测。

5.5.2 测定风向、风力、气温等气象数据。

5.5.3 确认装置、设施、建（构）筑物已经受到的破坏或潜在的威胁。

5.5.4 监测现场及周边污染情况。

5.5.5 现场指挥部和总指挥部根据现场动态监测信息，适时调整救援行动方案。

5.6 洗消

5.6.1 在危险区与安全区交界处设立洗消站。

5.6.2 使用相应的洗消药剂，对所有染毒人员及工具、装备进行洗消。

5.7 现场清理

5.7.1 彻底清除事故现场各处残留的有毒有害气体。

5.7.2 对泄漏液体、固体应统一收集处理。

5.7.3 对污染地面进行彻底清洗，确保不留残液。

5.7.4 对事故现场空气、水源、土壤污染情况进行动态监测，并将监测信息及时报告现场指挥部和总指挥部。

5.7.5 洗消污水应集中净化处理，严禁直接外排。

5.7.6　若空气、水源、土壤出现污染，应及时采取相应处置措施。

5.8　信息发布

5.8.1　事故信息由总指挥部统一对外发布。

5.8.2　信息发布应及时、准确、客观、全面。

5.9　救援结束

5.9.1　事故现场处置完毕，遇险人员全部救出，可能导致次生、衍生灾害的隐患得到彻底消除或控制，由总指挥部发布救援行动结束指令。

5.9.2　清点救援人员、车辆及器材。

5.9.3　解除警戒，指挥部解散，救援人员返回驻地。

5.9.4　事故单位对应急救援资料进行收集、整理、归档，对救援行动进行总结评估，并报上级有关部门。

三、生产安全事故应急预案管理办法（国家安全生产监督管理总局令,第88号,2016年6月3日）

第一章　总　　则

第一条　为规范生产安全事故应急预案管理工作，迅速有效处置生产安全事故，依据《中华人民共和国突发事件应对法》《中华人民共和国安全生产法》等法律和《突发事件应急预案管理办法》（国办发〔2013〕101号），制定本办法。

第二条　生产安全事故应急预案（以下简称应急预案）的编制、评审、公布、备案、宣传、教育、培训、演练、评估、修订及监督管理工作，适用本办法。

第三条　应急预案的管理实行属地为主、分级负责、分类指导、综合协调、动态管理的原则。

第四条　国家安全生产监督管理总局负责全国应急预案的综合协调管理工作。

县级以上地方各级安全生产监督管理部门负责本行政区域内应急预案的综合协调管理工作。县级以上地方各级其他负有安全生产监督管理职责的部门按照各自的职责负责有关行业、领域应急预案的管理工作。

第五条　生产经营单位主要负责人负责组织编制和实施本单位的应急预案，并对应急预案的真实性和实用性负责；各分管负责人应当按照职责分工落实应急预案规定的职责。

第六条　生产经营单位应急预案分为综合应急预案、专项应急预案和现场处置方案。综合应急预案，是指生产经营单位为应对各种生产安全事故而制定的综合性工作方案，是本单位应对生产安全事故的总体工作程序、措施和应急预案体系的总纲。

专项应急预案，是指生产经营单位为应对某一种或者多种类型生产安全事故，或者针对重要生产设施、重大危险源、重大活动防止生产安全事故而制定的专项性工作方案。

现场处置方案，是指生产经营单位根据不同生产安全事故类型，针对具体场所、装置或者设施所制定的应急处置措施。

第二章 应急预案的编制

第七条 应急预案的编制应当遵循以人为本、依法依规、符合实际、注重实效的原则，以应急处置为核心，明确应急职责、规范应急程序、细化保障措施。

第八条 应急预案的编制应当符合下列基本要求：

（一）有关法律、法规、规章和标准的规定；

（二）本地区、本部门、本单位的安全生产实际情况；

（三）本地区、本部门、本单位的危险性分析情况；

（四）应急组织和人员的职责分工明确，并有具体的落实措施；

（五）有明确、具体的应急程序和处置措施，并与其应急能力相适应；

（六）有明确的应急保障措施，满足本地区、本部门、本单位的应急工作需要；

（七）应急预案基本要素齐全、完整，应急预案附件提供的信息准确；

（八）应急预案内容与相关应急预案相互衔接。

第九条 编制应急预案应当成立编制工作小组，由本单位有关负责人任组长，吸收与应急预案有关的职能部门和单位的人员，以及有现场处置经验的人员参加。

第十条 编制应急预案前，编制单位应当进行事故风险评估和应急资源调查。

事故风险评估，是指针对不同事故种类及特点，识别存在的危险危害因素，分析事故可能产生的直接后果以及次生、衍生后果，评估各种后果的危害程度和影响范围，提出防范和控制事故风险措施的过程。

应急资源调查，是指全面调查本地区、本单位第一时间可以调用的应急资源状况和合作区域内可以请求援助的应急资源状况，并结合事故风险评估结论制定应急措施的过程。

第十一条 地方各级安全生产监督管理部门应当根据法律、法规、规章和同级人民政府以及上一级安全生产监督管理部门的应急预案，结合工作实际，组织编制相应的部门应急预案。

部门应急预案应当根据本地区、本部门的实际情况，明确信息报告、响应分级、指挥权移交、警戒疏散等内容。

第十二条 生产经营单位应当根据有关法律、法规、规章和相关标准，结合本单位组织管理体系、生产规模和可能发生的事故特点，确立本单位的应急预案体系，编制相应的应急预案，并体现自救互救和先期处置等特点。

第十三条 生产经营单位风险种类多、可能发生多种类型事故的，应当组织编制综合应急预案。

综合应急预案应当规定应急组织机构及其职责、应急预案体系、事故风险描述、预警及信息报告、应急响应、保障措施、应急预案管理等内容。

第十四条 对于某一种或者多种类型的事故风险，生产经营单位可以编制相应的专项应急预案，或将专项应急预案并入综合应急预案。

专项应急预案应当规定应急指挥机构与职责、处置程序和措施等内容。

第十五条 对于危险性较大的场所、装置或者设施，生产经营单位应当编制现场处置方案。

现场处置方案应当规定应急工作职责、应急处置措施和注意事项等内容。

事故风险单一、危险性小的生产经营单位，可以只编制现场处置方案。

第十六条 生产经营单位应急预案应当包括向上级应急管理机构报告的内容、应急组织机构和人员的联系方式、应急物资储备清单等附件信息。附件信息发生变化时，应当及时更新，确保准确有效。

第十七条 生产经营单位组织应急预案编制过程中，应当根据法律、法规、规章的规定或者实际需要，征求相关应急救援队伍、公民、法人或其他组织的意见。

第十八条 生产经营单位编制的各类应急预案之间应当相互衔接，并与相关人民政府及其部门、应急救援队伍和涉及的其他单位的应急预案相衔接。

第十九条 生产经营单位应当在编制应急预案的基础上，针对工作场所、岗位的特点，编制简明、实用、有效的应急处置卡。

应急处置卡应当规定重点岗位、人员的应急处置程序和措施，以及相关联络人员和联系方式，便于从业人员携带。

第三章 应急预案的评审、公布和备案

第二十条 地方各级安全生产监督管理部门应当组织有关专家对本部门编制的部门应急预案进行审定；必要时，可以召开听证会，听取社会有关方面的意见。

第二十一条 矿山、金属冶炼、建筑施工企业和易燃易爆物品、危险化学品的生产、经营（带储存设施的，下同）、储存企业，以及使用危险化学品达到国家规定数量的化工企业、烟花爆竹生产、批发经营企业和中型规模以上的其他生产经营单位，应当对本单位编制的应急预案进行评审，并形成书面评审纪要。

前款规定以外的其他生产经营单位应当对本单位编制的应急预案进行论证。

第二十二条 参加应急预案评审的人员应当包括有关安全生产及应急管理方面的专家。

评审人员与所评审应急预案的生产经营单位有利害关系的，应当回避。

第二十三条 应急预案的评审或者论证应当注重基本要素的完整性、组织体系的合理性、应急处置程序和措施的针对性、应急保障措施的可行性、应急预案的衔接性等内容。

第二十四条 生产经营单位的应急预案经评审或者论证后，由本单位主要负责人签署公布，并及时发放到本单位有关部门、岗位和相关应急救援队伍。

事故风险可能影响周边其他单位、人员的，生产经营单位应当将有关事故风险的性质、影响范围和应急防范措施告知周边的其他单位和人员。

第二十五条 地方各级安全生产监督管理部门的应急预案，应当报同级人民政府备案，并抄送上一级安全生产监督管理部门。

其他负有安全生产监督管理职责的部门的应急预案，应当抄送同级安全生产监督管理部门。

第二十六条 生产经营单位应当在应急预案公布之日起20个工作日内，按照分级属地原则，向安全生产监督管理部门和有关部门进行告知性备案。

中央企业总部（上市公司）的应急预案，报国务院主管的负有安全生产监督管理职责的部门备案，并抄送国家安全生产监督管理总局；其所属单位的应急预案报所在地的省、自治区、直辖市或者设区的市级人民政府主管的负有安全生产监督管理职责的部门备案，并抄送同级安全生产监督管理部门。

前款规定以外的非煤矿山、金属冶炼和危险化学品生产、经营、储存企业，以及使用危险化学品达到国家规定数量的化工企业、烟花爆竹生产、批发经营企业的应急预案，按照隶属关系报所在地县级以上地方人民政府安全生产监督管理部门备案；其他生产经营单位应急预案的备案，由省、自治区、直辖市人民政府负有安全生产监督管理职责的部门确定。

油气输送管道运营单位的应急预案，除按照本条第一款、第二款的规定备案外，还应当抄送所跨行政区域的县级安全生产监督管理部门。

煤矿企业的应急预案除按照本条第一款、第二款的规定备案外，还应当抄送所在地的煤矿安全监察机构。

第二十七条 生产经营单位申报应急预案备案，应当提交下列材料：

（一）应急预案备案申报表；

（二）应急预案评审或者论证意见；

（三）应急预案文本及电子文档；

（四）风险评估结果和应急资源调查清单。

第二十八条 受理备案登记的负有安全生产监督管理职责的部门应当在5个工作日内对应急预案材料进行核对，材料齐全的，应当予以备案并出具应急预案备案登记表；材料不齐全的，不予备案并一次性告知需要补齐的材料。逾期不予备案又不说明理由的，视为已经备案。

对于实行安全生产许可的生产经营单位，已经进行应急预案备案的，在申请安全生产许可证时，可以不提供相应的应急预案，仅提供应急预案备案登记表。

第二十九条 各级安全生产监督管理部门应当建立应急预案备案登记建档制度，指导、督促生产经营单位做好应急预案的备案登记工作。

第四章 应急预案的实施

第三十条 各级安全生产监督管理部门、各类生产经营单位应当采取多种形式开展应急预案的宣传教育，普及生产安全事故避险、自救和互救知识，提高从业人员和社会公众的安全意识与应急处置技能。

第三十一条 各级安全生产监督管理部门应当将本部门应急预案的培训纳入安全生产培训工作计划，并组织实施本行政区域内重点生产经营单位的应急预案培训工作。

生产经营单位应当组织开展本单位的应急预案、应急知识、自救互救和避险逃生技能的培训活动，使有关人员了解应急预案内容，熟悉应急职责、应急处置程序和措施。

应急培训的时间、地点、内容、师资、参加人员和考核结果等情况应当如实记入本单位的安全生产教育和培训档案。

第三十二条 各级安全生产监督管理部门应当定期组织应急预案演练，提高本部门、本地区生产安全事故应急处置能力。

第三十三条 生产经营单位应当制定本单位的应急预案演练计划，根据本单位的事故风险特点，每年至少组织一次综合应急预案演练或者专项应急预案演练，每半年至少组织一次现场处置方案演练。

第三十四条 应急预案演练结束后，应急预案演练组织单位应当对应急预案演练效果进行评估，撰写应急预案演练评估报告，分析存在的问题，并对应急预案提出修订意见。

第三十五条 应急预案编制单位应当建立应急预案定期评估制度，对预案内容的针对性和实用性进行分析，并对应急预案是否需要修订作出结论。

矿山、金属冶炼、建筑施工企业和易燃易爆物品、危险化学品等危险物品的生产、经营、储存企业、使用危险化学品达到国家规定数量的化工企业、烟花爆竹生产、批发经营企业和中型规模以上的其他生产经营单位，应当每三年进行一次应急预案评估。

应急预案评估可以邀请相关专业机构或者有关专家、有实际应急救援工作经验的人员参加，必要时可以委托安全生产技术服务机构实施。

第三十六条 有下列情形之一的，应急预案应当及时修订并归档：

（一）依据的法律、法规、规章、标准及上位预案中的有关规定发生重大变化的；

（二）应急指挥机构及其职责发生调整的；

（三）面临的事故风险发生重大变化的；

（四）重要应急资源发生重大变化的；

（五）预案中的其他重要信息发生变化的；

（六）在应急演练和事故应急救援中发现问题需要修订的；

（七）编制单位认为应当修订的其他情况。

第三十七条 应急预案修订涉及组织指挥体系与职责、应急处置程序、主要处置措施、应急响应分级等内容变更的，修订工作应当参照本办法规定的应急预案编制程序进行，并按照有关应急预案报备程序重新备案。

第三十八条 生产经营单位应当按照应急预案的规定，落实应急指挥体系、应急救援队伍、应急物资及装备，建立应急物资、装备配备及其使用档案，并对应急物资、装备进行定期检测和维护，使其处于适用状态。

第三十九条 生产经营单位发生事故时，应当第一时间启动应急响应，组织有关力量进行救援，并按照规定将事故信息及应急响应启动情况报告安全生产监督管理部门和其他负有安全生产监督管理职责的部门。

第四十条 生产安全事故应急处置和应急救援结束后，事故发生单位应当对应急预案实施情况进行总结评估。

第五章 监督管理

第四十一条 各级安全生产监督管理部门和煤矿安全监察机构应当将生产经营单位应急预案工作纳入年度监督检查计划，明确检查的重点内容和标准，并严格按照计划开展执法检查。

第四十二条 地方各级安全生产监督管理部门应当每年对应急预案的监督管理工作情况进行总结，并报上一级安全生产监督管理部门。

第四十三条 对于在应急预案管理工作中做出显著成绩的单位和人员，安全生产监督管理部门、生产经营单位可以给予表彰和奖励。

第六章 法律责任

第四十四条 生产经营单位有下列情形之一的，由县级以上安全生产监督管理部门依照《中华人民共和国安全生产法》第九十四条的规定，责令限期改正，可以处 5 万元以下罚款；逾期未改正的，责令停产停业整顿，并处 5 万元以上 10 万元以下罚款，对直接负责的主管人员和其他直接责任人员处 1 万元以上 2 万元以下的罚款：

（一）未按照规定编制应急预案的；

（二）未按照规定定期组织应急预案演练的。

第四十五条 生产经营单位有下列情形之一的，由县级以上安全生产监督管理部门责令限期改正，可以处 1 万元以上 3 万元以下罚款：

（一）在应急预案编制前未按照规定开展风险评估和应急资源调查的；

（二）未按照规定开展应急预案评审或者论证的；

（三）未按照规定进行应急预案备案的；

（四）事故风险可能影响周边单位、人员的，未将事故风险的性质、影响范围和应急防范措施告知周边单位和人员的；

（五）未按照规定开展应急预案评估的；

（六）未按照规定进行应急预案修订并重新备案的；

（七）未落实应急预案规定的应急物资及装备的。

第七章　附　　则

第四十六条　《生产经营单位生产安全事故应急预案备案申报表》和《生产经营单位生产安全事故应急预案备案登记表》由国家安全生产应急救援指挥中心统一制定。

第四十七条　各省、自治区、直辖市安全生产监督管理部门可以依据本办法的规定，结合本地区实际制定实施细则。

第四十八条　本办法自2016年7月1日起施行。

参考文献

[1] 孙华山.安全生产风险管理.北京：化学工业出版社，2006.
[2] 薛兰,等.危机管理.北京：清华大学出版社，2003.
[3] 胡忆为.危险化学品应急处理.北京：化学工业出版社，2009.
[4] 姜平.突发事件应急管理.北京：国家行政学院出版社，2011.
[5] 董华,等.城市公共安全——应急与管理.北京：化学工业出版社，2006.
[6] 樊运晓.应急救援预案编制实务——理论、实践、实例.北京：化学工业出版社，2006.
[7] 刘茂,吴宗之.应急救援概论——应急救援系统及计划.北京:化学工业出版社，2004.
[8] 寇丽萍.应对危机——突发事件与应急管理.北京:中国人民公安大学出版社，2013.
[9] 王延章,等.应急管理信息系统.北京：科学出版社，2010.
[10] 孙维生.化学事故应急救援.北京：化学工业出版社，2008.
[11] 王自齐,等.化学事故与应急救援.北京：化学工业出版社，2001.
[12] 《应急救援系列丛书》编委会.企业政府应急预案.北京：中国石化出版社，2008.
[13] 沈荣华.国外防灾救灾应急管理体制.北京：中国社会出版社，2008.
[14] 任彦斌.应急管理与预案编制.北京：中国劳动社会保障出版社，2015.
[15] 姜边宁.消防安全系统检查评估.北京：化学工业出版社，2011.
[16] 康青春，等.灭火与抢险救援技术.北京：化学工业出版社，2015.
[17] 天地大方.事故应急救援预案编制手册.北京:中国工人出版社，2003.
[18] 闪淳昌.应急管理：中国特色的运行模式与实践.北京:北京师范大学出版社，2011.
[19] 刘诗飞,姜威.重大危险源辨识与控制.北京:冶金工业出版社，2004.
[20] 王信群,等.火灾爆炸理论与预防控制技术.北京：冶金工业出版社，2014.
[21] 吴宗之,刘茂.重大事故应急救援系统及预案导论.北京:冶金工业出版社，2003.
[22] 崔政斌,等.危险化学品企业安全管理指南.北京：化学工业出版社，2016.
[23] 周礼庆.崔政斌.危险化学品企业工艺安全管理.北京：化学工业出版社，2016.
[24] 崔政斌,赵海波.危险化学品企业隐患排查治理.北京：化学工业出版社，2016.
[25] 崔政斌.图解化工安全生产禁令.北京：化学工业出版社，2010.